卷首语
Prologue

　　Hospital 的词根可以追溯到拉丁语 hospitium，这个词暗示着：医师和建筑师必须为患者提供住所，以帮助他们尽快恢复。20 世纪 60 年代"以患者为中心的医疗"使建筑师开始意识到治愈空间的改善能够对治愈行为本身产生良性促动。20 世纪 80 年代，建筑师开始关注"人的体验"，调动空间布局、尺度、材料、光线，甚至可达性，最大程度来减缓压力。现代基于循证医学从而发展而来的循证设计，不断提升空间治愈的品质和说服力，也让医疗建筑设计有别于其他建筑类型，更具有心理学意义。

　　我国医疗建筑设计在经历了"十一五"到"十二五"期间的高速发展，走过医院建设恢复期、老医院改扩建和新医院兴建的全面发展期、医院设计理性期以及设计品质提升期。2015 年 3 月 30 日，国务院办公厅发布了《全国医疗卫生服务体系规划纲要（2015-2020）》，作为"十三五"期间全国医院建设的发展大纲，其中首次在国家层面制定医疗卫生服务体系规划，对未来五年我国医疗卫生服务资源进行了全面规划，未来医院建设热潮仍将持续。同时，医疗体制改革、医疗产业化发展、设备工艺革新、患者需求提升都对医疗建筑设计提出新的挑战。《华建筑》2016 年 4 月主题为"治愈空间：医疗建筑设计"，聚焦最新医疗建筑设计思考和设计实践，梳理和总结我国医院建筑设计发展，更关注其未来绿色、智慧、人性化、互联网、改扩建、医养结合等发展趋势，内容丰富详实，全面描绘医疗建筑发展图景。主题部分还专访了包括申康医院发展中心、上海卫生基建中心、华山医院、中山医院以及该领域专家陈国亮、孟建民等多方声音，展现立体视角。

　　主题项目的选择具有多样性和前瞻性。包括：民生工程上海"5+3+1"医院、山东省立医院东院区一期工程；服务现代化高端医疗的国际医学中心的上海新虹桥国际医学中心、迪拜拉希德国际医学城；国际最前沿医疗技术的上海市质子重离子医院；关照历史文脉的南京鼓楼医院、仁济医院西院老病房楼修缮工程；体现绿色发展理念的香港大学深圳医院、美国斯波尔丁康复医院等。

　　"人物"专访华建集团总裁张桦先生，就中国建筑设计行业的"十三五"发展，提出转型优化的生机之道。"聚光灯"关注当下热议的工程设计行业的"十三五"话题，采访了管理部门、行业协会、相关媒体、设计机构及业主等各方人士，对其进行多维度剖析。"对谈"邀请上海建筑学会曹嘉明理事长与同济大学建筑学院李振宇院长，共同探讨当下中国本土建筑师的发展机遇。"空间创作"刊登了包括广东国际会展中心、宜昌规划展览馆、重庆沙坪坝凤鸣山社区活动中心图书馆、关西电力大厦、地中海区域文化中心等项目。"跨界"报道了一组以"板凳"为主题的载人家具实验设计。"书评"梳理《大上海都市计划》独创的表达体系，展现了该历史文本的纵横脉络。

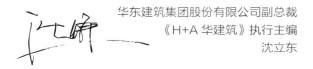

华东建筑集团股份有限公司副总裁
《H+A 华建筑》执行主编
沈立东

The base of "Hospital" could trace back to Latin word "hospitium", which implies that architects should provide patients with shelter to help them recover as quickly as possible. In 1960s, "Taking patients as the center of medical" enabled architects realize that improvement of healing space could interact with healing itself. In 1980s, architects began to focus on "human experience", transferring spatial layout, scale, material, light, even accessibility to reduce stress at the extreme. While in modern times, evidence-based design evolved from evidence-based Medicine constantly improves the quality of healing space, making healthcare architecture different from the other types with more psychological significance.

Healthcare architecture design in China experiences the rapid development during the 11th five-year plan and the12th five-year plan, and comprehensive development of recovery and construction of new healthcare architecture, to the quality promotion period. On March 30, 2015, General office of the state council issued the national medical and health service system planning (2015-2020) ", as a national hospital construction outline during the 13th five-year plan, which for the first time established medical and health service system at the national level, and carried on the comprehensive plan of medical and health service resources in our country for the next five years, thus the hospital construction boom will continue in the future. At the same time, the medical system reform, medical industrialization, equipment, technology innovation, patient demand increase of medical building design put forward new challenge. 2016 April issue of Hua Architecture's theme is "Healing space - the present healthcare architecture design practice", focusing on the latest healthcare architecture design thinking and design practice, reviewing and summarizing the development of healthcare architecture design development in our country with more attention to future green, wisdom, humanity, Internet, reconstruction, combination with medical treatment nursing of the aged, etc. The content is very detailed with a comprehensive healthcare architecture development prospect. The theme section also interviews Shanghai Shen-kang hospital development center, Shanghai health infrastructure center, Huashan hospital, Zhongshan hospital and experts in this field such as CHEN Guoliang, MENG Jianmin, showing the three-dimensional perspective.

The choice of subject project is diversitified and forward-looking, including livelihood projects, such as Shanghai "5+3+1" Hospital, the First Phase of Shandong Provincial East Hospital; International and modernized medical center of high-end medical service, such as Shanghai new hongqiao international medical centre, Dubai Rashid International Medical City; Projects with application of international cutting-edge medical technology, such as Shanghai Proton & Heavy Ion Hospital; Projects concerning with history context, such as Nanjing Gulou Hospital, restoration project of Renji Hospital west court ward building; Projects reflecting the concept of green development, such as Shenzhen Hospital of Hong Kong University, and Spaulding Rehabilitation Hospital etc.

PEOPLE interviews Mr. ZHANG Ye, president of Huajian Group, who proposes the way of transition and optimization on Chinese architecture industry's development trend in 13th five-year plan. FOCUS pays attention on the present hot topic of 13th five-year plan engineering design industry, interviewing management departments, trade associations, related media, design agencies and the owner and other parties, following with multi-dimensional analysis. DIALOGUE invites CAO Jiaming, director of Shanghai academy of architecture, and LI Zhenyu, the dean of architectural institute of tongji university, to discuss the opportunities of present development of Chinese local architects. ARCHITECTURE DESIGN publishes Guangdong (Tanzhou) International Exhibition Centre, Yichang planning exhibition hall, Shajiaba Fengming Mountain Community Centre Library in Chongqing, the KANDEN building Project, Culture Centre in Mediterranean Region. CROSSOVER reports a set of "bench" as the theme of manned furniture design experiment. BOOKREVIEW sorts out the original expression system of Shanghai urban planning, showing its historical text and context.

Vice President of East China Construction Group Co., LTD.
Executive Editor of Hua Architeture
SHEN Lidong

P84

目录　　　　　　　CONTENTS

01 / 卷首语 | Prologue

热点　　　　　　　　　　　　　　　　　　　　　　　　　　Hot Issue

06 / 北欧设计≠宜家——在"尖叫"中遇见北欧
Nordic Design≠IKEA—Surprising Design Works in Northern Europe

主题：医疗建筑设计　　　　　　　　　　　　　　Healthcare Architecture Design

12 / 百年回眸——上海医院建设发展的变迁 / 孙燕心
A Hundred Year of Shanghai Healthcare Architecture Evolution/SUN Yanxin

15 / 当我们谈论医疗时，我们在谈论什么——互联网医疗、分级诊疗与老龄化 / 宋亦歆
What We Talk About When We Talk About Healthcare —Internet Medical Service, Hierarchical Medical System, and Population Aging / SONG Yiqi

18 / 空间正在治愈——关于医疗建筑的三个话题 / 艾侠
Space is Healing—Three Topics on Healthcare Architecture / AI Xia

22 / 何谓医疗设计的未来——国际医疗机构设计理念 / （美）劳拉·兹马
What is the Future for Healthcare Design —The International Medical Institutions Design Concept / Laura ZIMMER

26 / 效率优先：带有时代特色的解决之道——大型综合医院设计理念 / 王冠中
Efficiency First: Solutions with Time Features—Comprehensive General Hospitals Design Concept / WANG Guanzhong

30 / 医养结合——养老设施设计趋势的探讨 / 荀巍
Combination with Healthcare and Elderly-care —A Trend of Facilities Design for the Elders / XUN Wei

33 / 基于城市更新的既有医院扩建与改建设计策略分析 / 陈剑秋，戚鑫，郭辛怡，陈静丽
Design Analysis of Existing Healthcare Building's Renovation and Expansion Based upon Urban Renewal / CHEN Jianqiu, QI Xin, GUO Xinyi, CHENJingli

39 / 医院建筑环境人性化设计 / 陈一峰
Humanization Design of Healthcare Architecture Environment Design / CHEN Yifeng

41 / 安全、高效、节能的绿色医院建筑设计 / 陈国亮
Safe, Efficient and Energy-saving Green Healthcare Architecture Design / CHEN Guoliang

43 / 信息化、智能化、科技化——未来医院建设发展的趋势 / 陈佳，李军
Informatization, Intelligentization and Technicalization—Future Development of Healthcare Architecture / CHEN Jia, LI Jun

46 / 基于互联网 +BIM 的新一代智慧医院思考 / 王凯，刘翀，蒋琴华，徐文韬
Reflect on New Generation of Smart Hospital Based on Internet +BIM / WANG Kai, LIU Chong, JIANG Qinhua, XU Wentao

专访	Interview

50 / 知与行：聊聊中国医疗建筑设计——专访华建集团上海建筑设计研究院有限公司首席总建筑师陈国亮
Knowledge and Practice: Talk about Chinese Healthcare Architecture Design—Interview with CHEN Guoliang, Chief Architect of Shanghai Architectural Design and Research Institute Co., LTD

54 / 中国医院建设发展的趋势——专访上海申康医院发展中心原副主任诸葛立荣
Chinese Healthcare Architecture Development Trend —Interview with GE Lirong, Former Deputy Director of Shanghai Shen-kang Hospital Development Center

56 / 医院建设项目管理的改革与创新——专访上海市卫生基建管理中心主任张建忠
Reform and Innovation of Healthcare Architecture Project Management—Interview with ZHANG Jianzhong,Director of Shanghai Health Infrastructure Management Center

58 / 营造医疗建筑的治愈空间——专访华山医院副院长靳建平
Creating Healing Space of Healthcare Architecture —Interview with Mr.JIN Jianping, Vice-president of Huashan Hospital

60 / 优秀建筑是双方的火花碰撞——专访中山医院院长助理张群仁
Excellent Architecture is a Collision Spark of Opposites—Interview with ZHANG Qunren, Dean Assistant of Zhongshan Hospital

62 / 与时俱进的医疗建筑设计——专访上海中智医疗器械有限公司医疗设备事业部总经理阮利华
Healthcare Architecture Design Keeping Pace with Times—Interview with RUAN Lihua, Manager of Shanghai Zhongzhi Medical Equipment Co., Ltd.

64 / 医疗建筑应体现人文关怀——专访中国工程院院士孟建民
Healthcare Architecture should Reflect Humanistic Care—Interview with MENG Jianmin, Chinese Academy of Engineering

66 / 用设计创造使用过程的完美体验——专访中国中元国际工程有限公司总建筑师谷建
Creating Perfect Using Experience by Design—Interview with GU Jian, Executive Architect of Zhongyuan International Engineering Co., LTD

67 / 多元化的医疗综合体——专访华建集团华东都市建筑设计研究总院建筑师姚启远
Diversified Medical Complex—Interview with YAO Qiyuan, Architect of Huajian Group East China Architectural Design & Research Institute

主题项目	Project

68 / 上海"5+3+1"医院——系列化建设实践 / 唐茜嵘
Shanghai "5+3+1" Hospital—Series of Construction Practics / TANG Xirong

74 / 上海新虹桥国际医学中心——创新的高端医疗服务平台 / 林俊甫
Shanghai New Hongqiao International Medical Center—Creative High-end Medical Service Platform / Sam LIM

76 / 复旦大学附属华山医院临床医学中心——自然和技术为一体的双重角色 / 汪泠红
Huashan Hospital of Fudan University Clinical Medicine Center—Dual Role Combining Nature with Technology / WANG Linghong

78 / 上海市质子重离子医院——十年磨一剑，让科技造福于人类 / 陈国亮，倪正颖
Shanghai Proton & Heavy Ion Hospital—Grinding Sword Decades,Realizing the Benefit of Science for Human / CHEN Guoliang, NI Zhengying

81 / 瑞金医院质子肿瘤治疗中心——人性化医院环境的创造 / 刘晓平，陈炜力
RuijinHospital Proton Cancer Cente—Creation of Humanistic Medical Environment / LIU Xiaoping, CHEN Weili

84 / 南京鼓楼医院——融汇中西的医疗花园 / 张万桑
Nanjing Gulou Hospital Desig—Medical Garden Blending Chinese with Western Culture / Vincent (Zhengmao) ZHANG

88 / 香港大学深圳医院——有机生长的医院 / 孟建民
Shenzhen Hospital of Hong Kong University—The Organic Growth Hospital / MENG Jianmin

91 / 美国斯波尔丁康复医院——全程化医疗建筑设计的突破与创新 /（美）拉尔夫·詹森
Spaulding Rehabilitation Hospital—Breakthrough and Innovation of Integrated Healthcare Architecture Design / Ralph JOHNSON

94 / 山东省立医院东院区一期工程——大型综合医院体系化医疗流程探索 / 李晟
The First Phase of Shandong Provincial East Hospital—Exploration on Large-scale Comprehensive Hospital Systematic Medical Process / LI Sheng

97 / 山西大同市御东新区中医院——中西文化交融的本土化医疗建筑 / 陈一峰
Shanxi Datong Yudong New District Chinese Medicine Hospital—Localization of Healthcare Architecture Blending Chinese and Western Culture / CHEN Yifeng

100 / 福建医科大学附属第二医院东海院区——夏热冬暖地区医院开敞公共空间的探索 / 唐琼
No.2 Hospital Donghai Branch of Fujian Medical University—Exploration of Public Space in the
Hospital Located in Hot Summer and Warm Winter Region / TANG Qiong

103 / 东方肝胆医院——打造绿色智慧的医疗环境 / 邵宇卓
Shanghai Eastern Hepatobiliary Hospital—Green and Wisdom / SHAO Yuzhuo

105 / 上海德达医院——以人为本的新型医院 / 邵宇卓
ShangHai Delta Health Hospital—People Oriented New-type Hospital / SHAO Yuzhuo

108 / 长海医院门急诊大楼综合楼——人性化医疗环境的创造 / 张海燕
Changhai Hospital Emergency and Comprehensive Building—Creation of Humanistic Medical
Environment / ZHANG Haiyan

110 / 复旦大学附属眼耳鼻喉科医院异地迁建项目——绿色专科医院的设计实践 / 李静，李军
The Relocation of Eye-ENT Hospital ofFudan University—Design Practice of Green and
Specialized Hospital / LI Jing, LI Jun

112 / 迪拜拉希德国际医学城——世界一流的医学城 / （美）弗兰克·斯旺斯
Dubai Rashid International Medical Complex—World-class Medical Town / Frank SWAANS

114 / 徐汇区南部医疗中心—城市绿毯 / 苏元颖
Southern Medical Center in Xuhui District—Urban Green Blanket / SU Yuanying

116 / 南京南部新城医疗中心—"大""小"之间 / 周吉
Medical Centre Design of Southern New Town in Nanjing—The Size of Space / ZHOU Ji

119 / 复旦大学附属中山医院厦门医院——现代化医疗建筑的在地营建 / 陆行舟
Xiamen Zhongshan Hospital Affiliated to Fudan University—The Locality Design of Modern
Hospital Building / LU Xingzhou

122 / 无锡市锡山人民医院新建工程—医疗建筑的集约化设计趋势 / 徐续航，王馥
New Project of Xishan People's Hospital in Wuxi—Intensive Design Trend of Healthcare
Architecture / XU Xuhang, WANG Fu

124 / 重庆市妇幼保健医院——需实融合的人性关怀设计 / 彭小娟
Maternal and Child Health Hospital in Chongqing—Humanized Design Combing Demand and
Physical Property / PENG Xiaojuan

126 / 仁济医院西院老病房楼修缮工程——百年老楼里的"大病房" / 梁赛男，张菁菁
Restoration project of Renji Hospital West Court Ward Building—The Big Ward in a Centennial
Building / LIANG Sainan,ZHANG Jingjing

P105

人物	People

128 / 转型优化的生机之道：中国建筑设计行业的十三五发展趋势——专访华建集团总裁张桦先生
/ 张桦（受采访），董艺、官文琴（采访），高静（整理）
The Way of Transition and Optimization: Chinese Architecture Industry's Development Trend
in 13th Five-Year Plan—Interview with ZHANG Hua, President of Huajian Group / ZHANG
Hua(Interviewee)，DONG Yi, GUAN Wenqin(Interviewer), GAO Jing(Editor)

聚光灯	Focus

P128

134 / 工程设计行业的"十三五" / 李武英（主持）
Thirteenth Five-Year in Engineering Design Industry / LI Wuying

136 / 以"四全"发展战略创新驱动行业稳步发展——中国建筑设计行业"十三五"发展战略思考
/ 周文连
Development Strategy Innovation Driving Industry Developing—Rethinking of Thirteenth Five-
Year Development Strategy of Chinese Architecture Design Industry / ZHOU Wenlian

139 / 以变革转型应对重整颠覆 / 祝波善
Coping with Change by Transformation / ZHU Boshan

140 / 新常态，新思维，新市场，新起点——"十三五"建筑设计行业发展面面观 / 陈轸
New Normal, New Thinking, New Market, New Start—Architecture Design Industry in 13th Five-
Year Plan / CHEN Zhen

140 / 作为"供给侧"的设计行业如何结构改革 / 李武英
How to Reform the Structure of the Design Industry as the "Supply Side" / LI Wuying

142 / 建立大数据工程设计云的构想 / 吴奕良
Conception of Establishing Cloud in Big Data Engineering Design / WU Yiliang

142 / 链接——我们共同拥有未来 / 袁建华
Link— Share a Common Future / YUAN Jianhua

P148

144 / 从华建集团转型看行业 / 徐峰
Industry Development from the View of Huajian Group's Transformation / XU Feng

146 / "十三五"行业发展面临的挑战与机会分析 / 朱倩
Analysis of the Challenge and Opportunity Faced by the Industry Development/ZHU Qian

147 / 建筑设计的互联网 Uber 时代 / 李嘉军
Uber Times of Architecture Design / LI Jiajun

对谈   Dialogue

148 / 中国建筑师最好的时代？——关于中国本土建筑师发展的讨论 / 李振宇、曹嘉明（受访），董艺（采访），杨聪婷（整理）
The Best Time for Chinese Architects?—Discussion about the Development of Chinese Architects / LI Zhenyu, CAO Jiaming (Interviewee), DONG Yi (Interviewer), YANG Congting (Editor)

空间创作   Architectural Design

154 / 标志性与建筑理性的共存——广东（潭州）国际会展中心方案设计 / 曾群，文小琴
Coexistence of Landmark and Architecture Rationality—Guangdong (Tanzhou) International Exhibition Centre Design / ZENG Qun, WEN Xiaoqin

158 / 重塑自然——探寻地域性可持续发展的"轻绿"建筑 / 孙晓恒
Reinventing Nature—Exploration on Regional and Sustainable Architecture of "Light Greenness" / SUN Xiaoheng

162 / 材料与自然的时空对话——重庆沙坪坝凤鸣山社区活动中心图书馆 / 宋皓
Trans-dimensional Dialogue between Material and Nature—Shapingba Fengming Mountain Community Centre Library in Chongqing / SONG Hao

166 / 环境友好型示范建筑——关西电力大厦的设计与使用后评估 / （日）牛尾智秋，胡睿（编译）
A model of Environment-friendly Building—Design and Post-occupancy Evaluation of the KANDEN building) / USHIO Tomoaki, HU Rui (Translator)

170 / 地中海上的广场——地中海区域文化中心 / 胥一波
Square beyond the Mediterranean Sea—Culture Centre in Mediterranean Region / XU Yibo

跨界   Crossover Design

174 / 等等……再坐 / 莫娇，罗之颖（主持）
Exploring Meaning beyond the Artifact / MO Jiao, LUO Zhiying

书评   Book Review

180 / 《大上海都市计划》说明书——窥见一座城市的抱负 / 江岱
Manual of *Greater Shanghai Plan*—The Ambition of a City / JIANG Dai

动态   Information

182 / "我城·我想：放眼城市综合体的未来"论坛举行
"My City & My Thought: Looking to the Future of Urban Complex" Forum Held

183 / DV-ISA 木构工程技术研究中心成立揭牌
DV-ISA Wooden Engineering Technology Research Center was Unveiled

183 / 技术引领，华建起航——华建集团新形象亮相北京绿展
Technology leads, Huajian Group Set Sail—New Image of Huajian Group in Beijing Green Exhibition

183 / 动态
News

P158

H+A 华建筑
HUA ARCHITECTURE

［主编］
华东建筑集团股份有限公司

［编委会］
编委会主任：沈立东
编委：支文军、匡晓明、李振宇、李武英、刘干伟、伍江、朱小地、庄惟敏、陈礼明、张洛先、张颀、修龙、姜国祥、祝波善、顾建平、曹嘉明、傅志强、韩冬青（按照姓氏笔划排列）

［执行主编］
沈立东

［副主编］
胡俊泽

［主编助理］
董艺、隋郁

［编辑］
赵杰、郭晓雪、官文琴

［策划］
华东建筑集团股份有限公司
时代建筑

［时代建筑编辑］
高静、杨聪婷、罗之颖、丁晓莉

［装帧设计］
杨勇

［校译］
陈淳、李凌燕、杨聪婷

征稿启事：欢迎广大读者来信来稿：
1. 来稿务求主题明确，观点新颖，论据可靠，数据准确，语言精练、生动、可读性强。稿件篇幅一般不超过 4000 字。
2. 要求照片清晰、色彩饱和，尺寸一般不小于 15cm×20cm；线条图 一般以 A4 幅面为宜；图片电子文件分辨率应不小于 350dpi。
3. 所有文稿请附中、英文文题、摘要(300 字以内)和关键词(3~8 个)；注明作者单位、地址、邮编及联系电话，职称、职务，注明基金项目名称及编号。
4. 来稿无论选用与否，收稿后 3 月内均将函告作者。在此期间，切勿一稿多投。
5. 作者作品被选用后，其信息网络传播权将一并授予本出版单位。
6. 投稿邮箱：yi_dong@xd-ad.com.cn

购书热线：021-52524567＊62130

北欧设计 ≠ 宜家

在"尖叫"中遇见北欧

Nordic Design≠IKEA
Surprising Design Works in Northern Europe

遇见北欧
移动家居艺术廊
THE NORDIC HOME
A MOVING DESIGN GALLERY

还原一个真实的北欧

　　谈到北欧风，或许很多人的第一反应是"宜家"。的确，作为最早进入中国的北欧家居品牌，宜家让我们渐渐认识北欧设计的简约美学。实际上，简约只是北欧设计的表象，而刚刚结束的尖叫设计"遇见·北欧"移动家居艺术廊还原了真实的北欧设计——自然、质朴，却又充满想象力。

　　作为中国唯一的原创家居设计电商平台，尖叫设计旨在将全球各地的日常设计呈现给用户，通过来自世界各地的原创家居作品，呈现世界各地不同的生活方式。尖叫设计集合 88 个家居品牌，1 200 多件原创设计精品，让人们感受北欧设计的精髓及北欧生活方式。芬兰的自然、瑞典的摩登、丹麦的舒适、挪威的质朴……在"遇见·北欧"移动家居艺术廊得到完美诠释。

↑ 展览现场户外空间

↑ 展览场景

MEET TRUE
NORTHERN EUROPEAN
DESIGN

← 展览场景

↑ 展览场景

↑ 展览导言墙

MEET TRUE NORTHERN EUROPEAN DESIGN

↓ 展览场景

↑ 以姆明为灵感的搪瓷杯

移动的家居艺术廊

"不知不觉间，我们进入所谓的'场景时代'，这是一个回归人性的时代。人们开始更多关注价值本身，而非价格。文化艺术和生活消费，设计和商业在高度融合，变得微妙。家居产品上，我们也正在告别价格的年代，进入一个设计时代。"策展人薄曦认为，在进入"场景时代"后，大家越来越关注价值本身，注重生活体验。所以尖叫设计创建了"移动家居艺术廊"概念，通过特定主题的场景化购物体验，辅以各种互动活动，让大家来近距离接触经典、独特的设计，感受原创家居的魅力。

在薄曦看来，尖叫设计移动家居艺术廊不只是一个展览空间，而是互动生活实验室。在这个互动复合体中，文化、艺术、设计和商业是高度融合的。因此，尽管在这个移动家居艺术廊里，空间、物品有限，时间亦有限，但当参与者在这一特定场景中与设计近距离接触后，所激发的体验和价值是无限的。移动家居艺术廊希望缩短地域的距离局限，打造空间的可移动性，探讨在互联网经济下，文化艺术和生活消费之间的新型关系。

策展人薄曦强调："尖叫设计努力寻找一个文化、艺术、设计和商业完美结合的载体，而这个载体的空间体验感、活动参与度和场景的复合性正是价值的核心。我们希望通过这个移动家居艺术廊把文化、艺术和设计转化为商业消费活动，激活商业价值，使所有在这种环境下的参与者能达到共赢。"

↓ 以名人卡通画像为包装的巧克力

↓ 策展人薄曦

体验自然和人性

在"遇见·北欧"的展厅设计中，尖叫设计尝试在一个空间中用最少的资源，塑造动人的展示场景，以此传递北欧设计文化核心内涵：自然和人性。作为创意设计合作伙伴，丹麦SHL建筑事务所担任了本次体验空间的设计，设计中保留了新天地新里大楼建筑的原始面貌，在灰白色公共区域和裸露的混凝土墙面之间，运用一种温暖的再生木材料，构建展品的载体。欧松板的自然肌理散发着原始生态的魅力。整个空间纯粹而强烈，单一的材料创造了由地到墙、由展架到家具的丰富层次，体现了北欧设计的"少"，也体现了功能和空间的"多"。

孙燕心 / 文　SUN Yanxin

1. 华山医院是上海医疗建筑史的缩影，从早期"建高楼"，到中期的老牌医院改造，再
到目前的民生、高效导向，华山医院实现了医疗区域的现代化跨越，对其他医院的改
建扩建起着示范作用，图为华山医院北院外景

百年回眸
上海医院建设发展的变迁
A Hundred Year of Shanghai Healthcare Architecture Evolution

上海的医院发展史，远可追溯至元代。至元十四年、至元二十六年，崇明州、松江府先后置官医提领所。明、清两代，中医事业大盛，名医辈出。清末，医学废弛，上海地区尚剩上海、金山两县县医学。上海开埠后，外籍传教士、医生在沪上开设诊所、医院，西方医药传入。

1. 历史追溯

　　上海的医院发展史，远可追溯至元代，至元十四年（1277 年）、至元二十六年（公元1289 年），崇明州、松江府先后置官医提领所。元代泰定年间，嘉定州置医学提领所，掌理卫生行政和医学教育事宜。明代，松江设府医学，华亭、上海、崇明、嘉定各县建县医学。清沿明制。明、清两代，中医事业大盛，名医辈出。清末，医学废弛，上海地区尚剩上海、金山两县县医学。

　　上海开埠后，外籍传教士、医生在沪上开设诊所、医院，西方医药传入。清道光二十四年（1844 年）正月，上海首家西医院中国医院创办。同治十一年（1872 年），第一家中国人办西医院体仁医院开办。清同治元年（1862年），英侨在上海租界开办了第一所教会医

院——仁济医院，之后又陆续开办了几家教会医院，其建筑都由外国建筑师设计，或由住宅改建，建筑结构及设备都较简朴，大多为2~3层的砖木结构。1909 年，上海开始自办医院，最早为中西医结合的上海医院（现第二人民医院）。1920 ～ 1930 年期间，相继建造了几座设备较全的医院，有中山医院、红十字会医院（现华山医院）等，均由中国建筑师设计，采用砖石结构为主体。1934 年设计建造的妇产科医院（现长宁区妇产科医院），注重功能分区。1937 年设计建造在江湾的上海市立医院（现长海医院），采用砖石结构。仁济医院1930 年翻建为钢筋混凝土框架的 5 层大楼，将门诊、治疗、住院、厨房等各种功能用房集中在一座大楼内，是集中式医院建筑的典型例子。广慈医院（今瑞金医院）是上海民国时期建筑规模

最大的医院，占地 11 万 m²，房屋布局呈分散型，由各个时期建造的 10 多幢不同风格的 2 ～ 5层楼房组成。公济医院（今上海第一人民医院）是医疗设备最齐全的医院，房屋建筑主要采用英国新古典主义形式。中山医院采用钢筋混凝土结构，盖琉璃瓦庑殿式屋顶，是西洋建筑加中式大屋顶的早期实例。

2. 新中国成立后的缓慢建设期

　　1953 年起新中国成立上海新建了一批医院，市级医院有新华医院、龙华医院、肿瘤医院、儿科医院和精神病防治总院等，新建的区（县）级中心医院有闸北、闵行、南汇、青浦等院，并扩建了吴淞、金山、奉贤、崇明等县中心医院。1958 年，上海初步形成了三级医疗预防保健网。"文化大革命"期间，全国医疗卫生工作重点放

到农村。除少数医院新建、扩建外，主要发展郊县卫生院的建设。

这一时期设计的医院以综合性医院为主，少量专业医院除配有一般综合性设施外，尚有一些专业性医疗设施。当时因用地较为宽裕，新设计的医院多为分散或半分散式布置，注重功能分区，洁污分离，避免交叉感染，路线简捷，注重环境安静和庭园绿化。医院布局一般是门诊楼设置在前面，医技科室位于中间，病房楼设在后部，呈"工"或"王"字形建筑平面。病房楼为"一"字形建筑，南向布置病室，北向布置辅助用房。多数医院增设了理疗科室，一般市区（县）医院都有 2 000~4 000m² 的门、急诊楼，3 000~5 000m² 的病房楼和 2 000 m² 左右的医技楼及相应的后勤服务设施。多为 3~4 层砖混结构，病房床位约 300 张，总体设计中均留有扩建余地。每所公社卫生院建筑面积约 1 000 m²，除设有通常的各科门诊外，一般都设有 50 张简易病房。在部分县医院中设置了传染病房，以便就地隔离、就地治疗。

新中国成立至 1966 年，医疗建设的发展进程比较缓慢，"文化大革命"十年期间医疗建设的发展几乎处于停顿状态。"文化大革命"结束后，百废待兴，上海医院建设处于严重"欠债"状态。

3．改革开放后的快速发展期

党的十一届三中全会以后至开发开放浦东之际，迎来了上海卫生事业建设投资规模最大、竣工面积最多、发展速度最快的时期。

至 20 世纪 70 年代后期，为适应日益发展的需要，同时为节约投资，对原有的老医院进行改扩建。其中闸北区中心医院通过加层和改造，成为拥有 600 多张床位的区级医院。20 世纪 80 年代起，针对卫生事业发展与国民经济发展不协调，围绕着进一步解决群众"看病难、住院难"的矛盾，大力改建、扩建医院门诊、急诊用房和病房楼，加快基层医疗网的建设，实施系列改革。如瑞金医院、中山医院、第一妇婴保健院、国际和平妇幼保健院门诊楼等都是近 10 年内扩建的较大项目。同时补充新建、迁建了一批专科防治单位。陆续建成了岳阳医院和区（县）级等专科医院，1989 年建立了首家中外合资医疗机构。新建或迁建了一批地段医院和乡镇卫生院，以及配套建设的地段医院，基本实现每一街道和乡镇都有一所基层医疗机构。此外，还配套建设了干部病房和外宾、华侨病房。如上海市第一人民医院外宾病房楼、门急诊大楼、上海交通大学医学院仁济医院（二期）外科病房楼、华山医院病房综合楼、门急诊大楼等。建成

了市、区县、街道乡镇三级医疗预防保健网。

20 世纪 80 年代末到 90 年代末，为了满足人们日益增长的对医疗的需求，医院建设主要以改扩建为主，辅以新建。医院规模向大型发展，床位数也有大的增加。由于市区用地紧张，有些病房楼向高层发展，而腾出空地布置绿化，改善医疗环境。如华山医院兴建 20 层高的高层病房楼，以满足医疗用房扩建改造的需求。此时结构多采用钢筋混凝土框架及剪力墙体系。至 20 世纪 90 年代末，城乡医疗机构普遍进行基建和内涵建设，引进一批国外先进的医疗仪器，医疗设施和装备明显改善。保持、发展领先的专科诊疗技术，兴建了一大批市（县）级专科医院和综合医院。形成一批医学领先专业重点学科和专科医疗特色。如市卫生局所属的市第一人民医院、市第六人民医院和华东医院；上海医科大学和上海第二医科大学的附属医院有：中山、华山、瑞金、仁济、九院、新华、宝钢医院等一大批全市（县）及县级以上综合医院也全面得到建设。

这一时期医院建设以改、扩建和新建为主，医疗建筑有了显著的发展。在医院设计中，注重新技术、新设备的引进和应用。在建筑设计方面注意将医疗、教学、研究三者相结合，对绿化面积和停车场地的要求，也得到应有的重视。由于市区用地紧张，有些医院设计采用了高层建筑，结构多采用钢筋混凝土框架及剪力墙体系。医疗建筑规划的基本形态呈现有分散式、集中式、半集中式等几种常见格局。

4．"入世"后的新格局

加入 WTO 后，上海医院建设进入了一个新的快速发展时期。

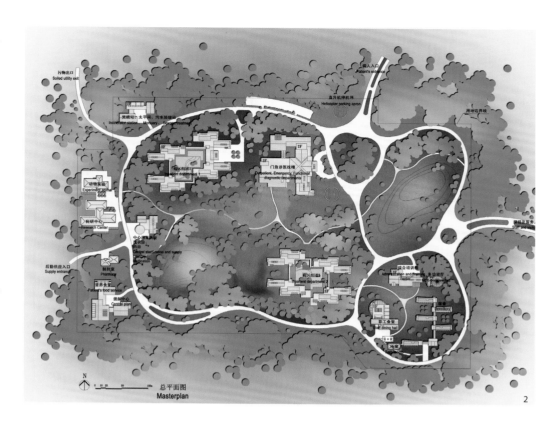

2．2004 年建成的上海市公共卫生中心是一所达到国际一流水平且规模大和设备齐全的对紧急预案发生的医疗科研机构，图为上海市公共卫生中心总平面图

随着"入世"和开发开放浦东的新形势，国外建筑设计师不断进入上海医院建筑市场，医院建筑设计打破了原有传统模式，设计呈多样化。新建了如上海儿童医学中心、仁济医院东院、中日友好瑞金医院、华山医院浦东分院

3．1998 年建成的上海儿童医学中心是上海第二医科大学与美国世界健康基金会双方合作建造的新型高层次教学、培训和科学研究的医疗中心

等一批国内、市内一流医院。建涉外医院东方兰氏医院和仁济医院外宾病房。改建东方医院、市七医院、公利医院、浦南医院。建成梅园地段医院等一批配套社区医院，地段医院和乡镇卫生院向社区卫生服务中心转变。国际和平妇幼保健医院、复旦大学附属中山医院门急诊医疗综合楼、上海交通大学附属瑞金医院门诊医技楼改扩建项目、复旦大学附属儿科医院等一大批具有亚洲先进水平的现代化综合医院、特色专科医院及医疗大楼先后建成。同期，结合国内外先进技术，加强对于重大疾病关键技术的研究，启动了12个临床医学中心的建设。上海已成为全国医学科研、教育、临床的重要基地之一。

2002年以后，上海国际医学园区和虹桥国际医学园区等一批高端医疗设施和国际医院先后进入规划、起步阶段。

2003年，全国爆发SARS疫情，上海市政府积极响应，而且首次将卫生事业公共卫生体系主体工程列为市政府一号重大工程。2005年以后上海市先后建设了市公共卫生中心、市疾病预防控制中心新实验楼、市公共卫生应急中心等项目，与此同时，还完成了十多个市级医疗卫生单位"十五"建设结转项目，并建设了上海光源国家重大科学工程等与未来医疗发展紧密相关的高新技术项目。

5. "5+3+1" 开启黄金鼎盛期

2009年起，随着上海市优质医疗资源的布局调整，新时期经济性基础医疗项目（简称"5+3+1"项目）全面启动和部分开工，目标是让上海每个郊区（县）尽早都拥有一所三级综合医院，使郊区居民享有优质医疗服务的可及性明显提高。至2010年底，郊区三级综合医院建设项目（即"5+3+1"项目）已全部开工建设。到2012年，除长征医院浦东新院外其他医院已陆续建成（升级）运行。

2009年上海市质子重离子医院项目正式开工建设，并于2015年5月8日正式开始运营。

2013年11月，一个由国际医疗集团百汇托管运营、国资和社会资本共同出资组建的综合性医院——上海国际医学中心开始营业。它位于浦东新区的上海国际医学园区，这是上海市政府医疗改革的一块试验田。

随着医学科学的迅速发展，新的医疗模式和体制的改变，新型医疗设施、新的医疗技术设备、新的前端科研成果，也直接影响和引领了医院建设的进程。

上海院首席总建筑师陈国亮曾经说过："华山医院是上海医疗建筑史的缩影。"从早期"建高楼"，到中期的老牌医院改造，再到目前的民生、高效导向，华山医院实现了医疗区域的现代化跨越，对其他医院的改建扩建起着示范作用。华山医院还将入驻虹桥国际医学园区，服务于全国乃至东南亚。

纵观这个时期医院建设呈现多样化的特征，主要以新建、迁建和改造整合医疗资源为主。各种投资形式和管理模式的医疗机构共同构筑了上海的医疗建筑市场。相比以往，医疗建筑设计在建筑布局、流线设计、设施配备、绿色节能等方面都有了显著进步，专业化程度越来越高。在大型医院设施的布局上，已趋向于较为密集型的总体布置。过去传统分散式的布局，已为组团式建筑群所代替。为适应将来的变化，医疗建筑的单体和总体设计充分考虑了将来改建、扩建的可能性。在医疗技术运用方面，医疗建筑也突破原有医疗格局，努力打造医技共享平台，实现医疗资源的最优配置。

在这个上海医院建设的黄金鼎盛时期，投入并开始建设医学园区、医学中心、国际医院、特种治疗中心/医院等大型高端前沿的医疗科研设施。不仅构筑了医疗领域投资的综合服务平台，汇集世界一流医院、医学院校及相关科研机构，也成为上海建设亚洲一流医学中心的重要支撑点。

（摄影：陈伯熔）

4. 2006年竣工按照国际医院标准设计与美国哈佛医疗合作的复旦大学附属华山医院浦东分院

作者简介

孙燕心，女，华建集团上海建筑设计研究院有限公司 所执行总建筑师，国家一级注册建筑师，教授级高级工程师

5. 十年磨一剑的上海市质子重离子医院标志着上海的肿瘤放射治疗正式迈入全球最尖端的"粒子时代"，下图为上海市质子重离子医院总体鸟瞰图

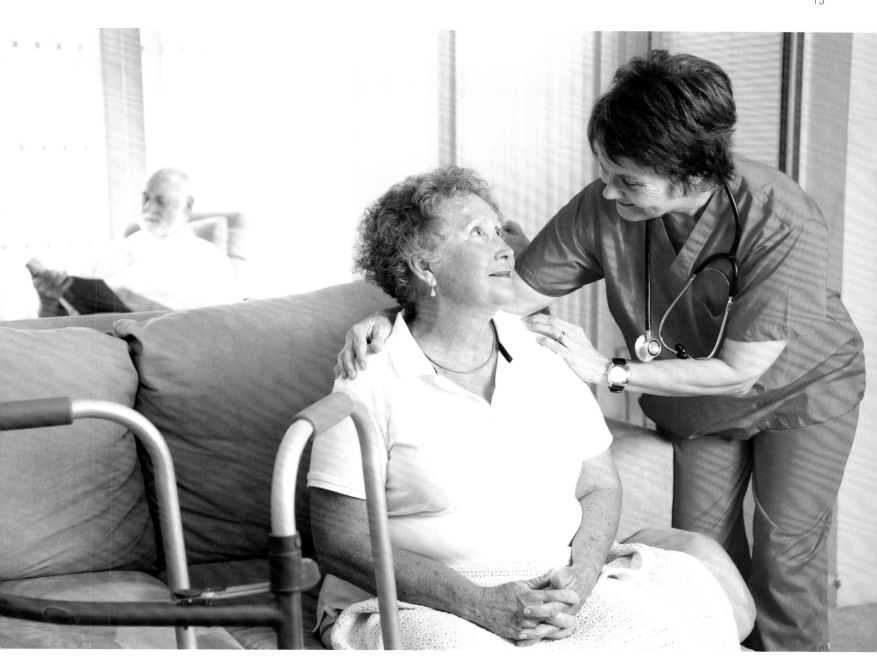

1. 大多数家庭中能够照料老人的年轻成员越来越少，很难担负起照料老人的全部任务，因此，养老的重负将由家庭转向社会，尤其是医疗卫生保健机构

当我们谈论医疗时，我们在谈论什么
互联网医疗、分级诊疗与老龄化

宋亦欹 / 文   SONG Yiqi

What We Talk About When We Talk About Healthcare
Internet Medical Service, Hierarchical Medical System, and Population Aging

在中国，由于医疗与民生息息相关，一直是政府与民众长久不衰的讨论话题。而医疗健康作为产业，在欧洲、北美等发达国家早已被当作战略产业来进行经营，且得到了大量人力与财力支持，甚至成为当今最为活跃的科技创新领域。

随着我国经济的不断发展、大众对于健康的持续关注及迫在眉睫的社会老龄化问题，医疗健康产业将必然面临更多机遇与挑战。站在"互联网＋"的时代风口，一直被认为是本地产业的医疗健康领域也将在大数据时代下进行全球化的深度融合。

"新医改"历经七年后，又将如何继续推进？中国人的健康理念是否会顺应数字健康潮流，逐步实现从"治病"向"防病"的转换？当我们谈论医疗时，我们究竟在关注哪些问题？本文将以互联网医疗、分级诊疗与老龄化为切口，浅谈我国医疗健康领域的实践与反思。

1.互联网医疗：从20%至80%

近年来，世界卫生组织（WHO）多次指出，全球健康问题正面临更严峻的挑战，而迅速发展的信息化技术作为科技服务的先进手段，正从方方面面影响着我们的健康、生活与未来。

2015年，互联网三巨头BAT（百度、阿里、腾讯）凭借自身技术优势与用户黏性，相继掘金互联网医疗。支付宝"未来医院"、微信"全流程就诊平台"与百度"北京健康云"平台广为人知，其根本在于借助大数据为用户提供专业的健康服务。由此，互联网医疗逐渐呈现井喷之势，正在逐步对传统医疗健康服务业带来颠覆性的变革。

"互联网+"蔓延至社会各领域时，缘何医疗成为其最佳拍档之一？专家分析认为，这是基于我国医疗刚性需求的不断扩大，而互联网医疗前所未有的快速，方能满足这一缺口。

不可否认的是，我国医疗资源供需严重失衡，不仅呈现于发达地区与偏远欠发达地区间，也呈现于各级医疗机构间。而这一缺口，正是互联网与医疗行业的结合切入点。《2013中国医药互联网发展报告》指出，当年中国仅移动医疗的市场规模就已达到23.4亿元，同比增长25.8%，预测至2017年，这一数值将达到125.3亿元。

与此同时，原本业界所担心的政策坚冰亦在融解。2011年以来，各部门相继出台一系列文件和政策鼓励支持互联网医疗发展。其中，远程医疗、健康数据采集、可穿戴设备、移动医疗解决方案等皆被列为发展重点。

在互联网医疗发展的当前形势下，慢病管理成为关键词之一。医改新要求提出，中国医疗健康产业需"关口前移，重心下沉"，即医疗服务必须将从只为20%的疾病人口服务，扩大至为包括80%的健康人口提供服务。诸如高血压、糖尿病等慢性疾病将列入健康管理档案，在此过程中，只有信息技术可以为大规模、低成本的管理提供可能。

2.分级诊疗：解决倒金字塔怪相

长期以来，谈及我国医疗，总是难逃"看病难"与"看病贵"问题。而究其原因，离不开基层医疗服务的缺失与错位，最终造成了奇特的倒金字塔现象：三级医院汇聚大量资源与患者，而社区卫生中心依旧冷冷清清。

诚然，基层医疗服务一方面与我国医生收入及就业体制相关；另一方面，如何兴办与管理基层医疗也值得我们思考。但分级诊疗进行得如火如荼时，如何打破传统思维，通过多元化办医进一步激发落实分级诊疗的问题摆在我们面前。

据了解，在欧美大多数国家，无论是全科

医生还是专科医生，医生并不以工资为其主要收入部分，这意味着，医生主要以雇员方式就业。我们常听说英国的全科医生制度做得很好，但并不知道，他们的全科医生大多数是自由职业者。

自由职业者？听起来略有些耸人听闻，然而这正是因为长期以来我们对基层医疗存在一定认识上的误区。一部分人认为，基层医疗深入社区，与民众的日常生活、生命健康息息相关，因此不适宜交给市场；也有人说，基层医疗大多处理的是些小毛小病，无利可图甚至亏损，所以需要政府或公立机构承担。然而放眼世界，各国基层医疗多由非公立医疗和市场发挥着主导作用，而支付方可以让政府或社会医保扮演重要角色。

所幸，我国各地基层医疗机构都正在为此付出努力。以上海为例，2015年发布了《关于进一步推进本市社区卫生服务综合改革与发展的指导意见》，其中指出："积极引导市场各类资源参与社区卫生服务，引入社会资源与市场竞争机制，更好满足居民各层次卫生服务需求。"在市场化信号释放后，以区县为单位的基层医疗机构皆开始了多元资本引入及多元服务的尝试。

在上海长宁区，10家社区卫生服务中心率先建立了以家庭医生工作室为核心的社区卫生服务机构运行框架与模式。区负责人介绍："打比方说，社区卫生服务机构是机场，家庭医生工作室就是一家家航空公司。"由于当下全科医生数量缺口较大，区内可承担家庭医生工作的医生仅150名。为此，长宁区特别为家庭医生配备行政助手，处理医疗行为外的事务，减轻工作负担。

此外，第三方合作办医模式也在运作中。2001年起，该区所有社区卫生服务中心的后

2.3. 基层医疗机构将承担较大比重的任务，星罗棋布的社区卫生服务网点已发挥积极作用，不仅应满足"打针送药"的需求，集医疗、预防、保健、康复、心理咨询、健康教育为一体的、优质、高效、便捷的体系方能使老年人在家门口保持健康、安享晚年

勤服务已外包给第三方公司；2007 年，又与第三方合作建立区域性临床检验中心和远程诊疗中心，节省了检验、诊断、后勤部门的编制，把更多编制留给医护人员以吸引人才。

2016 年，将有更多省市纳入全国省级综合医改试点，对于我国医疗健康产业而言，不仅肩负着三级医院改革，更是对基层医疗提出了新问题与挑战。"对于民众，只要享受公共服务的可及性、公平性，谁来办没有关系；对于政府，只要满足民众基层医疗服务需求，就达到了卫生保健的作用，其购买方式是固定的。"因此，专家指出，如何加强政府的监管能力，并配套完善相关法律制度与财政补偿机制是当前亟须解决的问题，在体制机制完善的前提下，患者从综合性三甲医院向二级医院、社区卫生服务中心的引流可逐步落实，倒金字塔式的怪相才可日渐改善。

3.老龄化：医疗产业新蓝海

当全国将目光投向"产科儿科医生荒"问题时，另一个无可回避的社会现象也对我国医疗现状提出了巨大挑战。

据统计，中国老龄化与 21 世纪同时起步。2011 年底，我国 60 岁以上老人已达 1.67 亿，占全国人口总数的 10.95% 以上；80 岁以上高龄老人正以每年 8% 的速度增加。预计至 2030 年，老龄人口指标将达到 16.2%。而人口老龄化的加剧将带来医疗保健需求的急剧增长。

在中国，有一个颇为无奈的词叫作"未富先老"。老年人面临着慢病、并发症等多重健康问题，如何做好日常保健与针对治疗是未来长期面临的首要任务。

在人口老龄化的同时，家庭结构却日渐趋向小型化。二孩政策虽已全面铺开，但实际上，大多数家庭中能够照料老人的年轻成员越来越少，很难担负起照料老人的全部任务。由此，养老的重负将由家庭转向社会，尤其是医疗卫生保健机构。然而，我国庞大的老年群体需要极大的经济支持，从国情出发，一种"投入较少，产出较多"的服务模式正在运行。

上述提及的基层医疗机构将承担较大比重的任务，星罗棋布的社区卫生服务网点已发挥积极作用。不仅应满足"打针送药"的需求，集医疗、预防、保健、康复、心理咨询、健康教育为一体的优质、高效、便捷体系方能使老年人在家门口保持健康、安享晚年。

卫生部疾病控制司报告称，我国老年人主要慢性病涉及：高血压、冠心病、糖尿病、脑卒中和其他退行性疾病，综合表现为患病率高、患病种类多、患病时间长，由此导致了高就诊率、高住院率和高医疗费用发生率。据统计，老龄人口的人均医疗费用是年轻人口医疗费用的 3 至 5 倍，这将对医疗健康产业带来持续稳定的需求增量和压力。

在本土医疗机构进行着有关老年人针对性健康宣教、老年卫生服务相关专科学科建立、老年健康特色诊室筹办及老年医疗救护费用投入的努力时，外资亦在蜂拥进入这一片新蓝海。

德太投资（TPG）与黑石集团（The Blackstone）等均已投资入股国内医院、医疗设备制造商及医疗服务企业。高盛首席中国策略师曾曾表示，中国人口的老龄化问题对于投资角度而言具有非凡吸引力。亚洲最大医院运营商马来西亚综合保健控股有限公司（IHH Healthcare Bhd）负责人介绍，该公司已在上海建立一家医院（即上海国际医学中心），并在农村地区拥有规模较小的诊所，其余中国业务也正在进一步洽谈中。"中国很大，除了北京和上海，全国都同样面临老龄化问题。对民营行业而言，一切才刚刚开始。"

4.结语

世界卫生组织（WHO）数据称，2012 年，中国每万人口拥有医生数为 14.6 人，较之澳大利亚的 38.5 人、美国的 24.2 人、巴西的 17.6 人，我国尚有很长的一段路要走。未来，面临快速城镇化和人口流动的增多，公共卫生压力增大，对医疗卫生资源布局也会有新要求。"更健康、更长寿"将是全国人民共同努力的目标，在经济增速换挡期的中国，我们有理由期待医疗健康行业给予民众的更多惊喜。

作者简介

宋亦歆，女，自由撰稿人

1. 马萨诸塞州总医院新大楼

空间正在治愈
关于医疗建筑的三个话题

艾侠 / 文　AI Xia

Space is Healing
Three Topics on Healthcare Architecture

20世纪60年代"以患者为中心的医疗"使英美建筑师注意到了"以患者为中心的设计"的理念，似乎为"空间治愈力"赋予了心理学的依据。创造治愈环境的努力暗示着一种新的趋势：与外在世界的连接和让浸染身心的治愈力，正在通过建筑师的美好构想加以实现。

1. 空间与治愈结缘之路

医院是救死扶伤的场所，但医院的起源却与杀戮有着直接的联系。古罗马的军事营房，被证明是医疗设施最早的起源之一，医技伴随着军事活动的演进，成为人类文明的一个自相矛盾的特征。医院的另一个更容易让人接受的起源可以追溯到神庙和修道院，患者出于对神的信仰前往某个空间以求诊断和治疗，同时也获得心灵的慰藉。于是，军事和宗教，成为贯穿在古代医疗空间的两个重要线索。

不论是物质还是心理层面，古代文明提倡让外在世界的治愈力浸染身心，医疗建筑最初的发展看似与城市没

有必要的关联。尽管如此，城市类型学对现代医院的形成十分重要。意大利文艺复兴的第一栋建筑是布鲁乃列斯基设计的佛罗伦萨育婴堂。它面向城市广场，具有很好的公共空间。用今天的视角理解，它更像一座妇幼专科医院。

18、19世纪英国的医院有很强的市民参与性，它们显示出城市公共空间的连续性。这种连续性包含着自信的建筑语言和空间的创造：它为市民所用，而不仅仅是为了医院事务。这是一种双向的转换作用：城市的公共空间从医院中获益，而患者、游览者和员工获得了丰富的设施选择。

现代医院的原型出现在19世纪之后的城市化进程中：

2. 德国国家肿瘤中的内部空间

更多医院便倾向于选址在远离城镇中心的自然区域，设计有了更大的自由，并且呼应了自传染病传播现象被理解以来就存在的潜在信仰，即：生病的人要和健康的人隔离。20 世纪之后，费用高昂的城市用地助推了远离城市中心的选址，私人机动车的普及和公共交通的滞后，造成了一定的环境问题，本身与治愈提倡的可持续原则是违背的。

到了近代，医疗保健的工业化曾经一度将患者与外部文脉隔绝，医院成为远离城市或者城市中的孤岛。如今，随着对治疗环境及城市公共空间网络的价值重构，建筑师必须重新将医院定义为新的公共空间类型，并且与城市形成更有效的融合。所以，综合医院及与此相关的城市设计具有不可低估的挑战性，这种挑战性源于私密和公共的矛盾。实际上在每个医院中，健康的人要比患者多，他们的活动是对城市活力的延伸，并且有潜力帮助增加相邻区域的经济活动。

从城市意义回到建筑层面，"hospital"的词根可以追溯到拉丁语"hospitium"（原表示庇护所，后来演化为病人康复的场所）。这个词暗示着：医师和建筑师必须为患者提供住所，并保证最大程度的空气流通，以帮助他们尽快恢复。最流行的设计起源于在 19 世纪中叶的英国：病房被设置为狭窄的长方形，它们和一些其他的房间一起由一条走廊连接，并随着对空气流通的关注成为一种标准。

在这种"标准"的进一步演化中，治疗和手术的进程对建筑形式具有决定性的影响，尽管它们都随技术和临床医学的发展而频繁的变化。医疗建筑极少成为先锋建筑师的实验作品，功能和理性会控制医院设计的方方面面：首先，住院病房构成了一个医院规划和体量中最大的元素之一，门诊部、手术中心、病房（护理单元）和服务部、流通部相互组合，进而形成医疗街和内部社区化单元。正是由于全世界的医疗建筑普遍采用严谨而保守的方式设计，它们关注治疗效率的同时，却牺牲了场所体验和形式感。

然而，医院设计并不仅仅是排布功能和流线。20 世纪 60 年代"以患者为中心的医疗"使英美建筑师注意到了"以患者为中心的设计"的理念，似乎为"空间治愈力"赋予了心理学的依据。人们意识到，也许治愈空间的改善能够对治愈行为本身产生良性的促动。直到 20 世纪 80 年代，"什么使人的体验感更好"才成为医院建筑设计真正的核心命题之一：例如空间品质、光线、声学和景观，以及我们如何通过更可达、更易通行的建筑来减缓压力，而不是无止境的医院走廊。

不论如何，创造治愈环境的努力暗示着一种新的趋势：与外在世界的连接和让浸染身心的治愈力，正在通过建筑师的美好构想加以实现。如果要给它一个清澈的名词，我想可以称之为"空间治愈力"。

2. 从循证医学到循证设计的启示

20世纪的最后一年，美国医学会（Institute of Medicine）以它的一个里程碑似的报告震撼了医疗保健业。这个标题为"凡人皆有过"的报告，揭露了医疗错误造成的惊人的生命和金钱的损失。研究报告指出，进入21世纪的医疗行业，应当向其他的产业，例如航空、核能和建筑科技学习，运用"系统思想"从实证依据上考虑成功的经验和失败的教训，而不是仅仅依靠专家个体的智慧积累。至此，"循证医学"成为医疗领域最重要的科学理念而被广泛接受。

循证医学最早期的概念来源于1972年英国流行病学家奇·科克伦（Archie Cochrane）《医疗服务疗效与效益随想》一书所提倡的以可靠的科研成果为依据的医学临床实践。1992年，循证医学（Evidence-based Medicine）作为专有名词首次出现在医学杂志上。几乎与此同时，专注于医院领域的建筑师和建筑学者也日益意识到设计拯救生命、设计提升治愈的可能性，他们从"循证医学"发展出"循证设计"的理念。德克萨斯A&M大学建筑学院罗杰·乌尔里希（Roger Ulrich）教授通过为期10年的随机对照试验，证明了环境对疗效的重要作用。他提出循证设计的三个基本准则：强调医院环境应尽量使患者自如控制和调节环境条件（如灯光、噪音和温度等）；鼓励社会支持与交往（如家人探访和陪护），提供适量且积极的视觉刺激。

综合来说，循证设计（Evidence-Based Design）是一种建立在循证医学和环境心理学的基础之上的研究方法，"循"的意思是遵循和依照，"证"的意思是实证和数据，即以可靠的科学方法和统计数据作为设计依据，并通过设计师、医疗机构、使用者等多方面的互动，寻找优化建筑性能的途径。2008年，Ulrich与齐姆林（Zimring）等学者总结了医疗建筑的循证设计目标如下：

1）通过环境设计手段保证患者安全；
2）通过环境设计手段提高患者康复效果；
3）通过环境设计手段提高医护人员的工作质量。

为了实现这三个目标，建筑师也在收集统计数据——从病人治疗结果、医疗人员调整率等——到自然环境方面的数据。这些"证据"不仅可以为设计决策提供信息，而且能够帮助使建筑客户和团体信任设计方案，进而演变为一场广泛的创新活动：大量的数据是实现创新的关键，这

3. 安宁的班纳门医疗中心

与互联网时代的思维模式不谋而合。

针对跨越世纪之交的最为重要的医疗设计概念，本文想指出的是，"循证设计"虽然建议在关键问题（如确保患者与医护人员安全等）上参照复杂的科学证据做出正确决策，但其实并没有在任何程度上限制建筑师的创作自由度。在"研究→取证→决策→设计→建造→评估"的循环中，从微观到宏观，从自然的到人工，依然存在着大量的创新机会，对下一代医院产生深远的影响。循证设计是实现空间治愈力的重要理论策略之一。

本文接下来回顾18座重要的、新近建成的欧美医疗设施。它们大部分遵照循证设计的基本理念，但从实施的效果中也可以看出，有关文化、艺术、情感的细节，正在不断地提升着空间治愈的品质和说服力。

3. 新一代实践中的空间治愈力

尽管现代主义建筑强调功能逻辑的程式，但即使在早期现代主义的实践中，对空间治愈力的研究也存在至今依然意义非凡的案例。阿尔瓦·阿尔托设计的位于北欧的拜米欧疗养院曾经借鉴了东方园林对自然环境的取意。柯布西耶未能实现的威尼斯医院更是一次对城市性的探索。这座建筑以一种微妙而复杂的方式被分割、编织进威尼斯布满河道和道路的城市构架中，通过通道与城市连接的广场，以及垂直的功能分层，实现治愈空间与城市尺度的衔接。

进入21世纪的欧美医院显然在建筑设计层面更为成熟，手法也更加丰富。如果将"空间治愈力"理解为循证设计在新时代环境中更好地与情感发生连接的概念，那么，我们看到这些获得成功设计的医院，在面向医疗体验的方向上更进了一步，它们不仅循证，而且更加艺术，更加绿色。

举例说来，NBBJ 在亚利桑那州设计的班纳门医疗中心，以一种"沙漠绿洲"的方式再现度假疗养的美学目标：安宁而与众不同，适应环境和利于快速建造的可持续性。HOK 在美国加州设计的蒙特利社区医院，以中心喷泉景观庭院连接遮阳避雨的半室外灰空间，创造出亲近自然的禅意，将新建筑的扩建与旧建筑进行情感融合。

意大利建筑师安巴斯；安巴兹（Emilio Ambasz）在威尼斯设计的奥斯比达尔医疗中心，将日照、内部景观、私密性和低噪音环境容纳在植物园般的大空间之中。著名的贝聿铭建筑事务所在美国纽约设计的米尔斯坦家庭心脏中心，更是为大都市中心区拥挤繁忙的商业环境中植入一个几近优美的扩建医院。

以医疗建筑见长的 ZGF 事务所在美国华盛顿州圣·安东尼医院设计中，对自然材料的大胆拼接运用，创造出"林中漫步"的地域特色，可谓阿尔托在芬兰设计的帕米欧肺病疗养院的今昔再生。德国建筑师贝尼施（Behnisch）设计的国家肿瘤中心展示出城市般复杂的中庭空间，借以鼓励交往和创新，把顶级医疗实验室与一线病患护理单元结合在同一屋檐下。

KPF 在休斯顿设计的卫理公会医研机通过休闲酒吧将医学院与研究实验室进行联系，兼顾了医疗科研学术形象和空间治愈必要的轻松氛围。拉斐尔·拉奥斯（Rafael de La-Hoz）在西班牙马德里设计的雷伊·胡安·卡洛斯医院，以戏剧性的造型和表皮设计，包裹出一个颇具保护性的、内向的、安详宁静的就诊康复环境。ZGF 联合多家建筑师合作的芝加哥安—罗伯特—卢里儿童医院，在23 层的空中庭院，通过曲线玻幕带雕塑的入口大厅给家长和儿童亲切感和放松感，成为最受关注的都市高密度治愈空间之一。

在这些国外优秀案例中，至少存在下面一些相对通用和集中的策略可以为我们所参鉴，它们都得到反复的验证，并且依然在不断地创新和演化之中：

（1）加强对社会公共性和城市性的研究（获取与城市构架和空间的连续性）；

（2）动线设计为不同人群带来更好的复合体验（包括被治愈者和健康人群）；

（3）提升医疗建筑的光学和声学品质（包括日照、采光、低噪声和私密性）；

（4）注重等候和连接空间的场所营造（创造安静舒适的室内公共空间和灰空间）；

（5）注重景观设计及其心理学价值（实现完整的因地制宜的户外景观）。

这五个方面相辅相成，共同决定了一座 21 世纪医疗设施应该具备的品质。实现这些品质并不一定意味着高额的投资和悠长的工期，它可以因地制宜地在发展中国家找到最适合的解决方案。相比之下，中国建筑师在治愈空间的创作实践还处于相对启蒙的发展期，随着医疗硬件设施的升级完善和对环境要求的提高，对空间情感的需求正在日益强烈，中国医疗空间的面貌也正在发生巨大的改观。

作者简介

艾侠，男，CCDI 悉地国际 成果研究部主任

4. 安·罗伯特·卢里儿童医院

何谓医疗设计的未来
国际医疗机构设计理念

[美] 劳拉·兹马 / 文　Laura ZIMMER

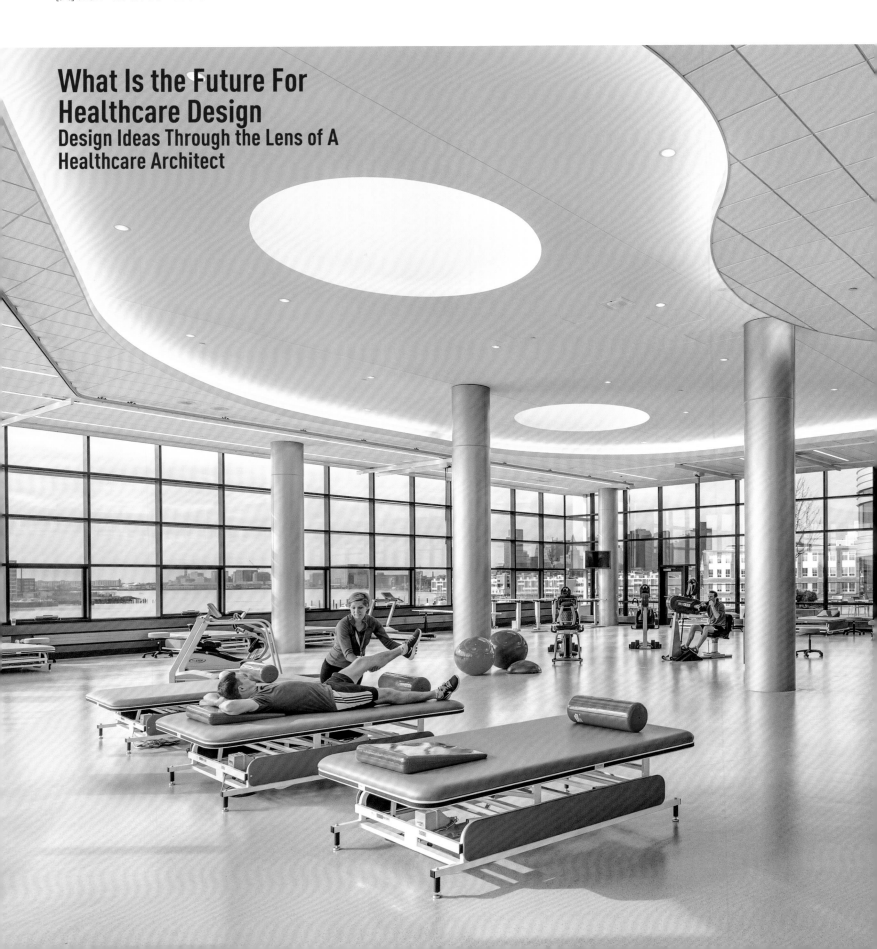

What Is the Future For
Healthcare Design
Design Ideas Through the Lens of A
Healthcare Architect

今天的医疗设计旨在革新医疗环境，为患者带来更理想的疗效。然而，现在所践行的一些医疗设计标准在几年前可能还被视为设计创新。在应对持续的变化和客户需求的转变过程中，医疗行业目前正面临着种种问题。通过解读当前的若干设计创新手段，我们也许会对未来几年的医疗设计发展趋势有所了解。

1.技术的应用

技术对当前的医疗设计已经发挥了重要的影响，并将继续影响未来医疗设施的设计。今天的技术在外观和尺寸上均有多种表现形式，在病床边、手术室里和医护人员的口袋中都触手可及。技术的应用形式既有固定式，也有活动式。如同机场航站楼支持多种购票和登机手续办理方式那样，患者可以通过家用电脑或自助终端来进行预约挂号，以防在医院挂号台出现拥堵现象。

便携式技术除了使临床医师能更好地护理患者外，还开始对病情监测和疗效产生广泛的影响。便携式技术还能使行动不便的门诊患者在家中自行验血，然后通过手机将检验数据传到医院检验科和医生办公室。通过复合杂交手术室的技术使传统的手术室配备先进的医疗设备，以便为患者提供优化的护理服务。另外，近期有证据表明，当前的技术使护理团队内部能够实现患者信息共享，便于在患者治疗期间进行研究合作，达到更好的疗效。

2.灵活性、标准化和模块化设计

要和今天的医疗技术保持同步，就要提供改造既有空间所需的灵活性，蓄积发展壮大的潜能。对于追求通过医疗设施的适应性满足发展转型需要的客户而言，医疗设计的灵活性具有战略性的意义。医疗客户希望设施在不干扰医疗服务和不影响患者安全及健康的情况下，能够改变空间的要求。还希望所做的变化多侧重于功能需求，少侧重于实体空间。至关重要的是使建筑环境有能力在不改变建筑的条件下，支撑多种功能需要。构筑建筑环境的设计要素和设计工具有很多，医疗使用者可通过移动隔墙、活动家具及其他可变的要素改变现有的空间。今天的医疗设施设计必须具有应对发展变化的灵活性。

近年来，医院的护理单元开始设计支持多种患者类型和多种临床服务的住院病房。住院病房的设计力求适应患者的各个阶段的病情变化，以免转换病房。对住院病房的尺寸、基础设施及其他特征进行标准化设计，使病房能够适应从轻症到重症的需求变化。护理单元的辅助房间也进行标准化设计，还能根据护理单元的类型进行功能互换。今天的住院康复室可成为明天的宣教 / 会议室。

今天的许多门诊设施已成为一系列模块，配有一定数量的诊室，用于满足不同医学专业的使用需要。在这些模块中，诊室采用标准化设计，存在一定的限制，不专属于某位医生。临床模块的用途根据实际需要灵活确定，今天可能用作基本护理门诊，明天用作骨科门诊。

3.拥有自然采光和自然景观

除了为建筑环境提供最大限度的灵活性，当今的医疗从业者和医疗设施运营者都开始尽量避免使用人工照明，关注日照采光和景观视野在帮助患者康复和保健的过程中所发挥的疗效。研究表明，处在天然日照下能够使人减少痛苦，缓解沮丧情绪，康复得更快。部分研究还发现，当工作场所拥有更多自然采光时，员工的表现会大大提升。尽管外科手术等特定服务还将一直需要人工照明和专业照明，但利用更多的自然日照有利于从整体上节约能源和成本，这也是当今的医疗设施力求达到的目的。

接触自然和花园景观对患者也有康复疗效。对于病情难以控制的患者，疗愈花园能够积极分散患者的注意力，缓解症状，带来幸福感。在医疗设施内设置绿化不仅对患者有康复疗效，对访客和员工也有提神的作用。这些花园景观为沉思静想、缓解压力和短暂休憩提供了静谧的港湾。

以斯波尔丁康复医院为例，这座医院积极践行绿色创新的设计理念，将院楼和院区作为患者康复之旅中的疗养工具，为病房区域引入充足的自然采光和开辟美观的景观视野，精心设置花园景观，通过诸多与自然关联的方式潜移默化地为患者的康复保健活动提供帮助。

4.以患者为中心的护理服务

过去几年里，一些医疗设施开始积极接受以患者为中心的护理观念，将其作为患者护理服务中的核心部分。护理人员和患者及其家属共同协作，满足患者在治疗过程中的需要。护理团队积极主动地参与护理规划和应用的各个方面。近年来，以患者为中心的护理服务已经对病房的设计发挥了影响力，病房内开始围绕

病床设置家属区和员工区。

以莱斯大学医疗中心的蝶形新院楼为例，设计从功能用途出发，采用由内而外的设计方式，将护士站设置在两排病房斜交形成的转角处，将护士与患者之间的步行距离缩短到最少，将患者病房的可视性扩展到最大，确保每名患者都得到悉心照顾。

5. 精益医疗

此外，过去几年里，精益原则已经应用到医疗领域当中。医疗设施正力求扩大自身价值，实现高效运营，同时降低人力资源和自然资源的消耗。如今，在医疗设施调动各种资源提供服务之时，患者和家属都被摆到第一位。为了实现持续性提升，许多医疗设施都在采用以精益技术和运营为驱动的设计。精益医疗的基本要素包括灵活性和标准化空间。

6.中国医疗

由于中国人口基数庞大，老龄化问题日益突出，医疗改革与服务优化等方面面临着很大的压力。很多人仍倾向于到大城市和大医院去

2. 斯波尔丁康复医院患者公共区
3. 莱斯大学医疗中心新住院楼病房
4. 莱斯大学医疗中心新住院楼病房

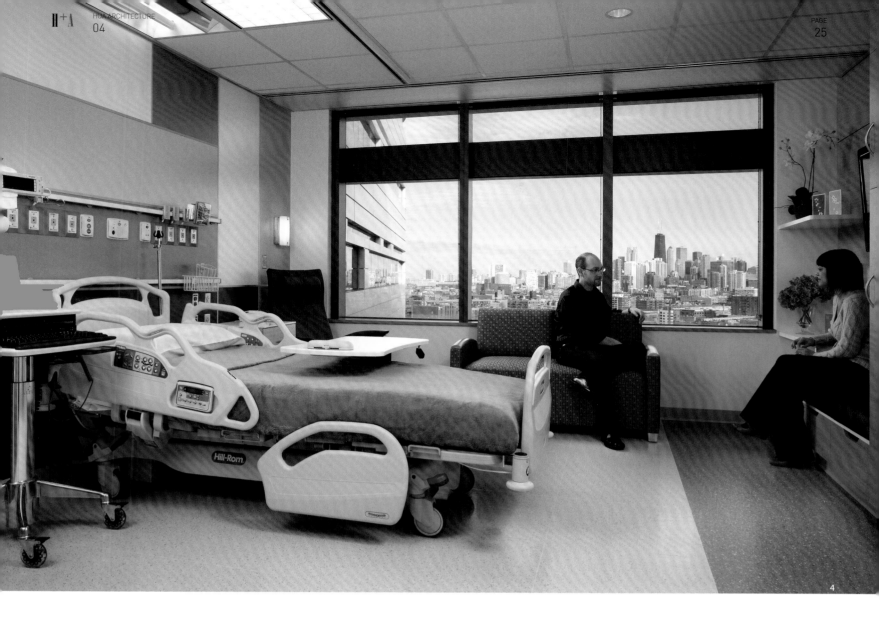

4

问诊就医，这使得医疗资源呈现出发展不平衡的现象。医护资源的需求量正在不断增加，譬如儿科等。

从护理服务与医学教育两方面来看，中国医院仍需通过建设和强化社区医院、门诊医院等设施来分流大医院的患者人流，同时在既有医院设施条件允许的情况下，也可适当增设或扩展科研教育功能，一方面可将科研成果及时转化到临床实践当中，缩短患者的住院康复过程；另一方面也有助于培养医护人才，满足医院的运营发展需要。

7.结语

今日的医疗设施重视健康与康复，正将当前的医疗发展趋势结合到医院新建和改造项目当中。对于未来的医疗设计师而言，面临的挑战是要在当地的环境条件下，创造美观独特和因地制宜的设计，并将其融入下一轮的创新浪潮当中。

尽管中国医疗实践与国际医疗实践存在许多不同之处，但中国医疗设计的未来发展同样离不开先进的技术、顺应发展变化的灵活空间、

充满关怀的护理服务和精益措施的应用。同时，充足的室内日照和绿化景观视野也会作为病房设计的重要关注内容。

随着个性化需求的增加，中国医院的患者体验和员工体验将会受到越来越多的重视，专科服务将更趋于精细化。设计可利用不同类型的公共区域满足患者或家属的不同需要，通过功能布局和人员分流更好地保护患者的隐私，照顾患者的尊严感。根据医护人员的需要，巧妙设计工作空间和交通流线，利用室内设计强化医院的品牌形象，以优化的体验的和先进的设施为医护人员创造良好的工作环境，从而达到留住医疗人才的目的。

明日的国际医疗设计创新极有可能仍会将康复作为工作重点，将技术的应用和灵活适应性的需要作为激发创新的驱动力。

（摄影：莱斯大学医疗中心 Hedrich Blessing、斯波尔丁康复医院 Anton Grassl & Esto,James Steinkamp）

作者简介

劳拉·兹马，女，Perkins+Will 建筑设计事务所资深助理董事、资深项目建筑师、医疗及养老设施主持规划师，美国伊利诺伊州、北卡罗来纳州及威斯康星州的注册建筑师，美国建筑师协会会员、美国医疗建筑师学院会员、美国医疗工程学会会员、循证设计认证鉴定师，LEED BD+C 专业资质

效率优先：
带有时代特色的解决之道
大型综合医院设计理念

王冠中 / 文　　WANG Guanzhong

Efficiency First: Solutions with Time Features
Comprehensive General Hospitals Design Concept

当前中国的大型综合医院还面临一个特殊的问题，即医院面临的实际需求往往超出其设计服务能力。效率优先的原则落实在大型综合医院设计中，主要有四个方面的切入点：用地效率、交通效率、流程效率、运营效率。

　　大型综合医院是中国城市中最常见的医院种类，其大量建设和这个时代的许多事物一样，充满了鲜明的中国特色。

　　所谓大型综合医院，包含两个要素：一是建设规模大，床位多；二是多学科多部门。当前中国的大型综合医院还面临一个特殊的问题，即医院面临的实际需求往往超出其设计服务能力。在中国目前医疗资源分布不均衡的时代背景下，优势医疗资源均集中于公立高等级医院，全市乃至全国的病人也随之向这些医院集中，有限的医疗资源面对着不断增长的社会需求逐渐应接不暇。

　　具有时代特色的问题，需要有时代特色的解决之道，效率优先成为大型综合医院设计中的首要出发点，尽可能合理的配置资源，满足更多的社会需求。效率优先的原则落实在大型综合医院设计中，主要有四个方面的切入点：

用地效率、交通效率、流程效率、运营效率。

1.注重用地效率——城市框架中的和谐化发展
1）被动节地的现实和主动节地意识

　　在建设大型综合医院时充分发挥土地能量，提高土地使用效率，既有客观现实的要求，也是医院建设自身发展演变的结果。

　　（1）大型综合医院用地不足

　　大型综合医院出现在中国城市化的发展进程中，随之而来的是中国目前城市化的种种不足，过度追求经济成果，相对于各种城市地标建筑、大型城市综合体而言，对城市经济总量贡献不足的医疗机构，在城市建设中往往处在次要地位，带来的直接影响就是新建医院项目的用地不足。

医院的建设用地在《综合医院建设标准》中有着明确的指标要求，实际工程项目中，很多项目用地指标低于此标准，尤其在大型城市城区新建的综合医院项目中，用地指标仅有标准值的1/4，如此低的用地指标，给医院的建设带来的诸方面的不利。

土地供给不足的现实情况更加加强了提高土地利用效率的重要性。

（2）传统医院的用地模式不适合

传统医院建筑是以小型分散式建筑群落模式为主，若按其服务的规模简单放大，其用地需求超过实际供给数倍，同时带来服务流线过长、能耗过大、管理不便等一系列问题。面对新建设形势，需要对建设模式加以改变。

2）土地利用的高效化

被动节地的现实面前更要提高设计中的主动节地意识，在城市建设的大框架中，建设大型综合医院，提高土地使用效率，使医院建设和城市发展的节奏相融合，是医院设计中的基本原则。集约化的利用土地，整合化的建筑布局，是设计过程中的首要出发点。

（1）土地利用的集约化

土地利用的集约化不是简单的少用土地，更主要的是处理好"建"与"空"的关系。这对关系由以下三个方面的制约因素：①建筑需求和场地需求。医院建筑对自然采光有明确的规范要求，对自然通风有强烈的使用要求，在形体和用地方面有扩张的内在动力。医院的室外场地则承担着人流集散，病员活动，防护隔离等多方面的功能，

也需要一定的规模。设计过程中，根据场地的不同条件，采用大广场、小型庭院等空间组合，不同种类大小室外环境满足不同的使用需求，在建设和留空之间寻求一个平衡点；②使用功能和空间感受。医院建筑是功能性占首要地位的建筑类型，在满足建筑使用功能的前提下，建筑的室外空间带给人的空间感受也是一个应当给予关注的方面，过度狭小阴暗的室外环境带来的压抑感受对病患有不利影响，所以在室外场地的处理中，集约化利用土地，适当保证室外空间的空间尺度和日照条件；③建筑环境和城市空间。作为城市中的组成部分，在承担城市医疗功能的同时，适度的完善和美化城市空间，也是大型综合医院设计过程中应坚持的原则。

（2）建筑布局的整合化

大型综合医院功能复杂，部门众多，最大量的门诊病人也需要在多个科室奔波，整合化的建筑布局可以将原先楼与楼之间的联系纳入一个建筑综合体中，方便了病人的使用，提升了医院的服务能力。

医院的资源需求是多方面的，包括市政供给、清洁供应和信息通讯。每一种资源需求都在建筑空间和设备配置上有一整套的标准要求，医院建筑整合化布局后，可将相同的资源需求统一配置，既避免了重复设置，又提高了资源的利用率，从而更好地服务于医疗功能。

2.提升交通效率——最小化医疗环节前的时间消耗

大型综合医院交通压力繁重，如何理顺医院的内外部交通，减少病人从城市交通体系到达医疗目的地时间消耗，提升医院的交通效率，对提升医院的服务能级起着十分重要的作用，也是大型综合医院设计中的研究重点之一。

1）出入口设计

随着城市人均汽车保有量的不断增长，进出医院的车流量也在不断增长。医院的车行出入口应和主要人行出入口分开设置，以减少传统医院出入口因人车混行造成的拥堵。医院的主要出入口结合医院建筑的功能布局设置，临近门诊部分，设定为人行出入口，结合市政道路解决好临时停车和出租车候客的区域。医院的车行出入口应结合周边道路情况和院内路网设计，力图最便捷地沟通内外交通，最理想情况是将车行入口和出口分别设置于不同道路，以右进右出的方式使车辆以最快速度融入城市交通。

2）医院的内部交通

为提高医院内部的交通效率，在医院内部的车流交通上，尽量实现外围环行，立体交通、单向行进。

（1）确保人车分流的外围环行

在医院院区内沿周边设置环行路网，可以将医院内部的车辆流线限定于院区外围，确保院区中心的纯步行环境，实现人车分流。沿外围路网设置停车场，地下车库出入口及建筑出入口场地，衔接车行和人行的交通体系。

（2）充分利用空间的立体交通

对于用地紧张的大型综合医院，可以借鉴交通建筑成功经验，充分挖掘地下空间在缓解交通方面的潜力。将地面车流引入地下，在地下建立快速环线，并在环线周边设置下客区，直接对接建筑垂直交通核心，缩短院

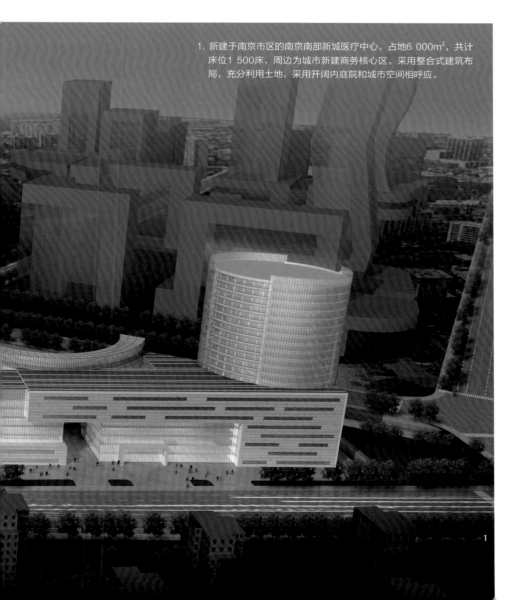

1. 新建于南京市区的南京南部新城医疗中心，占地6 000m²，共计床位1 500床，周边为城市新建商务核心区。采用整合式建筑布局，充分利用土地，采用开阔内庭院和城市空间相呼应。

内交通用时。

（3）减少交通拥堵的单向行进

地上和地下的车行环线，都应设置为单向行进的路线，车辆从院区的车行入口进入，沿同一方向单向行进，避免出现双向会车，使有限的院内道路宽度得到充分利用，提高通行效率。

3）建筑内部交通

（1）均匀分散的出入口布置

沿外围车行环线分散布置建筑出入口，就近联系垂直交通核心，方便人群快速到达相应的功能分区。

（2）职能分组的垂直交通

建筑内部的垂直交通适宜采用楼电梯组合模式，应临近建筑出入口设置，并在建筑内部一定范围内均匀分布，方便人群分散使用。电梯设置时应对其主要服务职能做出规划，在医院的不同功能区采用不同的措施。在门急诊部、医技部，尽可能增设医护人员专用电梯，并设置污物专用运输电梯，在急诊急救部还应设置直达手术中心的专用电梯。在住院部分，应将电梯按使用功能分组，设置多个电梯厅，分别对应以下五个方面的使用需求：病员家属探视、病员送手术中心、送医技检查、医护人员专用、洁净品供应、污物运送。对应功能明确的专用电梯，应采用电子门禁，刷卡乘梯等技术手段，确保专梯专用。

3.整合流程效率——最大化医疗功能的服务能力

医院的功能体现在对一个个病患的救治过程中，每一个病患到达医院后都要经历不同的医疗流程，如何提高医疗流程的效率，减少无谓消耗，把更多的资源集中于救治阶段，是每个医院设计的重中之重。

平面流程的高效组织通过外部和内部的两方面的构建而完成。

1）外部流线和内部流程的高效对接决定医院的总体布局

不同医疗需求从城市的外部交通体系向医院汇集，急诊、急救、门诊、检查、体检、住院、探视，每一种都有其自身流程特点，门诊流线源于主要人群聚集方向和主要公共交通方向，急救流线寻求到达急救区的最短路线，体检流线需求呈现定时性，住院和探视流线寻求和相应功能区垂直交通的无缝对接。医院内部急诊—医技，急救—医技—手术，病房—医技存在天然的流程对应关系。借助功能区块在医院内部的合理摆放组合，高效地衔接好外部流线和内部流程的关系，减少时间和空间上的资源浪费，提升医院的服务效果。这组对应关系的有效衔接，结合日

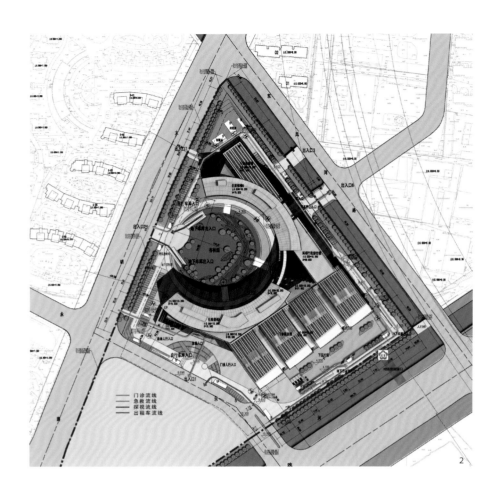

照景观方面的综合考虑，决定了医院的总体布局。

2）模块化和体系化的构架组织构建了医院的内部框架

大型综合医院中存在多个门诊和医技科室单元，在科室单元中实现功能的模块化布局，各模块相对独立，易于管理，并适应未来医院发展带来的科室布局变动。在单个功能模块中，稳定候诊区域，实现二次候诊，改善病人的排队感受。在每个功能模块中建立医生专用通道，实现医患分离，既可提高交流会诊的效率，也为医生提供休息空间和疏散途径，提高医生的工作效率。

通过建筑内部交通主轴将各个功能模块相串接，根据功能模块之间的功能对应关系，将联系紧密的科室模块比邻设置，形成医院的主要功能构架。功能构架遵循功能上的逻辑关系，体现了学科—技术、私密—开敞、动—静、洁—污等对应关系，既缩短了病患在各个功能模块间的过渡时间，又改善了病患的心理感受。

功能流程确立之后，如何让更多的病患更快地熟悉和更好地使用医院的流程关系，也是提高医院使用效率、实现流程高效化的重要环节，为此要提供更好的使用功能和病人客观感受的对话关系，也就是注重使用功能的人性化设计。

人性化设计落实在医院设计中主要为以下四个方面：照顾行为模式的功能组织，照顾行动障碍的系统设置，照顾个人隐私的空间处理，提高生活质量的细部设计。照顾行为模式，就是提高功能区块的易见性、易达性、易用性，通过信息手段让使用者更快了解，通过便捷交通让使用者更快到达，通过服务引导让使用者更便利使用。照顾行动障碍的无障碍系统，使医院内部的交通可以服务于所有类别人群。空间处理上的隐私考虑和提供生活便利的各类设施可以提高使用者的满意度，提升医院的服务能级。使用

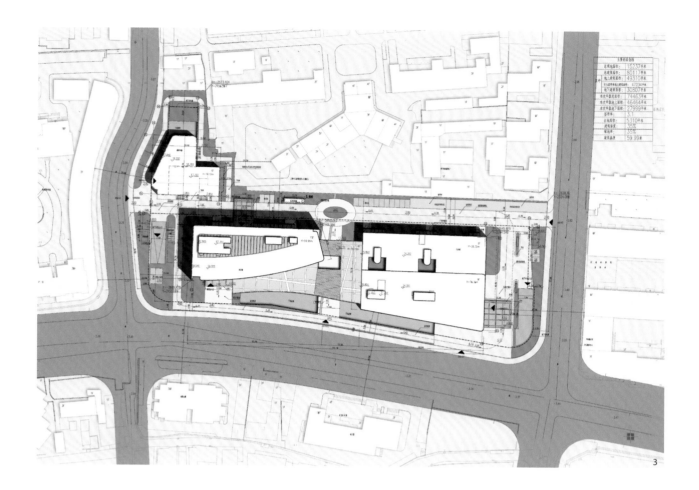

者对空间的感受越好，对流程的接受度和掌握程度就越高，促进医疗流程的高效运行。

4.关注运营效率——对经济化发展的有力支持

大型综合医院在后期运营过程中面临着巨大的运营成本压力，在前期设计中应为后期控制运行成本提供有利条件。

1）能耗控制中技术先进性的选取

能耗成本是运行成本的主要构成，控制能耗是大型综合医院设计的重要工作，采用新技术则是控制能耗的主要手段。设计时的能耗控制技术选择，随着外在条件的改变，有时在医院建成之后，其经济性发生变化。设计中的技术选择，应该将长期成本纳入考量范围，在先进性和风险性、经济性之间做相应的权衡判别。

2）前期建设成本和后期人力成本的综合比较

后期的人力成本是不纳入前期设计的考量范畴的，随着人力成本的不断提高，在医院运行成本占比不断加大，对设计过程也提出了一定的要求。在大型综合医院的后勤保障体系中，前期设计中增加智能化、自动化、集成化的相关设计内容，可以减少后期的后勤保障人员的人力成本。将新增前期建设成本和长期人力成本之间的综合计算比较纳入设计技术选择的考量范围，是提高医院运营效率十分有效的设计准备工作。

大型综合医院的集中建设带有鲜明的高速发展的时代特色。效率优先，正是这个时代在大型综合医院设计过程中解决现有问题的最好方法。

2. 新建于南京市区的南京南部新城医疗中心，共计床位 1 500 床，院区地面沿周边设置环形道路组织院内车行交通，定义为单向行进。在门诊楼沿河一侧设置下沉式广场，与地铁出入口对接，将主要人流和车流立体分离，利用立体空间缓解交通压力

3. 上海黄浦区医疗中心项目，位于上海市内环内，占地15 000m²，设计床位600张，床均用地面积25m²

4. 上海市彩虹湾医院项目，床位900张，住院楼23层，共设计11部电梯，按使用功能分设4个电梯厅，分别供家属探视、病人检查、医护人员、污物运输使用

1 定义为探视专用电梯厅，夜间可以关闭，便于管理和控制运营成本
2 定义为患者检查、手术专用电梯
3 定义为医院工作电梯，患者检查、手术专用电梯
4 定义为污染专用梯，兼做消防电梯

作者简介

王冠中，男，华建集团华东建筑设计研究总院医疗卫生建筑设计所 高级建筑师，国家一级注册建筑师，同济大学建筑学硕士

医养结合
养老设施设计趋势的探讨

荀巍/文 XUN Wei

Combination with Healthcare and Elderly-care
A Trend of Facilities Design for the Elders

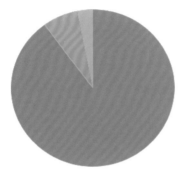

2

1. 医养结合，促进了养老设施的功能完善，解决了老年人最为关心的医疗问题，也将影响养老设施的设计趋势
2. "9073"养老模式：90%的老年人在社会化服务协助下通过家庭照料养老，7%的老年人通过购买社区照顾服务养老，3%的老年人入住养老服务机构集中养老。"9073"养老模式符合《社会养老服务体系建设"十二五"规划》提出的养老战略，以居家养老为基础，以社区养老为依托，机构养老为补充

在中国人口老龄化问题日益严重的背景下，国务院办公厅于2015年11月18日转发了《关于推进医疗卫生与养老服务相结合的指导意见》，本文旨在通过对文件的解读，探讨该文件对养老设施设计的影响以及养老设施设计的趋势。

在中国人口老龄化问题日益严重的背景下，国务院办公厅于2015年11月18日，转发了《关于推进医疗卫生与养老服务相结合的指导意见》，本文旨在通过对文件的解读，探讨该文件对养老设施设计的影响及养老设施设计的趋势。

根据《中国老龄事业发展报告》（2013），2013年，我国老年人口数量突破2亿大关，达到2.02亿，老龄化水平达到14.8%，预计到2050年，我国老龄化将达到峰值，60岁以上老年人数量将达到4.37亿人，我国社会福利事业面临着巨大的压力。

为了积极应对人口老龄化问题，2015年11月18日，国务院办公厅转发了《关于推进医疗卫生与养老服务相结合的指导意见》（以下简称《意见》），该文件是国务院关于《加快发展养老服务业的若干意见》和《国务院关于促进健康服务业发展的若干意见》的实施细则，从医养结合的基本原则、发展目标、重点任务、保障措施和组织实施5个角度，全面部署进一步推进医疗卫生与养老服务相结合，满足人民

群众多层次、多样化的健康养老服务需求。

1.《意见》解读

《意见》围绕医养结合的发展目标，重点解决六方面问题：医养结合服务体系、投融资和财税价格政策、规划布局和用地保障、长期照护保障体系、人才队伍建设及信息化建设。在针对这些问题的解决措施中，会对养老设施设计产生影响的有以下三个方面。

1）医养结合服务体系的建立

我国是世界上老年人口最多、增量最大的国家，目前，有限的医疗卫生和养老服务资源及彼此相对独立的服务体系远远无法满足老年人医疗卫生和生活照料的叠加需求。《意见》设定了解决养老问题的发展目标，2020年，我国将基本形成覆盖城乡、规模适宜、功能合理、综合连续的医养结合服务网络：基层医疗卫生机构为居家老年人提供上门服务的能力明显提升；所有医疗机构开设为老年人提供挂号、就医等便利服务的绿色通道；所有养老机构能够以不同形式为入住老年人提供医疗卫生服务，

基本适应老年人健康养老服务需求。

医养结合服务体系明确了医疗机构和养老机构在老人医疗保障服务中的角色和定位，其中，养老机构提供医疗服务，在满足入住老人医疗需求的同时，提升了养老机构的综合服务能力，将对养老机构的建设规模、交通组织、功能结构和规划模式等产生影响。

2）医疗机构与养老机构合作机制的建立

为了解决养老机构配备医疗设施的运营成本和老人支付成本的问题，《意见》明确，医疗机构与养老机构建立合作机制，形成双向转诊，落实医保和执业医师多点执业，鼓励养老机构，根据服务需求和自身能力，设置不同层次的医疗设施，包括医务室、护理站或老年专科医院（老年病医院、康复医院、护理院、中医医院、临终关怀机构等），为老年人提供基本的医疗服务：老人的常见病和慢性病在养老社区内治疗，出现急症，通过"绿色通道"快速转往综合医院，治疗完成后，返回养老社区接受康复治疗和护理，病情痊愈后回归住所。此外，养老机构内的老年专科医院，也可以面向全社会为重大疾

病治疗后的老年人提供康复护理服务。

养老机构采用双向转诊的模式，决定了养老机构配套医院的功能定位——"小综合，大专科"，与综合医院实现了双赢："双向转诊"，既为养老机构里入住老人提供了安全、便捷的医疗服务，又解决了综合医院康复病人长期压床的现状，使综合医院的医疗价值得以回归。

3）医疗服务向社区、家庭的延伸

《意见》要求，充分依托社区各类服务和信息网络平台，实现基层医疗卫生机构与社区养老服务机构的无缝对接，推进基层医疗卫生机构和医务人员与社区、居家养老结合，与老年人家庭建立签约服务关系，为老年人提供连续性的健康管理服务和医疗服务。提高基层医疗卫生机构为居家老年人提供上门服务的能力，规范为居家老年人提供的医疗和护理服务项目，将符合规定的医疗费用纳入医保支付范围。

医疗服务向社区、家庭的延伸，提升了居家养老和社区养老的医疗保障水平，使居家养老、社区养老和机构养老这三大养老模式的比例更加均衡，符合中国传统养老习惯。

2. 养老设施设计趋势的探讨

受传统观念的影响，我们国家传统养老院不仅数量少，而且功能单一、设施简陋，只能提供简单基本的生活照护，不能满足具有慢性疾病老人对医疗、护理和康复的需求。医养结合，促进了养老设施的功能完善，解决了老年人最为关心的医疗问题，也将影响养老设施的设计趋势，下面从养老设施定位、规划选址、规划模式、交通组织、功能结构等五个角度进行探讨。

1）养老设施定位——为老人提供精准化养老服务

在医养结合的背景下，各种养老设施的医疗保障水平显著提高，养老设施可以通过更加细化的分类和更加多元的建设方式，为老年人提供精准化养老服务。

养老设施细分为适老化住宅、老年养护院、养老院、老年日间照料中心等，各种养老设施，都在常规功能中增加了医疗功能，可以根据老年人身体状态的变化，动态地提供精准化养老服务：综合养老院适合各种老人入

3. 城市医养结合网络
4. 医养结合网络，使养老设施围绕医院多点布局成为必然，这也是养老设施选址未来的发展趋势

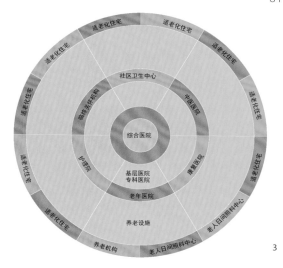

3

住，老年日间照料中心适合介助[1]老人的入住，老年养护院适合介助、介护老人[2]的入住，此外，由于居家医疗服务水平的提高，老人也可以选择居家养老；养老设施的建设方式呈现多元化，建设规模小至住宅的适老化改造，大至综合养老院；建设地点可以在城市中心区、城市近郊或远郊；建设可以通过新建、扩建、改造或购置完成；养老设施可以提供基本养老服务，也可以提供高端养老服务。

养老服务的精准化，在提升养老服务质量的同时，满足了老人多元化的需求，既匹配了国家鼓励的"9073"养老模式[3]（图2），又盘活了闲置土地和资金，提高了城市的运营效率。

2）规划选址——以医院为核心，实现养老设施的多点布局

医院，是医养结合的支撑点，医养结合的核心是依托医院，逐级向外辐射，形成城市的医养结合网络（图3）。这个网络有若干个医养组团，每个医养组团由少量综合医院，若干个基层、专科医院和大量的养老设施组成。医养结合网络，充分利用城市医疗资源，为老年人构建了舒适、健康、安全的养老环境，各级养老设施里的居家老人可以定期享受基层医院提供的上门服务，老人的常见病和慢性病留在基层医院治疗，重大疾病由"绿色通道"转往综合医院，老人病情稳定后再回到基层医院进行康复和护理。

医养结合网络，使养老设施围绕医院多点布局成为必然，这也是养老设施选址未来的发展趋势。适老化住宅、老人日间照料中心和养老机构等各种类型的养老设施，会散布在城市各个级别的医院附近，养老设施与基层、专科医院的距离，影响了老年人使用的便捷程度，养老设施与综合医院的距离，影响了老年人救治的安全程度，相关研究发现，养老设施选址在综合医院10分钟车程内，老人的大部分突发疾病都可以得到及时的救治。以医院为核心，实现养老设施的多点布局，可以有效提升我们国家养老服务的水平，缓解人口老龄化的社会问题。

3）规划模式——养老设施的规划趋向区域化、组团化

众所周知，由于卫生学的原因，医院设计的重点之一，是将医院与周围环境的相互影响降到最低，这使得医院、医疗用房在与养老设施结合时，形成鲜明的自身特点，"医"与"养"既要相对独立，又能紧密联系，养老设施的规划模式趋向区域化、组团化。

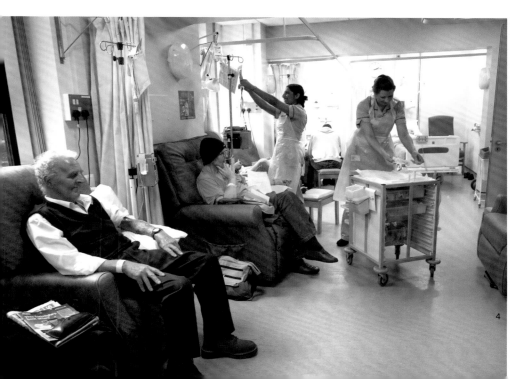

4

对于城市中心区的复合型养老设施，由于城市中心区的用地稀缺、地价昂贵，这类养老设施往往采用高层或多层复合的模式（图5），将老年人的生活、公共活动、护理用房和医疗用房，分区域安排在不同的楼层，其中，公共活动、医疗用房设于建筑的低区，护理用房设于建筑的中区，生活用房设于高区，所有老人可以共享公共活动、医疗用房。另外，在首层分别设置独立出入口、门厅与楼电梯，分离不同人流的出入流线，避免不同功能的混杂穿插，减少相互间的影响与干扰；对于城市近远郊的大型养老设施，因为周边缺少丰富的医疗资源，往往需要设置老年专科医院。这类养老机构通常采用组团式布局（图6），老年人的生活、公共活动、护理用房和医疗用房各自独立，老年人生活用房，按照自理能力分成不同的组团，组团以公共活动用房为核心，在周边平行或发散布置，医院与养老设施的其他功能之间用绿化带隔离，通过专用通道联系，所有组团和建筑，采用风雨廊串联。组团式布局，既使相同身体状况老人可以集中在一起生活，又实现了公共活动和医疗用房的资源共享。

4）交通组织——建立以老人为中心的立体交通组织体系

医养结合的养老设施，由于不同功能分区内部及相互之间对于交通流线的需求不同，交通组织主要分为人员流线、救护流线和服务流线。考虑到医院特有的卫生学要求和对老人的心理影响，医院和养老机构其他功能的交通，各自需要形成一套较为独立的系统，通过绿化带或道路分隔，另外，养老机构的交通组织设计，需要把老年人安全放在最为重要的位置，因此，充分利用地上和地下空间，建立以老人为中心的立体交通体系，是解决医养结合老年机构交通设计的有效思路。

人员流线，作为养老机构内最主要的功能流线，主要服务于老人及各类人员的日常活动和交流，为了保障安全，地面交通采用人车分流，车行道路沿基地外围布置，人行道路结合景观内向布置。人行道路设计要充分考虑到老年人的出行习惯和生理特点，采用全覆盖的无障碍设计，如养老机构内的人行道路要尽可能减少起伏和高差，并在两侧设置无障碍扶手；老年人的生活用房与公共活动用房、医疗用房之间通过风雨廊相连，方便老人在恶劣天气下的户外活动。

救护流线，作为连接医疗区和生活区的紧急通道，应以最短的水平步行距离抵达生活区各幢建筑为目标。按照理想状态，救护流线在地面与地下都能形成完整有效的交通体系，应对不同的救治情况。为了减少受其他地面交通的影响，紧急救护通道可以考虑以地下流线为主，地面为辅，这样也可以避免救护作业对老

人正常生活的干扰，保证老人的安全。

服务流线，包括中央厨房送餐、洗衣、生活垃圾及医疗垃圾运输，建筑内部的服务流线结合地下空间设计，连通养老机构里的各栋建筑，建筑外部的服务流线沿外围机动车道布置，并与总平面出入口之间以最短的距离连接，这样既能保证养老社区为老人提供便捷的服务，又能减少服务流线对老人户外活动的干扰。

5）功能结构——根据老人对医院的依赖程度，确定综合养老设施的功能结构

医养结合，拓展了养老设施的功能内涵，提升了养老设施的服务能力，养老设施的规模随之扩大。养老设施规模的变化，促进了其功能结构的创新。

由于不同年龄阶段和不同身体状况的老人，对医院有不同的心理感受和使用需求，养老设施的功能结构设计，将顺应老人对医院的依赖程度。自理老人，希望有一个独立、安静且不受外界影响的环境，因此，自理老人的生活和活动区域，尽可能远离养老设施内的医院；介助和介护老人，希望得到更多的照顾，对医院的使用频率也更高，因此，介助和介护老人的生活区域尽可能靠近医院。

对于越来越多配备医疗功能的综合养老设施，在设计中，采用以医院为起点，介助老人、介护老人和自理老人生活区依次向外辐射发展的功能结构，成为必然。这种功能结构，实现了养老设施功能性与舒适性的统一，既方便了慢性病、介助和介护老人的使用，又为自理老人创造了舒适和安全的生活环境。

3.结语

与传统养老设施相比，医养结合的养老设施为老年人提供的服务能力和服务质量显著提升，或许会成为中国解决养老问题有效办法。但是，由于医疗功能的特殊性，医养结合的养老设施对设计也提出新的挑战，需要我们站在关注老年人心理和生理需求的高度，研究国家与地方的养老政策，研究"医"与"养"的运行机制，研究国内外成功的案例，在此基础上，推进医养结合养老设施建设水平的提高。

注释

① 介助老人：是指生活行为需依赖他人和扶助设施帮助的老人，主要指半失能老年人。

② 介护老人：是指生活行为需依赖他人护理的老人，主要指失智和失能老年人。

③ "9073"养老模式：90%的老年人在社会化服务协助下通过家庭照料养老，7%的老年人通过购买社区照顾服务养老，3%的老年人入住养老服务机构集中养老。"9073"养老模式符合《社会养老服务体系建设"十二五"规划》提出的养老战略，以居家养老为基础，以社区养老为依托，机构养老为补充。

5

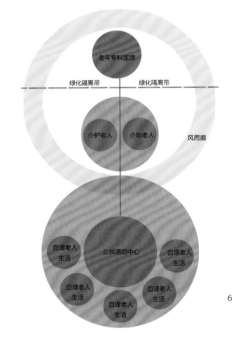

6

5. 高层或多层复合养老设施设计模式
6. 城市近远郊大型养老设施规划模式

作者简介

荀巍，男，华建集团华东建筑设计研究总院医疗卫生建筑设计所 副所长，高级建筑师，国家一级注册建筑师

1.2. 巴拉腊特（Ballarat）地区癌症中心新旧建筑在外立面和内立面两个维度上，都尝试通过线条的对位和材质的对比，体现新旧交织的建筑审美。

基于城市更新的既有医院扩建与改建设计策略分析

陈剑秋，戚鑫，郭辛怡，陈静丽/文 CHEN Jianqiu, QI Xin, GUO Xinyi, CHEN Jingli

Design Analysis of Existing Healthcare Building's Renovation and Expansion Based upon Urban Renewal

相比于新城、小城镇等新规划城市区"城市蔓延（Urban Sprawl）"式的发展，在城市建成区乃至中心区、风貌区的"城市更新（Urban Regeneration）"式的再发展，则是一些一、二线城市当下及未来很长一段时间内的城市建设模式。

一方面，建筑学和城市规划学意义上的"城市更新"着眼于建筑物、城市用地、城市规划区等物理环境的更新；另一方面，城市管理和城市服务意义上的"城市更新"，却着力于对城市公共服务、公共产品的提升和优化。而在我们的项目实践中，这一"城市物理环境与城市公共服务的同步更新"的理念，在既有医院改扩建项目中，得到了充分的体现。究其原因，或许可以从城市更新这一"外因"和医疗建筑发展这一"内因"两方面入手进行探讨。

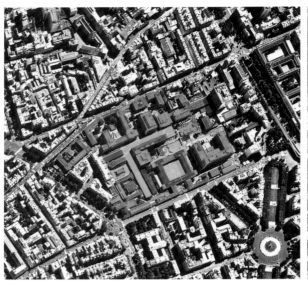
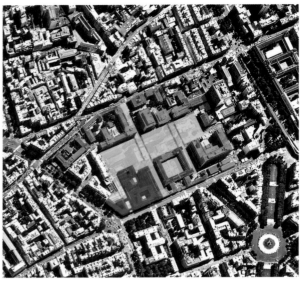

3. 法国巴黎内克尔儿童疾病（Neker Enfants Malades）医院，通过集中式的对于城市现有建筑的拆除和医院新建筑的建设，为城市提供新的、完整的公共空间
4.5. 洛桑（Lausann）大学医院的加建特意采用圆角的造型语言与原有建筑相区别

1.城市更新的外因

当代中国的城市规模急速扩张，城市化进程快速推进。与此同时，由于有限的城市用地资源的制约，现有城市功能往往无法满足其使用需求的发展与变化，我国城市建设必然进入了再开发阶段。城市发展是城市功能和空间不断更新、城市本身新陈代谢的过程。一方面，在城市更新发展的进程中，对现有建筑进行加建、改造利用而非简单粗暴地拆除重建，有利于保持城市实体环境以及建筑本身的历史文化的延续性；另一方面，在建筑改造的过程中，往往面临既有建筑周边可利用用地资源紧张等不利条件，完全依靠地上空间的加建往往无法满足建筑的功能要求。在这种情况下，应该具备长远的发展眼光，从整体开发的角度，合理加大城市开发强度。

2.医疗建筑发展的内因

新世纪以来，学科的交叉渗透推动医学从相对独立封闭的体系朝着整体化、综合化和多元化方向发展。随着医学的发展，医院建筑也逐步从单一、固定的模式发展为一项涉及医学、生物工程学、卫生工程学、建筑学、管理学等多学科的系统工程。人们对医疗功能多样化的需求也日益显著。

正是由于这种越来越复杂的医疗功能需求，以及医疗功能之间错综交叉的流线关系，才迫使其朝着整合完善、高效安全的方向发展。这些变化同时也要求医疗建筑设计做出相应的变革。例如，现在的一种设计趋势是将门诊、医技、住院按一、土、工、E、王、品等字形组合在一起，形成一栋大型医疗建筑综合体。这样的医院建筑医疗流程短、水平及垂直联系便捷，利于医疗功能的整合完善、高效安全。

除了相对完善的医疗功能体系，各大医院

内部还正在通过强化科研功能和特色专科的专业化建设来提升自身的核心竞争力。专科建设是医院建设的重要任务，直接反映出医院的整体水平和学术地位。一批高质量、有特色的重点专科，是促进医院医疗、教学、科研工作上档次，高层次人才培养的重要保证。

在达到了上述对医院建筑功能专业化的要求后，也不能说就一定是适应现代医院建设的策略。因为医疗建筑设计不仅仅是从医疗功能、学科专业方向来考虑的。它还有一个重要的因素：使用者的体验。创造良好的医疗环境，满足病人生理、心理和社会需求，回归人文的思想已成为现代医院设计的宗旨。

3.城市更新与医疗建筑发展相结合的设计策略

回到"城市更新"的背景下看既有医院在扩建与改建中所面临的问题、医疗建筑自身的问题。目前我国大多数医院都是新中国成立后新建并于20世纪80年代改扩建的，空间规模和形式已远不能适应新的医疗流程和设备要求。与其他公共建筑相比，医院建筑与发达国家的差距明显，这种差距主要表现在床均面积小、床位少、医疗设备陈旧、没有体现人性化的环境；这种现状给城市带来的问题：许多医院未能对有限土地加以充分利用。低效率建筑布局以及陈旧的设计策略在聚集了过多人流的同时，又不能在空间和时间上给予其有效的组织和疏散。这给城市交通带来很大压力，制约城市未来的发展。

针对以上问题，当代中国建筑师通过自身的建筑设计实践，提出医疗建筑改建扩建应在满足自身医疗功能发展需求的前提下应与城市的更新相适应。对此，我们通过国内外项目的研究以及自身项目的实践，提出以下具体的设

计策略，作为对于未来医院改建扩建的大趋势的回应。

1）城市肌理的梳理

国内外许多现有的城市中心医院，其城市地位的显著意义，不仅在于它们通常位于现有城市建成区的中心，也在于它们往往是城市中较大规模的城市肌理单元。当这样的城市重量级建筑体量进行改造时，自然成为重新梳理、调整并优化城市肌理的关键性机会。

而医院本身不同的自身规划模式，也成就了它们在城市肌理梳理中不同的范式。如法国巴黎内克尔儿童疾病（Neker Enfants Malades）医院，通过集中式的对于城市现有建筑的拆除和医院新建筑的建设，为城市提供新的、完整的公共空间。而苏州大学第一附属医院则是通过对于其特有的江南园林式园区内部空间、交通、建筑的梳理和微调，再次将自身融入周边城市的整体氛围中。

2）城市空间的创造

医院自身的建设，除了为医院本身的功能和业务服务以外，亦能够同时为城市空间提供有益的贡献。国内外的传统医院往往出于功能、安全、用地等方面的考虑，将自身打造成城市中的大院，通过"围墙"这一物理方式将内一外这一空间关系，固化为实体关系。

而当我们将医院的建设作为城市更新的一部分来考虑时，我们得出的策略则是，应该通过医院的建设——无论是新建或是改建——都作为城市的一部分来考虑。埃尔卡门（El Carmen）医院通过医院的新建，借用用地自然的地形起伏，为城市提供了宝贵的大片集中绿地。

3）历史建筑的再生

医疗建筑的悠久的发展历程，不少医院中都有着历史建筑的遗存。而医疗建筑的公共性、

公益性及象征性，使得这些历史建筑往往是一个城市中最优秀、最优美而最具有历史记忆的建筑，这一现象在西方发达国家更加明显：一方面是医院悠久的历史通过其现有建筑反映出来；另一方面的完善的法律法规要求业主和建筑师在改扩建时格外兼顾新旧建筑的结合。巴拉腊特（Ballarat）地区癌症中心新旧建筑在外立面和内立面两个维度上，都尝试通过线条的对位和材质的对比，体现新旧交织的建筑审美。而圣赫罗尼莫（San Jeronim）医院在原有建筑中心的改造，则像是小心翼翼的芭蕾舞：新的设计、材质、构造都为了烘托原有建筑宗教般的气质。

4）城市交通的组织

医院建筑出处于功能和（国内）规范的要求，常常位于城市交通的核心位置。而且自身巨大的体量和人流量则使得医院建筑成为城市交通的重要节点。当医院建筑进行改扩建的同时，必须通过内部交通与外部交通相结合的设计，尝试将对于城市交通的影响降至最低。

圣约翰（Sant Joan）医院在其改扩建的过程中，就将其基地内部的交通流线组织，与基地外部的城市道路梳理相衔接，提出了完善的城市交通更新方案。

5）多种城市功能共同开发

在现有城市中心区，可以开发利用的城市土地极为稀缺。这时候传统的一块用地一个单位的局限性思维，将势必造成城市用地开发强度的低下，以及城市功能组合的不完善。而打破单位和功能的界限，进而打破体制和心理的界限，结合城市医院共同开发其他城市功能，是当下城市医疗用地综合开发的必然途径之一。徐汇区南部医疗中心项目中，就汇聚了来自7家业主、5大功能的6个建筑单体，可以作为国内特大城市中心区用地综合开发的典范。

6）地下空间的开发利用

城市用地开发强度大，向地下发展也是医院建筑建设重要的策略。常规方式如奥洛特当地（D'oloti Comarcal）医院，通过在地下布置医疗用房、检查用房、辅助用房、停车库等方式，尽量扩展医院的可用建筑面积。而徐汇区南部医疗中心地下空间在为医院提供医疗空间、交通空间的同时，与城市衔接得更加有机，为城市提供的公共停车设施。

7）医疗功能与流线的整体优化

医疗建筑改扩建，最重要的内部条件就是其功能、工艺及流线，同时伴有新增科室或检查的扩展、原有科室或检查的升级，以及对于医院整体不停业的要求。建筑师对于改扩建的设计，也应该从功能、工艺及流线的整合入手。巴利亚多利德（Valladolid）大学医院的例子体现的是新旧建筑相对整合时的流线交接。瓦尔德希伯伦（Vall d'Hebron）医院的例子体现的是新旧建筑相对独立时的流线交接。

8）原有建筑的整体改建

对于部分现有医院，其现状建筑功能、平面、装修、设备及外立面均无法通过局部改造达到当下主流医院的使用要求，需要对其进行全面的拆除性改建。这一整体改建的策略，需要建筑师与结构、设备等工种相互配合，对原有建筑进行测绘和结构加固，再根据新的建筑平面进行设备更新。而在内部翻新的过程中，重点是将当代医院整合、高效的平面布局和人性化、体验化的空间效果，重新置于原有的结构体系中。亚急性（Subacute）医院就是整体改造策略的范例。原有医院的空间布局、平面功能、室内环境及外立面效果，都通过改造达到了现代化医院的使用要求。

9）原有建筑的局部加建

对于另一部分医院，现有功能空间合乎使用要求，但是随着医疗技术和医疗服务的发展，缺少新的医疗用房。此时的更新策略则采用局部加建的方式。费城儿童医院就采取了以上策略，结合原有功能布局和流线组织，同时考虑原有结构、设备系统的承载力，在原有建筑的合适部位增加新的可用空间。

10）通用科室的模块化设计

对于加建、新建项目中的通用科室部分，考虑到当今医疗技术及医疗服务极快速的发展，在设计过程中，一般结合业主要求采用模块化的设计策略，形成可

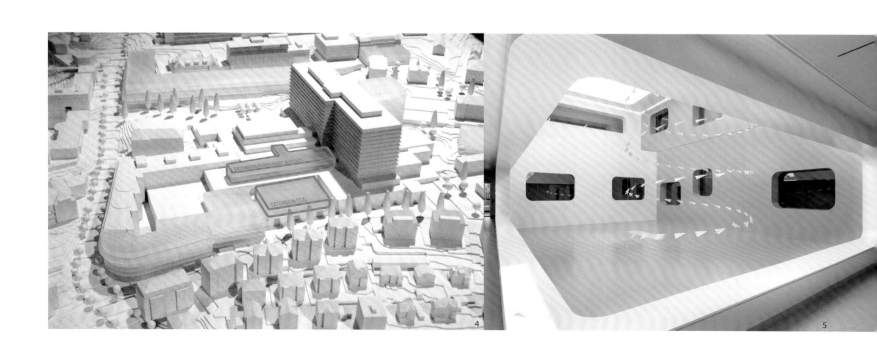

6

分可合的使用单元，同时满足提供使用单元内未来改造的可能和便利。赫尔辛堡（Helsingborg）医院扩建部分及阿尔瓦罗·昆克罗（Alvaro Cunqueiro）医院新建部分均采用了这一模型，并通过建筑形体的表达，形成了建筑形态上的重复韵律，将功能和形式通过模块化设计的策略相联系。

11）特殊科室、科研用房的专项加建

对于加建、新建项目中的特殊科室、科研用房部分，则需针对其功能和流程的特殊性，采用专项设计的策略，作为现有医院的某个新元素，插入现有建筑语境中。插入形体的功能特殊性，往往引导建筑师相应地在形体和材质上也选择和原有建筑形成一定的反差。洛桑（Lausann）大学医院的加建特意采用圆角的造型语言与原有建筑相区别；圣奥拉夫（St Olavs）医院的新建可研大楼则完全独立于原有建筑，通过材质的变化和光影形成自身的特质。

12）院区动态的分期更新

医院的更新改建是伴随着医院发展和医疗发展而长期进行的一个过程。因此医院更新设计中，建筑师在完成设计范围内任务的同时，也应该为医院远期更新提出分期发展的策略。在维多伏尔（Hvidovre）扩建规划中，建筑师提出的本次扩建设计成果，就是基于其对于医院远期多次扩建整体规划的通盘考虑。

13）院区景观环境的再造

医院更新的设计范围不应局限于建筑内部，其场地尤其是景观的更新和再造同样是能有效提升医院使用品质的策略。以卡恩·米塞斯（Can Misses）医院为例，针对现有医院规整而略显单调的建筑语言和空间布局，建筑师尝试通过不同标高上的景观设计变化，将建筑内外空间贯通，形成完整的使用体验。

14）医疗空间的人性化提升

与过去工业技术为特征的医院相比，当代医院的医疗环境作为一种特殊的心理治疗手段，逐渐成为人们所关注的焦点。人的心理状态与疾病有着密不可分的关系，良好的医疗环境有助于消除病人的心理压力、改善心境、增强机体的抗病能力。医院建筑空间环境的"人性化设计"越来越受到人们的欢迎。人性化的设计主要包括以下三个方面。

病人空间的人性化。首先，患者使用的公共空间应宽敞明亮；其次，走廊应宽敞畅通，候诊、候药空间稳定，有良好的室内外景观，清晰的图案式导向标记；最后，应美化诊断治疗用房及病房，创造一个情感健康的康复环境。一些新兴的设计趋势如：医疗主街、康复空间、空间家庭化、空间装饰人性化、色环境空间的创造。

医护空间的人性化环境设计。人性化的医护空间应在有利于医护关系的基础上，考虑为工作者创造舒适的工作环境。

后勤空间的人性化环境设计。现代医院人性化理念"既为病人，也为医护人员"。人性化的环境设计就要一切从方便病人、方便医护工作人员出发，充分体现对病人、对工作人员的关怀，以达到既有利于病人，又有利于医疗管理的目的。

细节设计，细节设计是人性化环境设计的具体体现和实现手段。

15）设计总包管理对于项目推进的作用

随着经济的发展，国内建设项目的发展形态逐渐趋向于两个方向：一个是大型化，一个是精细化。大型设计院的传统设计内容、工作范围和服务方式，对于大型、复杂和多单位协同设计的建设项目，在当下质量、造价、时间并重的项目管理目标下，已经越来越捉襟见肘。而医疗建筑本身的规模、复杂程度，加之城市更新对于建筑师宏观视野的要求，正是这一类项目的代表。建筑师除了完成本专业各阶段设计内容、协调本单位各工种这一基本任务外，也应该承担起作为项目设计总负责人的职责。这一职责就体现在建筑设计单位作为"设计总包"的角色。

设计总包的工作范围，从项目立项、规划开始，一直到建成运营，甚至包括后续维护、评价及未来进一步的改扩建。其中主要的节点为：配合医疗主管部门编制项目建议书、可行性研究报告；配合城市规划主管部门进行城市规划、城市更新的上位研究；配合医疗顾问单位编制医疗设计任务书；组织绿色建筑设计咨询团队制订绿色建筑设计标准并在设计过程中严格执行；项目规划、方案、初步设计、施工图等各阶段各专业设计；协调各专项设计单位（景观、精装修、幕墙、泛光照明、标识等）保证建筑整体完成效果；协调各专业设计单位（基坑围护、钢结构深化、污水处理、净化工程、医疗气体、弱电智能化、物流系统等）技术成果及土建设计配合；协调各大型医疗设备的土建设计配合；通过BIM设计手段整体汇总、协调，控制设计质量。

设计总包管理对于设计过程的各个环节、设计参与的各个单位的管理和控制，归根到底是以精细化设计、高品质完成为目标的。这也是设计总包管理一般由土建设计单位（设计院）承担的原因。

4.项目案例研究

下面以上海市第一人民医院改扩建工程为例，分别分析南北院区各自采取的基于城市更新的改扩建策略。

1）上海市第一人民医院概况

上海市第一人民医院建于1864年3月1日，时称Shanghai General Hospital，为当时全国规模最大的西医医院，也是全国建院最早的西医综合性医院之一。1877年更名为公济医院，1953年改名为上海市立第一人民医院，1981年成为上海市红十字医院，2002年加冠上海交通大学附属第一人民医院。1992年通过卫生部评审，成为全国首批三级甲等综合性医院。医院十三次保持上海市文明单位称号，1990年以来分别荣获全国百佳医院、全国卫生系统先进单位、全国创建精神文明先进单位、全国医德建设活动先进单位、全国医院文化建设先进单位等。

医院北部（虹口区海宁路100号）处于市区，基地面积过小，预留发展空间较少，从统计数据来看，北部院区现有基地面积25 507m²，建筑面积72 200m²。

2006年10月，医院南部（松江新院）作为上海市首家落户郊区的三甲医院正式运行，标志着上海市第一人民医院已形成南北联动、错位发展、立足市东区域和西南城郊、辐射江浙的新的发展局面。医院正以崭新的姿态，传承百年老院的厚重与辉煌，继续谱写全新的历史篇章。

南北两院区根据自身的特点与定位，采取了不同的改扩建策略。

2）第一人民医院虹口部北院区改扩建策略分析

上海市第一人民医院虹口部北院区改扩建工程地处上海市虹口区武

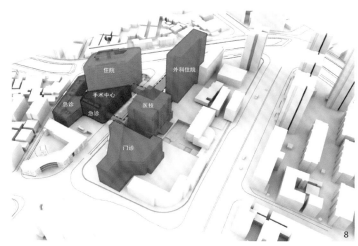

进路 86 号（原虹口高级中学），用地范围东至九龙路、南至武进路、西至消防支队、北到哈尔滨路，总用地面积 8 320m²。

北院区采用了原址周边扩建的策略，在充分考虑医院建筑功能完善更新的同时，也充分尊重城市环境及现状条件，做到与城市周围环境的协调共生。具体采取的策略有以下方面。

（1）通过周边城区土地的置换，弥补了原有院区预留用地的不足，使其成为医院建筑在旧城区中发展的突破点。北院区处于市区，基地面积过小，预留发展空间较少，而对于第一人民医院这样历史悠久、医疗技术水平获得百姓广泛认可的医院，原址周边就近改扩建对医院自身的发展有极大的优势。

（2）优化整合功能布局，增加门诊、急诊及手术中心的空间，缓解原有院区的诊疗压力。门诊楼和急诊楼分别设于武进路的南北两侧，就诊人流进入武进路入口处后自然分流，两者通过位于三层的连廊连接。并设置手术室 20 间以弥补原有院区手术空间的不足。

（3）注重交通流线组织，重新梳理原有院区的人流车流与城市交通的连接关系，合理疏导，缓解城市交通压力。院区内部，注重在流线上整合新建设施与原有建筑，增强两部分的有机联系，以提高医疗效率。连接部分采用立体化的交通组织，将新旧建筑用空中连廊相接，以满足改扩建后医院整体医疗、交通等使用功能的需要。还通过设备系统层的设置，使得新旧两部分医疗物资的供给与传递更为顺畅。

（4）保留基地内部历史建筑，进行功能置换。基地内原虹口中学教学楼位于武进路与哈尔滨路、吴淞路与九龙路之间，为一幢四层的中学教学楼，大约始建于

6. 亚急性（Subacute）医院
7. 第一人民医院松江南部鸟瞰图
8. 第一人民医院虹口部北院区功能布局
9. 奥洛特当地医院

20 世纪 20 年代，是日本人 1929 年在靶子路（今武进路）设立的日本寻常高等小学，1945 年抗战胜利后成为上海师范专科学校和新陆师范学校，并设附中、附小各一所。1949 年上海解放后两校迁出，原师专附中由人民政府接管，更名为上海市虹口中学。原建筑至今已投入使用约 90 年。

工程保留了基地内原虹口高级中学 20 世纪 40 年代之前具有历史价值的建筑，拆除后期加建的部分，修复建筑外立面，并进行全新的功能置换，作为行政办公用房、急诊诊室及输液大厅等。一层在新建建筑和保留建筑之间的西南侧设置了连接体，作为急诊大厅，巧妙地将两部分有机结合在一起。

此举既充分尊重城市历史和文化，使城市的文脉得以保留和延续，又是绿色环保的一大创举，节约资源的同时亦减少了拆除过程中废弃物的排放。

（5）赋予第一人民医院鲜明的个性和时代特征，改变传统医院建筑的外观，以流线型的立面设计和垂直绿化体系勾勒出亲和的现代医院形象。

同时注重改善内部诊疗环境，引入绿色生态的理念，设置自然采光中庭和下沉庭院，追求医疗建筑的高情感和人性化，引入生活气息来满足患者的精神需求，改变人们印象中的医院混乱拥挤的紧张气氛，为患者创造愉悦舒适的医疗环境，缓解患者的焦虑情绪，增强其战胜疾病的信心。

（6）充分利用地下空间，补充老院区停车用地的不足。由于用地的限制和环境的综合考虑，在地面仅设置救护车停车位 2 个。地下二、三层为地下车库。地下共提供 130 辆机动车停车位，其中机械车位 59 辆。

同时将部分医技科室移至地下，在地下一层设置影像科及相关辅助用房。为改善候诊和空间环境，还设置了下沉景观庭院。

（7）人性化的细节设计。虹口北部院区在空间细节设计上尤其注重体现人性化的理念，从使用群体的特殊需求出发，每个细节都进行了细致周到的考虑。例如：

注重标识系统设计的易懂性。采用色彩明快，图形易于识别的标识放置在醒目的位置，帮助使用者清晰识别和找到要去的地方，缩短患者的心理距离。

保证设施的易用性和安全性。为了方便患者在无须他人帮助的情况下能够轻松使用医疗设施，设置不同

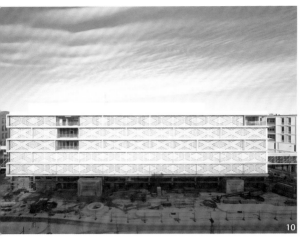

10. 圣奥拉夫医院新建可研大楼
11. 具有鲜明时代特征的医院形象

高度的扶手，降低柜台的高度。为保障使用者的安全，设施内杜绝了障碍性高差，控制地平面高差小于 10mm，使轮椅使用者感到倍受关怀。

北部院区"十三五"期间的发展规划，亦是基于城市更新的有机发展，拟对原门诊楼进行改造升级，同时拆除现有 6# 楼，于在原 6# 行政楼基地上新建一栋北部临床医学中心，集综合门诊、医技、住院等综合医疗功能于一体，使整个北部院区功能更趋完善。

3）第一人民医院松江部南院区改扩建策略分析

第一人民医院松江部南院区的建设基地位于松江新区的中心区域，地块东西长约 740m，南北宽约 360m，占地面积约 271 874m²，较原有院区几乎扩大了 11 倍。一期床位 600 张，二期 4 个院中院，床位 600 张。南院区充分利用了郊区用地及环境上的优势，合理规划，分散式布局，分为医疗业务区、科教行政区、规划发展区三大功能区块，拥有综合医院、四大医疗中心、教学科研楼等，并引进国际先进的医疗仪器设备，设立完善的临床科室。在功能上强调与虹口部北院区的互补，突出自身特色。具体采取的策略三个方面。

（1）采用一次规划、分期建设的原则。南院区一期工程是综合医院部分，建筑面积 83 563m²，二期建设教学科研中心 27 000m²，三期规划建设有 600 张床位的四大专科医疗中心，建筑面积 63 120m²，三者自成体系、相对独立，又可相互联系、资源共享。在满足自身功能合理组织的前提下，将新建医疗中心与现有医院各部门形成良好的联系，既可充分发挥专科医院的功能，又可获得综合性医院的全面支撑，实现医院的全面发展。综合医院区还预留了发展用地，可便于日后扩建医技楼和病房楼。

（2）强化特色专科，着重打造重大疾病诊治中心。随着社区医院的普及、门诊预约化的发展趋势，重大疾病集中在郊区部治疗成为未

来发展的方向。松江部南院区三期工程将扩建肿瘤、消化、创伤和妇儿四大医疗中心，这样能充分利用郊区的用地优势，提供更完善的医疗设施和诊治手段，使病人拥有优质的室内外康复环境和更人性化的护理条件，极大地有利于患者身心的治愈。与此相适应的，松江院区更注重手术、医技设施的完善和打造更好的住院环境。

（3）注重医院教学、科研条件的提升。郊区新建医院更有利于教学、科研工作的展开，可为医学研究提供更好的实验空间、硬件设施等。松江院区二期建设教学科研中心 27000m²，极大地弥补了原有院区在科研教学空间与设施上的不足，为更先进、高端的诊疗手段提供了强大的科研支撑。

南部院区"十三五"发展规划中，将利用预留发展用地新建综合医疗中心项目，提供临床实践常规教学及临床技能自主训练平台。南部院区将围绕各临床中心重点专科，大步提升综合科研实力，将学科影响力辐射至全国的医教研基地。

松江院区的改扩建使第一人民医院形成南北联动，互补发展的格局，其目标是将松江部南院区打造成为具有市一特色的大型医疗综合体，并充分考虑了可持续发展的弹性空间，使其成为上海市第一人民医院下一轮发展的基础平台。

5.结语

城市有机更新作为一个城市未来的发展方向，是我国当下城市发展的必然进程。医疗建筑的更新发展与城市更新的结合，无疑将会有效的整合城市资源从系统性上增强城市更新及医疗建筑发展的合理性。而医疗建筑的加建和改建，不但为城市的更新提供基础设施的支撑，更为城市更新体系的建设起到良性的助推作用。

作者简介

陈剑秋，男，同济大学建筑设计研究院（集团）有限公司同励建筑设计院院长、总建筑师，同济大学硕士研究生导师，教授级高级工程师，国家一级注册建筑师，香港建筑师学会会员资格

戚鑫，男，同济大学建筑设计研究院（集团）有限公司同励建筑设计院建筑一所所长，高级工程师，建筑学硕士，国家一级注册建筑师，中国建筑师学会会员

郭辛怡，男，同济大学建筑设计研究院（集团）有限公司同励建筑设计院 设计四室主任助理，建筑学硕士，荷兰注册城市规划师

陈静丽，女，同济大学建筑设计研究院（集团）有限公司同励建筑设计院建筑师，建筑学硕士

1. 孝义大医院方案（2009年），设计依据建筑所处的河岸地形，在塑造与环境协调的总体布局的同时，也为医院带来更舒适的环境和更优美的景观，但投标所选方案任然是与环境没有任何关联的呆板的功能流程图式的布局
2. 太原人民医院方案（2002年），以庭院化的布局来营造一个园林式医院，为晋祠之邻带来一个充满中国传统特点又有现代感的医疗空间

医院建筑环境人性化设计

陈一峰/ 文　CHEN Yifeng

Humanization Design of Healthcare Architecture Environment Design

医院建筑作为大型公共建筑中的一类，除了要满足建筑自身功能的需求外，还应重视建筑内外环境的设计，强调舒适性及对人的心理的影响。

1. 医院建筑设计需回归建筑学

医院建筑作为大型公共建筑中的一类，其设计要求与评判标准与其他类型公共建筑应该是一样的，我们在设计任何建筑的时候除了要满足建筑自身功能的需求外，还会注重以下几个方面：城市设计对建筑形态的限制，建筑布局对周边环境的响应，建筑空间的特色、舒适性及对人的心理的影响。鉴于目前医院建设的规模在城市中的影响和其服务的特殊人群的心理需求，除功能外的上述几方面在设计中理应更为关注。然而实际情况却相反，我们看到目前大多数设计方案及建成的医院总体布局都类似一张功能流程气泡图的立体版，而不论其所处的环境的差异如何，然后再给其穿上各种衣服表皮，

立面形象与政府办公楼或机关学校不分彼此。而我们的医院建筑空间大多还停留在一个简单地解决人流组织和疏导的层面，所谓的高档也就是在装修材料上下点功夫。把医院建筑当作一个纯工艺建筑是目前国内医院建筑设计偏颇的一面，从建筑师到方案评审会的专家基本上是一个从事医疗建筑设计与管理的专家固定的圈子，其专业知识结构和关注的焦点集中在医院的流线与功能上，而不像其他公共建筑那样是有城市规划和资深建筑师的广泛参与，更强调建筑和城市周边环境的关系，以及对建筑空间及人在其中的体验及感受。久而久之使得医院建筑远离建筑学，大量的优秀设计师也不碰医院建筑，医院建筑设计逐渐模式化，能够给刻板的模式带来冲击的好的设计也就很少。近年来国家投入大量资金建设医院，动辄十几万几十万平方米很普通，作为大体量的建筑对城市环境的影响很大，但能够给城市环境带来提升的建筑作品少之又少，在各种建筑学的奖项上医院建筑也几乎绝迹。

而我们在欧洲却几乎看不到模式化的医院，和其他建筑一样医院建筑在不同的地段和环境下的呈现不同的特征——从外表上很难看到医院建筑的独特标签，它们内部的高品质舒适的空间环境也不输其他高规格公建。在欧洲我们还看到很多并非专门的医院建筑设计事务所的项目都有涉及医疗，有一些专门的医院工艺咨询专家在配合建筑师，专家团队对医疗科技的掌握更专业，建筑师团队也把更多的精力放在建筑学应该解决的问题上，他们发挥各自的特长在各自领域都能做到最好，然后成为一个完美的结合，所以我们可以看到那么多优秀的设计案例。跨界设计也是国外广受鼓励的设计模式，特别是现代进入信息时代不同学科的交叉与渗透越来越广泛，因此人们希望这种跨界会带来观念的冲击与变革从而给设计带来新意，而我们目前尚缺少专业的医疗工艺专家团队，更多的情况是把建筑师当作工艺师使用，因此也就固定成专业的医疗建筑团队，其结果既产生不了最先进的医院，更产生不了好的建筑。所以应该提倡把医院建筑设计回归到建筑学的普遍设计准则上来，满足功能要求的医院必须同时也是一个好的建筑，有和谐优美的环境和舒适的空间尺度，这样的医院也是医生患者共同的心理需求。

2. 重视环境设计

医院建筑对内外环境的高要求是基于其服务的特殊人群，研究表明，精神与心理状态在疾病治疗及康复中所起的作用不亚于药物治疗，因此新世纪以来国外的医院建筑在这方面都非常重视，出现了许多研究和探索，比如有些设计主张医院环境宾馆化，让患者身处医院获得在酒店那种温馨和休闲感。许多人都患有医院恐惧症，这与以往常见的医院建筑带给患者的印象不无关系，那高大刻板乏味的建筑形象、混乱嘈杂的环境及冰冷局促的内部空间都加剧了患者与陪护者的精神烦躁，也不利于工作在其中的医护人员保持心情的轻松愉悦，也是医患冲突的催化剂。

建筑师在拿到一个医院建筑设计题目时应有面对

其他公共建筑的同样的专业态度，即对外部及内部环境的总体把握，仅仅从工艺流程考虑是不够的。在医院的总图方面我们见过太多的功能流程气泡图式的布局，将一个标准的模式应用于任何地段，如果认真地分析用地的周边环境就会有很多的选择，比如病房楼的位置是面向绿地，让病人每天能看到风景，还是工字形流程图那样面对医技楼屋顶的一片设备？关于病房楼的体型，目前通常的做法是尽可能的一字形以增加朝南的病房数量，同时获得内部流线的简洁。但是如果认真地分析每个地区的日照特点，以及不同朝向的可视绿色资源，也许一字形就不是最佳选择。另外，过长的板式建筑与相邻建筑的关系是否造成整体空间的压抑感和拥堵感并造成外部空间通风日照的缺失，从而造成院区整体环境质量的降低？同时一字形布局护理单元的病护关系也绝非好的设计，矩形点式、三角形、半圆形、折线形都是选项，针对不同情况寻找不同形体的解决模式，综合功能流线环境心理的综合因素才能得出最佳答案，需要医院设计师管理者和评审专家具有综合的建筑规划素养和多维的视角才能遴选出最佳方案。

3. 重视入口设计

通常我们在医院的入口设计中几乎都是只从交通流线来考虑，我们见惯了空旷的集散广场面对着长长的门诊楼及楼顶上那一排血红的大字的模式，枯燥和距离感是患者来到医院的第一印象。但我们在设计其他建筑的时候却经常把进入后的第一印象当作一个设计的重点来营造气氛。比如同样是功能流线复杂的酒店，我们看到有千变万化的入口处理，拿城市型大酒店来说，既有按照常规流线的车水马龙式喧嚣的入口广场处理，也有像上海璞丽那样通过一系列空间序列把主入口引向基地后部的层层递进净化心灵式处理，还有穿过绿树掩映的花园才来到入口大堂的隐秘式处理，不同的入口空间处理反映了不同酒店对商业感、休闲感、隐秘感的不同诉求及气氛营造的不同技巧。医院也一样，病人到达的第一感觉很重要，他们也有愉悦、缓解或隐私的基本需求，而不是仅仅来到一个看病的机器。如何营造一个能够让患者放松心情、缓解紧张压抑情绪的入口空间序列，也是我们设计师的责任，在国外我们走进一些医院如同进入花园，患者来到这里紧张和不安会得到平复，精神负担得到缓解。好的环境对医护人员也同样重要，要让在医院的工作人员每天上班进入医院后立即感到轻松愉快，让他们在一天繁忙的工作开始时有个好心情。有数据表明环境优美的医院不仅为患者所欢迎，也吸引更多的医学人才来此就职。

4. 打破机械式流线和布局

在医院的内部空间设计中，目前广泛的模块式布局形成了一种看病机器式的排布模式，也需要在这种乏味的设计上做人性化的改良。不论是候诊区、家属等候区，目前的出发点仍然是把它作为流线上的一处放大的空间，至于如何提升人们在那里的感受，很少有设计师考虑，也很少有建设方要求，我们都经历过在那些局促的环境中面临的紧张、不安、不自在、窘迫、烦躁。如何在这些空间的设计中照顾患者和家属的心理需求还没被作为我们设计的基本要求。更高的标准是针对不同科室的特点营造不同的候诊与就诊环境，比如儿科的候诊空间需要丰富有趣的空间布局来分散病儿的注意力，产科的候诊室则需要有温馨的氛围和就医者的交流空间，而泌尿和男科及类似科室的候诊区则应注重私密感。同样的还有医护人员的工作环境，如果让他们每天都处在一个流水线上乏味且不舒适的工作环境，不仅不能保证他们的身心愉悦，而且还会将负面情绪传导给病人。在这些医院空间中对光线、色彩、空间尺度和形状、声环境、日照及景观等都应该有所讲究，就像我们设计酒店的厅堂那样有追求。

很多人生命的终点是在医院结束的，从重症监护到太平间，这个对许多患者及家属很重要的环节一般都作为医院的一个次要的"流程"安排在一个角落。我有个朋友在医院告别亲人之后发誓他老了绝不能在医院死去，他说那种环境太没有人的尊严了，他绝不愿在那样的环境中结束一生去天国。的确，我们在设计医院的这部分也只是把它当作流线的一部分而已，对患者的临终关怀、对逝者的敬畏、对家属的慰藉都没有纳入设计要求，如何让死者走得安详、让亲人抚平伤悲、让告别感受崇高与圣洁，落实到建筑中需要设计者有一颗敬天敬地又充满人道的心灵。

5. 医院建筑设计也要有情怀

人的一生生老病死都与医院密切相关，仁爱必须是我们设计师的基本拥有，在建筑的环境心理学及美学方面的追求，就是这种爱心情怀的体现。前面几次提到酒店，其实酒店建筑功能的复杂程度较之医院也并不逊色，不同品牌的管理公司对酒店从大的功能流程到具体房间细部都有厚厚的一本设计导则。而我们却很少看到有标准化模式化的酒店建筑，酒店建筑不同特点建筑师的广泛参与，从而保持一种设计视野的开阔和新鲜感，造就了酒店建筑的丰富多彩。医院建筑的目前状况与我们的医疗体制不无关系，凡是未走入市场的行业其建筑模式都带有这种僵化的特征，就像住宅产业一样，回想十几年前还处在福利分房时代的住宅从南

到北一种模式几十年不变，自房地产发展短短的十多年我们的住宅设计发生了翻天覆地的变化，同样的变化期待于医疗体制的改革，实际上目前不多的民营医院或是诊所在这方面已经走在前面，它们在医院建设方面对环境质量的要求更高，以期以更好的条件来吸引患者。

作为医院建筑的从业人员应对变化做好准备，在知识与设计技能上提高只是一方面，更重要的是观念的转变，把我们对医院建筑设计的态度和定势加以改变，时刻把对人的关怀放在重要位置，使我们的医院建筑在环境与空间的人文关怀上得到大的提升。

作者简介

陈一峰，男，中国建筑设计院总建筑师，教授级高级建筑师

3. 泰安妇幼医院（2008年设计）以三个暖色的色系分别装饰医院的妇产幼三部分，从而获得温馨愉悦的就医环境和富有特色的妇幼医院形象

安全、高效、节能的
绿色医院建筑设计
Safe, Efficient and Energy-saving Green Healthcare Architecture Design

陈国亮 / 文　CHEN Guoliang

《绿色医院建筑评价标准》的实施，标志着中国绿色医院建设又进入了一个新的历史阶段。华建集团上海建筑设计研究院有限公司课题组以上海院历年积累的丰富的设计经验和科研成果为基础，围绕"安全、高效、节能"三大核心内容，形成了一份"绿色医院设计指南"。

1. 东方肝胆医院安亭新院门诊、医技共享大厅内景

作者简介

陈国亮，男，中国建筑学会建筑师分会医院建筑专业委员会副主任委员，中国卫生部医疗建筑专家咨询委员会专家委员，享受国务院政府特殊津贴专家，教授级高级建筑师，华建集团上海建筑设计研究院有限公司 首席总建筑师，医疗建筑事业部主任

1.回顾

近年来，面对全球气候和环境变化的压力与挑战，发展"绿色建筑"已在世界范围内掀起高潮。从 20 世纪 60 年代，美国建筑师保罗·索勒瑞提出了生态建筑的新理念，到 1969 年美国建筑师伊安·麦克哈格著《设计结合自然》一书，标志着生态建筑学的正式诞生。20 世纪 70 年代，石油危机使得太阳能、地热、风能等各种建筑节能技术应运而生，节能建筑成为建筑发展的先导。1980 年，世界自然保护组织首次提出"可持续发展"的口号，同时节能建筑体系逐渐完善，并在德、英、法、加拿大等发达国家广泛应用。1987 年，联合国环境署发表《我们共同的未来》报告，确定了可持续发展的思想。1990 年英国建筑研究院针对办公建筑提出了 BREEAM 评价体系，成为世界上首个绿色建筑标准，1995 年美国绿色建筑委员会推出了 LEED 标准，成为世界上较为普遍采用的绿色建筑评价标准，2006 年我国也正式颁布了主要针对办公建筑的《绿色建筑评价标准》（ GBJ50378-2006 ）。

作为能源消耗大户的医院建筑由于其功能的特殊性，直到 2003 年才由美国医疗行业提出了第一个针对医疗建筑的绿色设计与评价体系（ GGHC ）。2008 年英国建筑研究院针对医疗建筑发布了 BREEAM（ BREEAM Healthcare ），第二年（2009 年）美国绿色建筑委员会发布了绿色医疗建筑评价体系（ LEED Healthcare ）第一阶段公众评议征求意见稿。2010 年中国医院协会批准成立"绿色医院"工作领导小组，同年 8 月中国医院协会医院建筑系统研究分会与 WHO 在南昌召开会议，确

定共同推动我国绿色安全医院建设，并开始着手编制"绿色医院建筑、绿色医疗管理、绿色运行"相关评价标准。于 2011 年 8 月由中国城市科学研究会绿色建筑与节能专业委员会和中国医院协会医院建筑系统研究分会正式发布了中国第一本《绿色医院建筑评价标准》的行业标准。2012 年由中国建筑科学研究院、中国住房和城乡建设部科技发展促进中心牵头正式启动国标《绿色医院建筑评价标准》的编制工作，历时 4 年多《绿色医院建筑评价标准》（ GB/T51153-2015 ）终于诞生，并与 2016 年 8 月 1 日起正式实施，标志着中国绿色医院建设又进入了一个新的历史阶段。

国标《绿色医院建筑评价标准》在章节构成、评价与等级划分等方面延续了中国绿色建筑的评价体系，但在具体条款上又充分反映了医院建筑的特殊性。如在总则中明确：绿色医院建筑评价应因地制宜、统筹考虑并正确处理医疗功能与建筑功能之间的辩证关系。第四章标题以"场地优化与土地合理利用"替代了以往的"节地与室外环境"。在具体控制项方面明确提出：医院建设策划阶段要有明确的医疗功能需求指标，医院建筑设计前应有详尽、清晰的设计任务书。场地内无排放超标污染物，并控制院区内污染源对医院内外环境的影响，在评分项有关土地合理利用方面采取国标《综合医院建设标准》中的床均用地面积标准和合理的容积率双项评分的方式。在第八章室内环境质量的控制项中要求：医院导向标识设计具有科学性，并考虑人性化因素，在评分项中提出平面布局要考虑病人就诊流程，减少病人往复穿行于各功能区，等等。

2. 定义

"绿色医院建筑"的定义由于不同的视角、不同的层面,有着多种不同的解释,在这里我是比较赞同罗运湖先生提出的观点,即一个设计合理的绿色医院,可以涵盖三个层次的内容。

1) 绿色医院保护医院接触人员的健康

医院接触人员既包括患者、访客也包括医护工作者。医院首先要保护他们的健康安全,其次是良好的医院环境可以帮助患者更快的恢复,减少住院时间、减少患者负担,也可以提高医院病床的周转率,增加医院的接收能力。另外,良好的医院环境可以提高医务人员的工作效率和工作品质。

2) 绿色医院保护周围社区的健康

相比普通的居住建筑,医院建筑对环境的影响更大,一些感染病人可能携带的病菌、医疗过程中产生的医疗废弃物及辐射影响等都需要得到有效的控制。

3) 绿色医院保护全球环境和自然资源

合理使用土地,尊重保护原始地势、地貌,力争就地取材或选用可循环、可再生的建筑材料,同时节约水资源、降低能源消耗。

3. 探索

2010年华建集团设立了"绿色医院核心技术研究"的专项课题,上海建筑设计研究院课题组以上海院历年积累的丰富的设计经验和科研成果为基础,围绕"安全、高效、节能"三大核心内容,历时3年多完成了近30万字的科研课题报告,并在此基础上以前期策划、方案设计、初步设计三阶段为脉络将这些专项技术研究成果归纳梳理,形成了"绿色医院设计指南",下面作一个简要的介绍。

1) 安全

"绿色医院"首先是一个"安全可靠、无害化的医院"。

(1)选址:医院建筑从选址上就要充分考虑其抵御强风、暴雨、洪水、地震等自然灾害,以及土壤的安全性。

(2)感染控制:需要全面了解医院的感染源,医院感染高危部门以便采取确实有效的感染传播控制措施,从接触式感染传播、空气感染传播、水体感染传播三个方面对感染传播者和易感染者实施隔离措施,并对医院内废弃物:生活垃圾、医用垃圾(感染性废弃物)、放射性废弃物进行分类收集,单独设置存放空间。

(3)辐射防护:在21世纪的今天,医用辐射已经成为全球最大的人工辐射源,而随着人们对高质量健康需求的增加,它在健康检查和疾病诊疗上的应用规模呈现持续扩大的趋势。医用辐射的安全防护俨然已成为医、患双方共同关注的焦点。从放射源、非密封放射性物质和射线装置三大类进行辐射防护安全设计,保障放射诊疗工作人员和诊疗患者的健康安全。

(4)结构安全:医院作为生命线工程,除必须严格执行国家相关的抗震设计要求外,还需要高度重视不同医疗功能用房的活荷载取值以及非结构物件的抗震措施。

(5)供电系统安全保障:明确一级、二级负荷,确保应急电源的有效覆盖范围。对电气设备,尤其是医用设备采取各种安全保护措施,同时保证医院供配电系统的电能质量和谐波治理。

2) 高效

医院的高效运营是绿色医院又一重要的组成部分。

(1)科学规划:要确保医院的高效运营,首先需要明确医院的需求,所以前期策划是极其关键的,从国家发展战略、政策导向,到区域医疗卫生规划,再到医院医疗事业发展规划,环环相扣、紧密联系,只有在此基础上完成的医院总体规划才是科学的、合理的。也才可能对每一个阶段医院建设项目制订科学、合理的设计任务书、医疗流程,保障流程和运营管理模式,才可能呈现科学、合理的医院建筑设计。

(2)可持续发展:医院建筑是一种具可生长性和可变性的特殊类别的建筑,医院建筑的发展是一种动态的发展,为保证医院的持续高效运营,在医院建设方面既要保证它的当前功能实际需求,不可盲目追求过大规模、过高标准,又要为医院未来发展留有空间,同时在建筑内部平面布局、空间构成方面要为未来的医院功能变化提供便利。

(3)绿色数字化医院:绿色数字化医院是由绿色智能建筑、绿色优质医疗和绿色高效运营管理所组成的三位一体的现代医院运行体系及在此体系支撑下的医院智能化物流传输系统,以支持医院的高效运行。

3) 节能

据统计,医院建筑是所有建筑类别中能耗最大的一类,甚至超过五星级酒店的耗能,所以如何降低医院的能耗,对降低医院运行成本,对保护全球环境和自然资源无疑是极具价值的。

(1)被动式节能设计:被动式节能设计就是通过建筑设计的本身,而非利用设备达到减少用于建筑照明、采暖及空调的能耗。在医院总体规划中选择合适的建筑朝向、充分利用主导风向是非常重要的。其次需要在建筑单体构成,争取更多的外墙面以获得最大的自然采光、自然通风与缩短医疗流线、提高医院运行效率两者之间寻求最佳的结合点。同时对各医疗功能区域的工作环境要求(服务的人流、对自然采光的要求、对自然通风分的要求、是否有净化要求等)进行细分,以最大程度的满足功能要求。再者加强外维护结构上的被动式节能处理;(2)科学规划机电系统,精细计算用量,合理选用设备;(3)引入医院用能监测、能耗分析和诊断的能源管理系统;(4)越来越多的绿色技术、绿色产品的运用、可再生能源的利用。

4. 践行

绿色医院建设是一项长期的、复杂的工作,它既需要我们有绿色的理念、绿色的技术、绿色的产品,更需要我们不断地实践、探索,并在实践中不断地总结、提升。

2015年竣工投入使用的东方肝胆医院安亭新院医疗区(门急诊、医技、住院)总建筑面积18万 m²,获得了国家三星级绿色建筑设计标识证书及上海绿色建筑贡献奖。"嘉会国际医院"亦是按照美国 LEED 金奖标识标准正在进行设计和建设。

绿色医院建设任重而道远,让我们一起去努力!

信息化、智能化、科技化 未来医院建设发展的趋势

陈佳，李军 / 文　CHEN Jia, LI Jun

Informatization, Intelligentization and Technicalization Future Development of Healthcare Architecture

信息化、智能化、科技化在未来医院发展中起着举足轻重的作用，是推动发展的原动力。

1. 医院发展中存在的问题

1）病人看病难

随着就诊量的提高，医院迎来的第一个挑战就是挂号问题。挂号区一般位于医院的明显便捷处，此处人流量大密度高，排长队影响通行时有发生，如需要挂知名主任专家的号，非常难且需时间，这一问题困扰着绝大多数的患者。

挂号后来到候诊区，由于现在一个病人一般有两到三人陪同，所以造成候诊空间紧张。而收费取药由于医师需要根据处方逐一配药，再加上本身门诊量就大，更是大排长龙，这样一次就诊流程下来，往往需要大半天甚至一整天的时间，给原本就身体不的适患者及家属造成了很大的身心压力。

2）医生诊疗累

由于患者的剧增，医护人员虽然认真地根据每名病患不同情况给予诊断治疗，尽可能不出现疏忽，但由于软硬件设施等各种因素，难免还是会发生一些医患纠纷，有时还危及医护人员的人身安全，也扰乱了正常的就医秩序。

2. 如何改变现状，寻求解决方法

如何改变这种情况与现象，提高病人就医体验，缓解医护工作人员的压力，是大家长期来一直思考的问题。随着时代的变更、科技的进步、网络信息的普及，适合医院未来发展的研究在不断深化。

1）信息化医院

信息化医院是指利用电子计算机和通信设备，为医院所属各部门提供对病人诊疗信息和行政管理信息的收集、存储、处理、提取及数据交换的能力，并满足所有授权用户的功能需求。随着全社会信息化的高速发展，医院信息系统在国际学术界，已公认为新兴的医学信息学的重要分支。

医院信息化系统只是一个统称，本质是将医院各科室的系统进行整合，使其互联互通，共同织成一张能够覆盖整个医院的信息大网。通过系统间的信息共享，避免了信息孤岛，方便各科室进行信息调用，提高了医院整体管理水平和工作效率，不仅优化了流程还减少了人为的误操作，有效地提升了医院服务质量和患者满意度。现今主要运用于医院的信息化技术大致有：PACS、电子病历、区域医疗系统、移动护理、临床路径、体检管理系统、LIS 系统等。

2）智能化医院

智能化医院除了包括智能建筑一般具有的建筑设备自动化系统，即楼宇自控系统、综合布线系统、电视系统及安保自动化系统等四个系统之外，还具有其他较特殊的智能系统。比如：病房设计如何考虑为一部分患者提供广播、电视等服务，同时又满足消防规范的要求；楼宇自控中结合医院的特点增加供热水管路的监控，供氧和吸引设备的监控；

1. 未来医院的智能化趋势
2. 自动发药机
3. 电子病历
4. PACS系统

保安系统如何解决病房区非值班入口的管理控制，同时又满足消防规范对通道疏散的要求等，现在主要运用在医院的智能化系统大致有：自助挂号系统、电子叫号系统、医护对讲系统、自动发药系统、手术室监控系统、远程医疗系统等。

3）科技化医院

科技化医院指的是将先进的科学技术或设备运用到医院诊疗过程中，旨在大幅提升医院的诊疗成功率及运营效率。如今运用在医院的科学技术大致分为两类，一类是众所周知的大型治疗与检查设备，如CT、MRI、DR、DSA、加速器等。另一类是医院物流系统，主要有：气动物流传输系统、轨道式物流传输系统。

3. 未来医院发展趋势

信息化、智能化、科技化在未来医院发展中起着举足轻重的作用，是推动发展的原动力。如果运用得当，不但可以解决现在医院发展中碰到的诸多问题，更可以优化整个医疗流程。这些先进的技术被运用到实际运营中，并且为病人及医护人员解决了很多问题，这很可能是未来医院运营的雏形。

1）病人就诊流程缩短，方便快捷

病人自挂号起，就可以享受不同以往的体验。人们从此不会都拥挤在一个挂号大厅里，而是分散在每一层，甚至每一个科室的自助挂号机前，自助挂号机利用图片、动画、语音等多媒体手段向病人介绍医院的特色科室、特色专家和具有特色的医疗设备及治疗项目等信息，病人可以根据自己的实际情况，自助挂号。如果你腿脚不便或离医院较远，还可以选择通过医疗信息资源的共享，利用计算机或手机软件实现在家中挂号，并关注等待时间、排队叫号等信息，规划好合适的时间前往医院直接就诊，缩短了在医院排队挂号的等待时间。原本人满为患的挂号大厅，将恢复它原有的秩序。

候诊区则通过由取号、呼叫、显示及广播、传输、支持、后台处理等多个子系统组成的电子叫号系统结合二次候诊的平面布局形式，使叫号更方便，同时由于在设计电子叫号系统时一般同时配置具有 LED 显示屏和扬声器播放两种形式的多媒体，显示或播放相关候诊资讯。每个病人的姓名、就诊诊室、诊断医生等信息，均醒目的显示在多媒体屏幕上，直观清晰，避免了过号、漏号，或走错诊室的情况，病人通过挂号单上的就诊号就知道前面有多少人排队，为病人提供了

较大便利，可以安心在候诊大厅候诊，候诊大厅秩序井然，环境大为改善，医护人员也减轻了工作压力。

就诊后根据每个病人的情况，医生有时会建议去做检验或者放射检查，现在取报告也告别了以往去窗口排队等候的局面，只要到自助取报告机前，刷一下医保卡，相关信息数据计算机将自动处理，并准确地自动打印报告，方便快捷。

确诊后医生开出处方，并通过计算机系统与整个医院信息网络连接，此时收费处、药房等科室已经收到针对不同病人的信息，病人只需要拿着处方单去收费窗口缴费即可，同时也可以利用自助缴费机等设备完成缴费工作，大大缩短以往付费需要排长队等候的时间。药房取药时，医院通过设计配置与医院信息系统相连接的自动化药房发药机，患者交款后，处方信息便传输给了"发药机"，自助发药机自动挑选药品，贴上"用药说明"，同时为患者分配取药窗口，送到病人手上，整个过程只需 10 秒钟，提高了发药效率及管理水平，并一定程度上也减少人为出错的情况。

病人手术后住院，依靠发达的医疗信息网络及医护对讲系统，实现医护人员与住院患者之间直接的、可靠的信息联络，病人只要按动呼叫器的按钮，，主机信号台指示灯点亮，便通知了护士站值班人员，从而为病人提供了更多更好的服务，也提高了医护人员的业务处理能力。系统还将每个病人不同的情况传输给营养厨房，让有针对性地为每一个病人配餐，为病人早日康复打下坚实基础。康复出院后，通过区域医疗系统，实现区域卫生信息化，建立电子健康档案，整合医疗卫生信息资源。病人可就近选择社区医院回访复查，并通过社区医院计算机网络，把信息反馈给主治医生，实时跟踪病人的身体健康状况。

2) 医护诊疗效率提高，快速准确

在引入信息化、智能化、科技化的未来医院理念，并予以设计配置后，这些新的技术成为医院坚实的后盾。医护人员可以更加安心专注于诊疗工作，信息化使得医生接治病人之初，便可以通过电子病历了解病人的过往病史。电子病历也叫计算机化的病案系统或称基于计算机的病人记录 (CPR,Computer-Based Patient Record)。它是用电子设备 (计算机、健康卡等) 保存、管理、传输和重现的数字化的病人的医疗记录，取代手写纸张病历。

诊断中运用 PACS 系统，也就是医学影像存档与通信系统。是近年来随着数字成像技术、计算机技术和网络技术的进步而迅速发展起来的、旨在全面解决医学图像的获取、显示、存贮、传送和管理的综合系统。让病人身体情况共享，更多专家可以了解到病人的实际情况，提高诊断准确率。

而智能化技术，为高效准确的治疗打下基础，如手术治疗中可运用手术监控系统，方便专家在手术室外对病人确诊治疗和医生的共同会诊，对各台手术和各患者实施实时全程监控。采用此系统还能增加医患之间的沟通，改进对患者的治疗、护理水平，同时将手术过程录像保存，有助于提高医师业务水平、自我评估和解决医疗纠纷。

远程医疗系统通过高清晰摄像装置对所需要的、观察的病人、CT、MR，病例资料等医疗资讯传递到专家会诊室，专家通过专用显示器观看、确诊病情，不但避免了专家与病人的接触，还可以与正常诊疗一样了解病性，及时处理治疗病人疾病，从而节约了病人的金钱和时间。必要时抛开空间的距离，进行全国甚至全球的专家会诊，病人的康复几率大大提高。

院区内部的药品洁净物品的运输也不同以往，采用气动物流传输系统，以压缩空气为动力，通过管道传输各种物品，并由计算机进行实

4

时监控的自动控制系统。该系统能不受环境温度的影响连续工作。任意两个收发站之间可安全、高效地传输物品，免除奔波之苦，节约时间，提高效率。这个系统可以根据医院的具体要求来设计在院区内部形成高效的物流运输网络，提高物品运送效率，减轻工作人员负担。

4. 以人为本的未来医院

以人为本是医院管理及持续发展的核心，从本质来讲，就是"人"的建设。通过对人文化精神素质的培养和塑造，实现人的全面发展，从而推动医院更好更快发展。现今医院信息化、智能化、科技化的改造，是未来医院建设发展的趋势，为突破瓶颈打开了一条新的思路，如能贯彻下去并合理运用，定将是造福大众、实现医疗改革最终目标的必经之路。

作者简介

陈佳，男，华建集团华东都市建筑设计研究总院医卫文教建筑所 建筑师

李军，男，华建集团华东建筑设计研究总院 首席总建筑师，国家一级注册建筑师，教授级高工

**Reflect on New Generation
of Smart Hospital Based
on Internet +BIM**

基于互联网 +BIM
的新一代智慧医院
思考

王凯，刘翀，蒋琴华，徐文韬 / 文
WANG Kai, LIU Chong, JIANG Qinhua, XU Wentao

1.智慧医院概述

　　智慧医疗 (smart health-care) 源于山姆·帕米沙诺（Sam Palmisano）在 2009 年 1 月 28 日美国工商业会议上首次向奥巴马抛出的"智慧地球 (smart planet)"概念。山姆·帕米沙诺（Sam Palmisano）提出的智慧地球概念包含了智慧电力、智慧医疗、智慧城市、智慧交通、智慧供应链和智慧银行在内的六大领域。通常意义上的智慧医疗是指运用新一代物联网、云计算等信息技术，通过感知化、物联化、智能化的方式，将与医疗卫生建设相关的物理、信息、社会和商业基础设施连接起来，并智能地满足相应医疗卫生生态圈内的需求。智慧医疗与数字医疗和移动医疗等概念有很多相似之处，但是智慧医疗在系统集成、信息共享和智能处理等方面存在明显的优势，是医药行业在物联网基础上施行信息化和智能化的更高级阶段。

1. 智慧医院成未来趋势

我国90%以上的医疗信息化系统仍然未实现互联互通，"信息孤岛"和"信息烟囱"现象严重。要彻底实现变革，智慧医院是实现医疗行业战略性转变的重要手段。互联网+BIM与智慧医院的结合会促进传统医疗业务流程发生巨大的变革。BIM不仅能够提供整个医院的直观的、可互动的可视化界面，最重要的是他可以成为医疗信息的载体或基础数据。

智慧医疗通常由智慧医院、区域卫生及家庭健康三部分组成，本文主要探讨就是智慧医院。早期的智慧医院主要通过以 RFID 为基础的基于 EPCglobal 的架构、基于传感网络的架构和基于 M^2M (machine-to-machine) 的体系架构。新一代智慧医院系统将是在 M^2M 物联网体系架构的基础上发展的由应用层、网络层和感知层三层体系架构组成的智慧医院架构。

（1）感知层——用户健康大数据采集

感知层的主要功能是进行信息的识别与收集。数据采集步骤主要通过移动终端（如手机和现今十分热门的可穿戴智能设备）和物联网技术实现对用户的健康信息（血压、血糖、心率等基础身体数据）、既往病历（治疗记录、用药历史等）和基因信息（基因测序技术高度发展将提供个性化的治疗信息）实时采集。

（2）网络层——远程大数据处理分析

网络层的功能是传送感知层感知到的信息并为应用层提供接口和数据分析。远程分析处理步骤则先利用无线通信技术对数据进行高速传输，再通过高性能计算中心对医疗大数据进行处理分析，最后将信息储存在容量巨大的云服务器上。

（3）应用层——智能医疗认知实行。

应用层是医患人员对医疗信息的具体运用。智能医疗认知实行是对医疗大数据进行认知获取和深度挖掘，并为医院信息化、远程医疗和医药电商平台提供实行依据，最终达到医疗全智能化。

2.互联网+智慧医院

我国医疗资源信息孤岛现象严重。医疗卫生领域是个复杂体系，由于缺乏统筹规划和项目设计，我国 90% 以上的医疗信息化系统仍然未实现互联互通，"信息孤岛"和"信息烟囱"现象严重。

在全国政协十二届二次会议中，李克强总理提出要制定"互联网 +"行动计划，意味着"互联网 +"正式上升为国家战略，"十三五"期间互联网将同医疗行业深度融合，对健康管理、自诊、自我用药、导诊、候诊、诊断、治疗、院内康复、院外康复（慢性病管理）等 9 个相关环节产生深刻变革。随着多项医卫信息化政策的出台以及医改的不断深入，医疗行业在发生一些战略性转变，这些战略性转变体现在对传统医疗管理理念的变革，从"治疗为中心"到以"病人为中心"过渡；另一方面也体现在对传统就医模式的改变，将破解长期存在的"看病难、看病贵、三长一短"等问题。而要彻底实现以上变革，智慧医院是实现医疗行业战略性转变的重要手段。

相关研究结果显示，2014 年医疗卫生行业的信息化投入规模达到 275.1 亿元人民币，比 2013 年增长 22.5%，呈现高速增长的态势。"十三五"期间，随着 BIM、云计算、大数据、移动互联网、社交网络媒体等新兴技术的发展，其在智慧医院行业中的应用将更加普及。

3.互联网+BIM智慧医院

建筑信息模型（Building Information Modeling，BIM）已成为全球范围内建筑与工程建设行业内最为热门的名词之一。通过 google 等搜索引擎在网上搜索"BIM"或者"建筑信息模型"，返回结果可达数百万条之多，涉及政府机构、

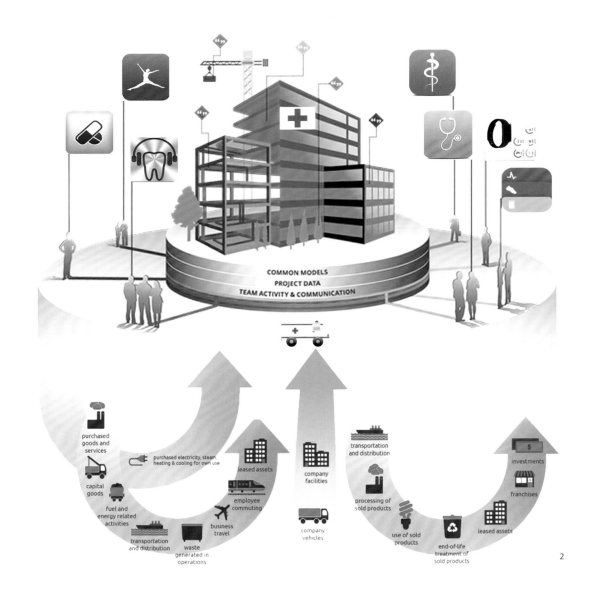

建筑行业、科研机构等，社会对其关注度可见一斑。BIM 的出现意义在于完善了整个建筑行业从上游到下游的各个管理系统和工作流程间的纵、横沟通和多维性的协同和交流，实现了项目全生命周期的信息化管理，它打通了设计、施工和运维的界限。BIM 作为新型技术工具，其强大的信息共享能力、协同工作能力、专业任务能力的作用正在日益显现。

互联网 +BIM 与智慧医院的结合会促进传统医疗业务流程发生巨大的变革。BIM 不仅能够提供整个医院的直观的、可互动的可视化界面，最重要的是它可以成为医疗信息的载体或基础数据。基于 BIM 的智慧医院框架主要有 4 大组成部分，分别是 BIM 数据层、感知层、网络层和应用层。

相比传统的智慧医院，基于互联网 +BIM 的智慧医院具有以下优势。

（1）信息收集更加准确、及时

从医院的设计、施工，再到运维阶段，BIM 模型将医院整个过程的工程信息都进行了记录与整合，在运维阶段不需要再单独对医院楼宇信息进行收集，简化了运维阶段对信息感知、收集的流程，从而从整体上加速了医疗信息的收集过程。通过结合 BIM 模型，医院资产信息、医疗设备信息与药品信息等可以更准确

的与医院空间关联起来，在整体上对医院资产、医疗设备、药品有宏观的控制。医疗信息在 BIM 的基础上可得到更好地集中与优化，并支持到医疗应用层。整合了 BIM 技术的信息化应用可辅助实现智慧医院楼宇自动化。结合 BIM 模型的电力监控、空调监控、火警监控等应用确保了医院管理人员对医院环境的实时掌握。

（2）全周期医疗信息更加完整

BIM 的特点之一是对全周期建筑信息的高度集成。从医院项目的准备阶段、设计阶段、施工阶段、装配阶段、竣工交付、运维阶段到之后拆除改建阶段。全周期的医疗信息包括患者挂号阶段、门诊阶段、检查阶段、开药治疗阶段到之后的探视监测阶段。BIM 工程全周期信息作为智慧医院信息系统的基础信息，既拓展了医疗信息的广度和深度，又能促进医疗信息搭建效率。

（3）医疗业务流程更为完善

复杂的医疗业务流程是智慧医院实施的难点之一，传统智慧医院框架中的不同应用可以在一定程度上简化医疗业务流程。然而，其更多的是优化独立的单项医疗业务，而对"以患者为中心"的业务流程缺乏整体的把控。通过 BIM 可在设计阶段实施"以患者为中心"的医疗业务流程模拟。通过模拟，可以在路径优化、

2. 智慧医院方案
3. 靶心图

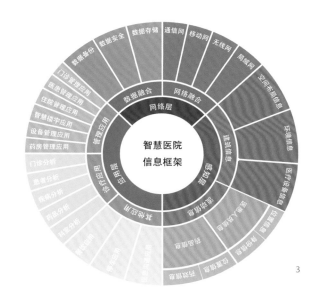

3

功能区分布、交通流线优化等方面改善传统的医疗业务流程。充分考虑患者就诊路径、就诊时间、等候时间规律、医院空间发展等因素，并将其融入设计方案中来优化医务人员流动路线。BIM 技术可针对不同的医疗应用提供不同的流程方案，以供项目投资方进行选择，通过数据对比和模拟分析，找出不同解决方案的优缺点，帮助投资方迅速评估医院投资方案的成本和时间。

4. 互联网+BIM智慧医院应用场景

不久的将来，患者在家中就可通过与互联网连接的终端设备对身体状况指标进行检查。系统可以通过对比患者平时正常的生理指标，自动判断病情是否严重。如果严重，可以一键呼叫救护车，实施急救。如果不紧急，病人可以用手机 APP 一键进行门诊预约挂号，在家中就可确认就医日期与时间，省去了在医院排队等候的麻烦。在抵达医院的同时，与医院建筑信息模型整合的"停车管理应用"可以迅速地显示当前空余的车位，并结合病人手机的GPS 定位系统，为当前需要停车的病人分别安排合理的停车位置，既节省了寻找车位的时间，又可以避免多人抢同一车位的情况。

在患者就诊期间，病人通过手机或其他移动终端可以简单地查看自己当前的就诊状态，需要去医院的什么位置完成哪些手续。通过结合BIM 与智慧医院应用，病人可以在空间上对整个智慧医院楼宇有明确的了解，BIM 可以将当前各个部门的营业情况如排队等候情况、坐诊专家信息、营业时间等显示在移动终端上，病人可以参考自动寻路应用快捷的到达相应诊室。

经过就诊，如果患者的病情严重需要住院，医疗信息系统的应用会大大简化住院手续的办理流程。省去了缴费、医疗保险备案等繁琐手续，患者的个人信息、医保信息等已整合为电子档案并记录在系统之中。通过基于 BIM 的智慧医院信息系统（SHIS）的病房管理应用可以根据患者的病情，分析楼层、光照、卫生间位置、设施便利程度等因素，并结合住院病房分配原则，自动为病人推荐合理的病房，实现"以患者为中心"的医疗体系。

在病人住院期间，病人佩戴的手环可以自动收集并记录患者的体温、心电图等数据，通过无线网络传输至主治医师的工作平台。医生可在办公室通过对病人数据状况进行浏览，实时把握病人的状况。手环可以利用 GPS 技术定位到每个患者在医院的具体位置。医护人员通过 BIM 可视化界面和手环定位可以方便地查看当前病人在医院的分布状况。病人若遇到紧急状况，如在卫生间跌倒，可以通过手环内置的报警系统向医护人员请求帮助。当感知设备感知到的数据发生异常时，也会自动向医人员发出警报，使患者在第一时间内得到救助。

病人若到达出院日期但仍需定期服药，整合 BIM 的智慧医院将提高取药流程的效率。通过结合 RFID 与 BIM，可以实现在空间上对药品进行精确的管理。根据病人的用药记录与医生处方，"取药应用"可以快速对所需药品进行定位，利用机械臂快速准确的进行取药，实现"药物在窗口等患者"的情景。病人在拿到药之后，用手机对药品包装进行扫描，便可对生产厂家、医药公司、费用等信息一目了然，做到用药安全与放心。就诊的医药费用也可以通过移动终端进行支付，省去了排队付款的时间。所有的就诊记录会保存到患者的电子病历中，经由互联网传输至医院数据库进行统一的存储和管理，方便对患者的健康记录进行跟踪检查。

5. 结语

相关数据表明，2014 年上海市卫生信息系统，每天生产 1 000 万条数据、已建立起 3 000 万电子健康档案、每天调阅 10 000 万次，信息总量已达 20 亿条。随着互联网时代的到来，医疗行业的信息化也迎来自己的"大数据时代"。通过结合 BIM，可以在医疗全周期的过程中更加及时、准确、完整的收集智慧医院体系中信息，辅助优化医疗业务流程，实现新一代的智慧医院。

在不久的将来，医疗行业将融入更多人工智能、传感技术等高科技，使医疗服务走向真正意义的智能化，推动医疗事业的繁荣发展。在中国新医改的大背景下，智慧医院正在走进寻常百姓的生活。

作者简介

王凯，男，华东建筑集团股份有限公司信息中心 BIM 技术总监，硕士

刘翀，男，华东建筑集团股份有限公司信息中心 副主任，华东建筑集团股份有限公司信息中心数字化技术研究咨询部 副主任，注册电气工程师、高级工程师

蒋琴华，女，华东建筑集团股份有限公司信息中心数字化技术研究咨询部 BIM 项目经理，高级工程师

徐文韬，男，华东建筑集团股份有限公司信息中心数字化技术研究咨询部 建筑师，英国利物浦大学建筑信息模型硕士，英国利物浦大学建筑学学士

陈国亮，中国建筑学会建筑师分会医院建筑专业委员会副主任委员，中国卫生部医疗建筑专家咨询委员会专家委员，享受国务院政府特殊津贴专家，教授级高级建筑工程师，华建集团上海建筑设计研究院有限公司首席总建筑师，医疗建筑事业部主任

1

知与行：聊聊中国医疗建筑设计

专访华建集团上海建筑设计研究院有限公司首席总建筑师陈国亮先生

Knowledge and Practice: Talk about Chinese Healthcare Architecture Design

Interview with CHEN Guoliang, Chief Architect of Shanghai Architectural Design and Research Institute Co., LT

医疗建筑与民生民计密切相关。建国至今，中国的医疗建筑发展经过了几个大历史阶段？中国当下的医疗建筑设计有着怎样的状态和特点？在未来，什么是医疗建筑的发展方向？《H+A华建筑》特邀医疗建筑设计专家陈国亮先生，结合他在医疗建筑设计领域的丰富经验，和您一起聊聊这些话题。

【 关于医疗建筑整体发展 】

H+A：作为医院建筑设计的领军人物，您能介绍下我国医院建筑发展的历程么？如何看待当下国内医院建筑整体发展情况？

陈国亮（以下简称"陈"）： 我国医院建设有几个大的历史阶段：第一阶段，从 1949 年建国到 1978 年"文革"结束、改革开放开始。这一时期中国几乎所有的医院都是由政府建设的，由中央及地方财政投资。从建国初期的医院建设恢复期，到发展城市医院建筑、建设工矿企业医院、农村县级医院及乡镇卫生院。那三十年中国建设了一大批医院，取得了一定的成绩。但无论是总量还是单个医院建筑的规模，都和整个社会的医疗需求存在着较大的差距。

1978 年到 1988 年的第二阶段，是全面发展期，随着中国改革开放、经济发展，大量的老医院需要进行改、扩建，同时还要兴建许多新的医院。中国医院建设迎来了一个春天。但也出现了一些需要反思的问题，尤其是有的医院建筑为了片面追求建筑造型的标新立异，而忽视了医疗工艺和使用功能这些医院建筑中最本质的东西。

到第三阶段，即 1989 年到 1999 年，是回归理性的时期。这一时期有几个重要的标志：第一，成立了中国建筑学会医疗建筑专业委员会和中国卫生经济学会医疗卫生建筑专业委员会，诞生了一批专门从事医院建筑设计的建筑师，对医院设计有了更为清晰的认识。从那时起中国每年都会举行很多全国性的医院建筑设计的研讨会、论坛等，对提高中国整体的医院建筑设计水平起到极大的推进作用。第二，编制、颁布了一系列有关医院建设方面的标准和规范，使中国医院建设从以往的经验型真正走向了科学性、规范化和标准化。第三，很多国外的医疗建筑设计师进入中国设计市场，带来了国际先进的理念，对提升中国医院建筑设计水平是很重要的外在助力。这一时期为中国现代化医院建设打下了坚实基础。

进入 21 世纪至今，是第四阶段，是理智与才华完美结合的时期。在第三阶段，我们对医院的本质和特点有了一定认识，但也逐渐形成了一种标准模式和标准套路，全国各地的医院都似曾相识，大同小异。虽然大多都满足了医院的功能需求，但也失去了各个医院的个性。进入了 21 世纪，我们更应该在娴熟掌握医疗建筑的功能特征的同时，着力创作更具特色的医院建筑。同时，绿色建筑和信息化等新技术的发展，也为创造更为丰富的医院建筑提供了技术上的可能。在本阶段，基本上从纯粹关注

医院的功能需求发展为既具有实用性，又兼具个性特点和艺术美感的医院建筑。

医院建设离不开国家大政方针的指引，这是医院建筑设计的一大特点。对于我国"十三五"规划中的医疗事业发展，我们理解其中包含了两个重要内容，一个是"强基础"，即进一步加强社区医疗、培养更多的全科医生、进行规范化医疗服务、通过分级诊疗来疏解大医院的压力，提供更好、更多层次的医疗服务；另一个是"建高地"，即建设一批高水准的医疗机构，去解决一些疑难杂症。这既是国家全民基本医疗保障的责任和使命，也反映了中国在国际上的医疗水平。此外，鼓励"多元化投资"也是国家医疗事业发展的一个战略，希望引入更多社会资本，来共同建设、营造中国的医疗服务体系。因此，我们的医院建筑设计如何与国家的发展战略相契合，需要深思。

当下，还有这样一些发展热点，它们都会影响医院的建筑设计。第一个，是医学科学、医疗学科设置的发展、变化，例如：多学科中心、精准医学、循证医学及脑科中心、心脏中心、胃肠中心等围绕人体器官设立的学科中心等。第二个，是诊疗设备自身的技术发展，例如：杂交手术室、机器人手术、远程手术、质子重离子等。第三个，是医院对运营理念、运营模式的提升。越来越多的医院提出了在确保医院的安全性、流程科学合理的同时提高医院的运营效率，降低运行成本。在这里，数字化信息技术对医院设计的影响非常大，包括：（1）网上预约挂号、电子病历、电子处方等可以有效缩短挂号、取药时间，节约排队等候的空间;（2）数字化结合自动物流运输系统，把一些原来需要和病人频繁接触的空间另置他处，比如检验中心可以采取类似于中央厨房的模式，远离采集点，通过网络信息系统把检验结果传送给医生，从而节约空间用于其他活动；（3）数字化技术还可以帮助改善医患关系，国外很多病人在急诊检查后躺在床上，各科医生通过电脑终端、图像展示讲解病情，病人和医生的信息是对称的，此外，还可以实现远程会诊、远程医疗；（4）可以将医院的能源管理纳入数字化信息系统，这将有助于医院实现更为高效、安全、便利的运营模式。第四个，医、教、研相结合。过去我们更多的关注"医"，"教"和"研"相对比较薄弱，尤其在医学研究方面和国外先进水平比有较大的差距。进入"十三五"，很多三甲医院或者比较高水准的医院，都在强化提升临床科研和教学培训，以此来支撑开展高水准的医疗活动，增强医院的核心竞争力。

1.2. 陈国亮肖像

H+A：当下医疗建筑类型大大丰富，包括大型综合医院、专业化医院、社区医院、医疗城、国际医疗机构等，您如何看待它们的区别？对医疗建筑设计提出怎样不同的需求？

陈： 每个医院之间，不仅是床位规模的不同，历史传承、学科特色、管理模式也都各不同。因此，医院设计很难有一个标准模式，都是独立的个体、都有自身特色，都需要建筑师为它们量身定做。

但对于任何医院，我们所追求的价值和目标是一致的，即适宜和提升。适宜是指：设计要适用于所设计的医院自身的学科设置、管理模式、运营方式。提升是指，要运用专业知识，对医院未来的发展做思考和预判，要有前瞻性，赋予其更大的使用价值。

因为追求这样的目标，所以建筑师需要做更为精细化的设计，需要研究所设计医院的特点，需要关注医院建设的发展趋势、社会经济发展趋势和国家的大政方针。在设计前期，有时我和医院院长交流，很少会谈具体的设计手法，更多的是探讨医院在所在区域中所扮演的角色，医院未来发展的愿景，在中国医疗领域的定位等设想。建筑师需要站在院方的角度和立场思考问题，积极地和业主共同研究当下，共同预测未来，真正参与其中。

【 关于医院建筑设计 】

H+A：在您看来，国内目前医院建筑设计水平如何？与国际相比，有何区别？

陈： 近二十年来中国的医院建筑设计水平有了极大提升，拥有了一批非常专业的医院建筑设

3. 陈国亮先生接受《H+A 华建筑》采访

计师。"十二五"期间，更是完成了一大批高品质的医院设计。我认为，不能对各国的医院建设水平做简单的比较。中国建筑师面对的通常是规模投资受到严格限定而服务人群极大的医院设计，这样的难题如果给国外建筑师，也未必可以解答。

近些年，中外合作设计项目越来越多，我们从中学到很多国际先进理念，也结合中国实际做了很好的应用。一些国外著名的从事医院设计的事务所，在做中国项目时，第一时间都会找到我们，希望从前期咨询开始，共同开展工作，分享我们的经验，一起来为业主服务。我们做了很多外资医院，项目定位标准非常高，设计伊始我们就会和外方、医院方一起定制一套本项目的设计标准，既符合国际标准又适合中国标准。我们非常自豪，也非常明显地感受到我们的价值。

当然，也存在差距：第一，中国地域辽阔，各地从事医院设计的建筑师设计水准落差很大。第二，在前期策划方面，建筑师投入的精力还有待加强。国外医院虽然会委托专业的咨询公司做前期策划，但是在此过程中建筑师都会参与，这样后续的设计进程会更为顺利，设计成果也会更为理想。第三，设计的精细化程度有一定差距，我们更多关注医疗的一级流程（功能区域布局）和二级流程（区域内部布置），而三级流程（家具和医疗设备配置、用材、电源终端等）做得细致的非常少。第四，对患者的就医体验的改善关注度还有待提高，这方面应该形成一个整体的系统，包括装饰、色彩、标识等硬件和服务水准等软体。

H+A：在医疗建筑品质方面，有不少热门词汇，包括：人性化、绿色、可持续、智慧等，您如何理解，什么能描述未来医疗建筑发展趋势？

陈：在医疗建筑品质方面现在的确有很多热门词汇，大致可分为两类，一类是技术手段，如信息化、节能；一类是设计理念，如可持续、

绿色、人性化。虽然不断有新词汇的出现，但是我们所追求的价值观还是一脉相承、始终如一的，即以适宜的技术满足医院当下的使用和管理需要，同时具有前瞻性，适应未来变化、发展的需要，在设计中把两者完美结合。新技术一直在发展，如果没有一个清晰的认识，就会因单纯追逐时尚而陷入迷茫。

如果要对中国未来医疗建筑发展趋势作一个描述，就是：在有限的建设规模、投资控制的条件下不断运用新理念、新技术、新材料、新产品为患者提供一个全新的就医体验、为医护人员创造一个更为温馨、便捷的工作环境。

H+A：城市更新成为当下热门话题，如何看待既有医疗建筑改造及改扩建？

陈：既有医疗建筑改造及改扩建，其实是医院发展的常态。在未来，这依然会是非常大的设计市场，我们依然需要投入非常多的精力。医院建筑是有生命力的。一方面，新医院在总体规划和单体设计时应充分考虑未来扩张和发展的可能，同时在老医院改造时也要为未来发展做统筹考虑。医院发展不仅是简单的床位数扩张，还有学科的发展成长。现在很多老医院在改造时都会提出建综合楼，想把需要补充的病房、科研、医技全放进去，变成一个大杂烩。看上去好像把矛盾都解决了，实则对未来的运营非常不利。对此，我们在设计之初就会做大量的研究、策划工作，考虑把哪些功能放进新楼，同时对腾出的空间如何进行改造，把原有的和新建的整合起来，通过系统化集成，梳理流程，提升医院运营管理水平和效益。

另一方面，因为学科、技术、诊疗手段的发展，医院各科室或局部区域不可避免地需要改造。因此，在建筑布局上要考虑其灵活性、可变性，可以通过模块化设计进行局部置换。比如我们参与设计的厦门长庚医院，在垂直交通、机电设备用房、竖向管井的布局上都采用非常理性、科学的均布方式，余下的规整空间安排不同功能的医疗科室，如果某一功能区域需要置换、改造，只需把周边围合起来进行内部调整，而对整个医院的交通体系、机电系统不会产生任何影响，这有点类似于商业综合体的品牌店单元改造。

H+A：相比普通民用建筑，医院建筑整体流程更长也更专业，对于设计师来说意味着怎样的机遇与挑战？

陈：从事医院建筑设计的建筑师是要有一定胆量的。我觉得不仅是挑战，有时甚至是煎熬。

为什么这样讲？从事医院设计，对专业知识面要求很高。不仅需要建筑、机电、结构的知识，还要关注国家的卫生政策，因为国家基本医疗政策决定了医院建筑的走向；要关注社会、关注社会经济发展，现在日趋增多的老年医院和康复、养老设施建设，其实和中国快速进入老龄化社会有关；要了解医院的管理理念、运营方式、医学学科、医疗技术和设备的发展。只有做到以上这些，才能成为比较合格的医院建筑设计师，才能真正和医院各方进行有效的交流、沟通。

我记得在我设计的第一个医院项目华山医院病房楼时，为了做手术中心的设计，我专门在华山医院手术中心待了一天，从术前准备到手术、术后恢复全过程学习、了解医院手术中心全天的工作流程、工作特点，让我获益匪浅。如果没有这种体验，单单依靠自己的专业水平和想象永远是不切实际的。所以具备各种专业知识对我们是一个很大的要求和挑战。

但同时，随着中国的经济发展，为提供全民更好的医疗保障，将会有更多的医院项目要建设，我们的机遇和机会将会是非常多的。

H+A：谈谈参与过的项目，有哪些印象深刻的经验和体会？

陈： 印象最深的是上海公共卫生中心，它反映了从事医院设计的建筑师的社会担当和社会责任。当时是非典时期，任务紧急，我们一些老同志把自己多年积累的经验拿出来和大家分享；我们年轻的同志连续几天加班加点连轴转，24 小时通宵做方案；有些没有进入项目组的青年建筑师来找我，说愿意用业余时间来参与，哪怕画一个楼梯详图。大家都以参与这个项目为荣。上海公共卫生中心建成后获得了上海市科技进步二等奖，得到了国内、外各方的肯定和赞誉。大家付出了极大的艰辛，也感到非常自豪。建成后，韩正市长说，我们为上海人民建起了一座健康的堡垒。

华山医院是我的第一个医院建筑项目，我拜了很多医护工作者、医院管理者做老师。他们和建筑师在整个过程中共同思考问题，然后用各自的专业背景来共同寻求答案。这对提高自身水平、实现一个完美的医院建筑是非常重要的。因此，从事医院设计的建筑师需要有持续学习的能力。很荣幸的，华山医院病房楼获上海市优秀建筑设计二等奖，华山医院门诊楼获国家优秀设计铜奖、部优二等奖等奖项。得到这些荣誉，首先要感谢的是医院方面的老师，正是因为他们把知识、需求和我们分享，才使得这些设计作品得以实现。

印象深的，还有上海质子重离子医院，获得了建设部优秀建筑设计一等奖。我们有幸可以承担这个项目，源于上海院做的上海光源工程。后者是一个国家级的大科学装置，和质子重离子医院的很多设备原理相同。我们做上海光源工程时完成了很多科研课题，正是因为有这些积累才使我们非常顺利地承接了上海质子重离子医院。此后，我们又承接了兰州的质子重离子医院和广州—上海的质子治疗中心。所以建筑师的不断研究、总结能力对设计医疗建筑也是非常重要的。通过不断的学习、总结，有了占领技术高地的资本，就会有更大的市场和天地。

【关于未来】

H+A：在医疗建筑领域，什么会成为下一轮发展的热点？

陈： 可能有两个热点。第一个热点，未来肯定是医、教、研同步发展，这离不开相应的配套设施建设。医疗方面，中国的病例数是优势，但是在基础研究、临床研究方面，和国际先进水平比还有很大差距。教育方面，需要培养出更多合格的专科、全科医生，配合国家倡导的分层、分级诊疗政策。研究方面，因为医院要强化专科特色，会建一些专科中心和研究中心。第二个热点，除了诊疗功能，医院将逐渐走向预防保健为主。当今世界上很多发达国家为降低整个社会的全民医疗支出，更多地关注于改变人生活习惯、饮食习惯，通过降低发病率来控制、降低医疗支出的增长。从简单的生了病去医院，到为健康咨询、健康保健而去医院，甚至医疗活动的展开可以和社区活动相整合。如此，医院功能、医院形象可能会有一种全新的呈现。

H+A：面对当下外资、民营资本的进入，医疗建筑领域发展趋势是什么？

陈： 医疗建筑领域的发展有其自身的规律，不会因资本性质的改变而发生质的变化。一方面，过去政府投资的医院，诉求和要求相对比较单一，民营资本进入后会研究患者全方位的需求，医疗服务产品会呈现更为丰富的层次，可以满足不同客户的需求。另一方面，因为社会资本的不同背景，可能会带来一些新的东西。比如有些社会资本原来是做酒店的，就可以把酒店管理的好经验和人性化服务带入医疗领域。外资进入后也会带来国外先进的医疗技术和医院管理理念，国际著名的医生也会来中国短期会诊，这些对推动中国医疗事业发展有着积极作用。

H+A：您所在机构的未来发展计划？

陈： 这是我们一直在思考的一个问题。我们的未来业务发展计划主要包括以下三个方面：

第一，在传统的医院建筑设计领域中，做精中部，延伸两头。做精中部，即传统的方案、扩初、施工图要体现精细化，在一级流程、二级流程，包括三级流程上，做得更为精细。延伸两头，在前段，我们要积极参与，获取更大价值。我们有不少项目在介入前期咨询，我们希望前期研究为后期设计创造更好的条件，也为后期承接到设计订单打下基础。在后端，在施工图设计及完成施工图后，我们要担当起建筑师的总控角色，把相关的专业顾问、专业承包商、专业设计公司整合到一起，保证医院设计的完成度和高品质。

第二，关注医、养结合，尤其是以"医"为支撑的养老设施。和很多公司在做的养老社区不同，我们更多关注老年医院、康复设施和介助、介护老人的护理机构。去年我们很幸运地申请到了集团的科研课题"养老建筑系统研究"，从国家政策、运营模式、商业模式、建设标准，一直到建筑、室内、景观、家具设计，开展立体的系统研究。希望未来在这个领域有所拓展。

第三，关注高端的科研、实验类建筑。这是我国未来将大力发展的一个领域。这两年我们完成了东方肝胆医院的肝癌研究中心的设计，近期可以投入运行。现在正在设计上海肿瘤医院临床医学中心的肿瘤研究中心，包括动物实验室和一些特殊标准的实验室。我们希望在此基础上对这一类型建筑开展研究，作为未来发展的着力点。

中国医院建设发展的趋势
专访上海申康医院发展中心原副主任诸葛立荣先生
The Trend of Chinese Healthcare Architecture Development
Interview with Mr.GE Lirong, Former Deputy Director of Shanghai Shen-kang Hospital Development Center

诸葛立荣，高级经济师，上海申康医院发展中心原副主任；历任：上海市质子重离子医院筹建办常务副主任、上海市卫生局规划建设处处长、上海第二医科大学附属仁济医院副院长；兼任：中国医院协会医院建筑系统研究分会主任委员

先后编制上海市卫生"十五"基建规划、上海市市级医院"十一五"、"十二五"基建规划《上海市市级医院基本医疗建设标准指导意见》、《上海市郊区新建三级综合医院建设标准》、《中国医院协会绿色医院运行评价标准》等；筹建完成2004年上海市重大项目一号工程"上海市公共卫生临床中心"建设和2013年上海市政府重点工作"上海市质子重离子医院"建设

【医院建设发展背景】

H+A：中国的医院建设目前处于怎样的历史节点？

诸葛立荣（以下简称"诸葛"）： 2015年3月30日，国务院办公厅发布了《全国医疗卫生服务体系规划纲要（2015-2020）》，这是"十三五"期间，全国医院建设的发展大纲。其中首次在国家层面制定医疗卫生服务体系规划，对未来五年我国医疗卫生服务资源进行了全面规划，是未来医院建设发展趋势的信号。这是国家在政策层面的大政方针。

中国医院未来的建设和发展，要深入贯彻中央关于绿色发展的理念，要按照国家医改精神，以及本地区贯彻国家医改精神和医改实施方案的要求，结合"十三五"国民经济和社会发展规划纲要，以及国家建设资源节约型、环境友好型社会要求来谋划和实施。

H+A：历年来的医改，国家有过哪些政策？

诸葛： 讨论医院建设，首先一定要了解国家在公立医院改革方面的指导精神。

2009年4月，《中共中央、国务院关于深化医药卫生体制改革意见》提出：落实公立医院政府补助政策；形成规范的公立医院政府投入机制。特别强调：严格控制公立医院的建设规模、标准和贷款行为。2010年2月，国家卫生部、中编办、国家发改委、财政部、人保部在《公立医院改革试点指导意见》中特别强调：加强公立医院运行监管，卫生行政部门要加强对公立医院功能定位和发展规划的监管。2011年3月，国务院办公厅在《关于2011年公立医院改革试点工作安排的通知》提出：按照总量控制、结构调整、规模适度的原则，严格控制公立医院建设规模、标准和贷款行为；优化配置公立医院资源。以上这些说明，国家一直在贯彻医改政策，一直在进行改革。

特别是到2014年6月，国家卫生计生委发布特急明电《关于控制公立医院规模过快扩张的紧急通知》，提出四个"严格"：严格控制公立医院床位审批；严格控制公立医院建设标准；严格控制公立医院大型医用设备配置；严格公立医院举债建设。

2015年3月30日，国务院办公厅在《全国医疗卫生服务体系规划纲要（2015-2020）》提出：到2020年，医疗卫生机构床位数控制在每千常住人口6张，公立医院床位标准为每千常住人口3.3张，并作为约束性指标管理（即一定要经过审批批准的）；省办及以上综合性医院床位数一般在1 000张左右，原则上不超过1 500张。现在中国最大的医院，已批准了7 000张床位，这种离谱的发展使政府感到了问题的严峻。

H+A：床位规模方面，国外的情况如何？

诸葛： 美国约翰·霍普金斯医院（简称"JHH"），1879年建院，曾连续21年被评为全美第一医院，该院床位995张，年门急诊人数60.1万（上海有的医院甚至达到了400万）。美国麻省总医院（简称"MGH"），1811年建院，多次全美医院排名第一，该院床位927张，年门急诊人数144万。美国排名前几位医院的床位都不到一千张，可见，并非是床位越多就说明发展越好。

H+A：如何看待绿色医院建设？

诸葛： 随着全球绿色潮流以及我国政府对于建设资源节约型、环境友好型社会的要求，绿色建筑已成为我国建筑发展的新要求。2015年10月，在十八届五中全会上，中央提出五大发展理念，其中的绿色发展理念，具体落实在绿色规划、绿色设计、绿色施工标准，要提高建筑节能标准，推广绿色建筑和建材。绿色医院建设逐渐成为我国医院建设的未来发展趋势。

绿色医院是一个整体概念，涵盖了建筑、医疗和运行。绿色医院包括医院规划、设计、建造过程和技术手段，也包括医患关系及医院管理等软环境的建设，跨越了医院全生命周期。绿色医院的关键是可持续发展，具体表现在绿色、质量、效率三个方面。

H+A：对于绿色医院建设，国内外的发展情况如何？

诸葛： 在绿色建筑评价方面：1990年，英国发布世界上第一个绿色建筑评价标准BREEAM；1995年，美国绿色建筑协会USGBC发布第一版绿色建筑评估系统LEEDTM；2006年，我国颁布《绿色建筑评价标准》GB/50378-2006（由建设部组织制定），并出台了《绿色建筑评价技术细则》和《绿色建筑评价技术细则补充说明》。

在绿色医院建筑评价方面：2003年，美国发布医疗建筑绿色指南GGHC，是世界上第一个医疗建筑绿色评价工具；美国2008年版的《绿色医疗机构指南》分为基本建设和运行管理两个部分；2011年，中国医院协会发布《绿色医院建筑评价标准》，作为协会标准，2012年被纳入住建部国家标准编制任务，已完成，待发布。

此外，国家财政部和住建部在《关于加快推动我国绿色建筑发展的实施意见》（2012年5月）提出：

到 2020 年，绿色建筑占新建建筑比重超过 30%；建筑建造和使用过程的能源资源消耗水平接近或达到现阶段发达国家水平；采用奖励措施，2012 年奖励标准为：二星级绿色建筑 45 元 / 平方米，三星级绿色建筑 80 元 / 平方米。同时，国务院在《绿色建筑行动方案》（国办发 [2013]1 号）提出重点任务：切实抓好新建筑节能工作；大力促进城镇绿色建筑发展；政府投资的国家机关、学校、医院等建筑……自 2014 年起全面执行绿色建筑标准。

【医院建设发展现状】

H+A：中国的医院建设存在哪些问题？

诸葛：十多年来，公立医院建设取得了可喜成绩，但是问题也很多，特别是"十二五"期间，公立医院盲目快速扩张，从补偿性扩张发展为冲动性扩张，从大医院蔓延到市县级医院。此外，医院建设项目急于开工、随意变更设计、扩大规模、提高建设标准、追求豪华装饰、大面积玻璃幕墙，项目管理粗放型，存在"三超"现象（超规模、超标准、超投资）；医院自筹贷款搞建设成风，借债负债运行，医院背上沉重负担，医院资产负债率居高不下，影响公立医院坚持公益性原则；绿色医院建筑的实施和推进缓慢。

H+A：导致这些问题的原因有哪些？

诸葛：有主观的原因，如：政府监管缺失，缺乏刚性的区域卫生规划和医疗机构设置规划；政府对公立医院投入不足；社会医疗需求不断增长，缺乏有效的分级医疗政策引导。也有客观的原因，如：医院攀比、补偿、追求床位规模、竞相购置大型设备等粗放式扩张发展；医院建设粗放型管理，缺乏有效管理制度和机制；绿色医院建筑评价标准（国家标准）尚未发布，缺乏相关配套的支持政策，影响医院推进实施。

H+A：申康医院发展中心在上海的医院建设发展方面起到重要作用，可否谈谈这方面的工作？

诸葛：2005 年 9 月，作为政府办医的主体，申康医院发展中心（以下简称"申康"）成立，是上海管办正式分离的改革探索。成立后，马上投入公立医院的发展规划建设。在基本建设上，制定了一系列的规划和标准，包括：区域卫生规划（2001-2010,2011-2015）；医疗机构设置规划（2011-2015）；市级医院基本建设规划（2006-2010,2011-2015）；市级医院基本医疗建设标准指导意见（2006）；郊区新建三级综合医院建设标准（2009）等。这些规划、标准成为上海市医院基本建设项目立项审批的依据，为医院基本建设标准化管理奠定了基础。

H+A：可否谈谈申康制定的医院建设标准？

诸葛：2006 年时我们只有 1996 年的标准，医院建设发展没有了依据，因此申康在 2006 年编制了《市级医院基本医疗建设标准指导意见（2006）》，得到通过，并得到了国家卫生部的认可。上海的"十一五"医院建设和医院审批项目都按这个标准执行，医院建

设有了依据和约束。

这一标准涵盖了很多内容，举例来说，对于建筑面积，1996 年的床均建筑面积标准是 62 平方米，2006 年变为 120 平方米。对于造价，当时造价从 4 000 到 7 000 不等，2006 年的标准统一为 5 500 元 / 平方米，2008 年改为 6100 元 / 平方米，2014 年是 7 200 元 / 平方米，申康一直密切关注市场，在医院建设中不断调整造价标准，采取联动机制，经过专家、建筑师、造价师和政府部门的共同论证，通过后才执行。对于节能设计，申康和同济大学做了联合课题，提出六条节能原则：应选用节能环保的内外墙材料；应选用节能型空调系统；手术室等部分区域提供特殊空调供应模式；尽可能利用自然采光，选用高效节能灯具；能源供应应减少损耗因素，设置分级电表；提倡采用分布式供能系统、太阳能、水源热泵等节能设施。这些都是 2006 年时制定的标准。

2009 年，市委市政府提出要在每个郊区建一个三级医院，使得优质医疗资源均衡化。申康制定了《郊区新建三级综合医院建设标准（2009）》，对于上海郊区新建三级医院实施标准化建设，做到了统一规划、统一设计、统一规模、统一投资。经过三年建设，2012 年 12 月，郊区 9 家三级综合医院顺利开业。

H+A：除了建设标准，可否谈谈申康在监管方面的措施和成效？

诸葛：举例来说，医院增加床位首先都要通过申康的审核，同意后卫生行政部门才会审批。审核就是监管，就是按照我们的规划来监管发展。发展需要适度，申康在公立医院建设方面不断地加强管理、加强监管，取得了非常大的成效，有着很强的约束机制。到 2013 年，上海没有一家医院超过两千张床位，就是因为申康在不断地控制规模。

不仅在前期，建设完成后，申康也继续加强管理，开展项目建设的后评估工作。对竣工投入使用的项目，开展绩效评价，对建设内容、功能设置、质量安全、投资管理、公告效益、运行效益等方面进行全面综合考评；制订统一绩效评价标准，委托社会中介机构进行评价，运用评价结果；通过对项目的社会、经济、环境等综合效益，以及合规性、合理性有效评判，促进医院进一步提高项目决策、管理和建设水平。

此外，申康也进行了很多课题研究，例如：医院基本医疗建设标准研究、医院节能降耗研究（与同济大学合作）、医院建设政府投入政策研究、医院项目建设成本与运行成本分析研究、医院建设项目后评估研究、医院项目管理预警预测研究（与市检察院合作）等。

H+A：是否有印象深刻的医院建设案例？

诸葛：印象比较深的，是上海市第六人民医院的门诊医技综合楼项目。建设规模 83 000m²，批准投资 52 000 万元，建成后，不但没有超投资，还节约了 200 万元。上海的医院建设实行代建制管理，由上海市卫生基建管理中心来代建，整个建设期间，由申康

对各方面进行代建管理。这个项目的投资控制、建设质量，包括建筑节能和建成后的运行，各方面都是非常好的，是一个比较重要的典型案例。

通过我们的一系列管理，上海没有一家医院超大规模建设，总体得到了很好的发展。市领导曾让我用一句话表述上海各医院建设发展的变化和成绩，我的回答是：上海"十五"的医院建设规模、投资、政府财力的投入，超过了过去五十年，上海"十一五"的医院建设规模、投资、政府财力的投入，超过了过去五十五年。上海多年来的建设如此大量快速但没有奢华，老百姓的就医环境得到了明显改善，这方面申康做了大量工作。这些都要归功于上海市委市政府对上海医院改革的大力支持和不断探索。

【医院建设发展趋势】

H+A：未来，全国及上海地区有何发展计划？

诸葛：发展是硬道理，发展是一定的。尽管国家要控制公立医院发展的规模，但是公立医院的建设发展还是不受影响，政府还是要支持的。然而，医疗卫生建设的发展不会像过去那样过度扩张。

未来医院的建设发展会强调绿色化和标准化。对于绿色化，关键是绿色质量和效率，同时，人性化的设计理念是医院设计的核心。对于标准化，建设要严格按照标准，并且要一直根据市场化情况做调整。此外，特别需要强调的是分级医疗。

"十三五"期间，上海会继续围绕医疗服务、临床医学中心，开展一些建设。这方面的发展可能和过去不同，未来的建设目标是，使上海的某些医院在某一个临床医疗方面特别突出，为其配备专门的临床医疗中心，在设计、布局、流程上可能都会有新的变化。这个医院某一个病种的床位可能只有四五百张，但是它在这方面的临床医疗水平是上海最好的。同时，希望这个中心能够采取一体化建设，就是门诊、急诊、病房、医技检查都在里面，提供全套服务。这样的一体化建筑设计在未来是一个发展趋势。当然，要以坚实的建设标准为基础，坚持规划先行、严格控制标准、加强建设管理。

H+A：在当下不断推进的医疗体制改革下，医疗建筑未来有怎样的发展趋势？

诸葛：概括起来，有这样四个趋势：强化政府责任，强化医院责任，推进绿色医院建设，实施医院建设标准化。公立医院基本建设的标准化管理，应对造价标准、建设规模等按批准的投资计划，实行限额设计，强化投资监理，严格变更设计管理，实行动态监管，控制规模，控制投资，全面实现质量安全、规模、投资控制目标。

未来公立医院建设发展趋势，必须把握医院发展方向，坚持科学发展，绿色发展，调结构、转机制，医院从追求规模向注重内涵质量转变，使医院建设理性发展。同时，需要政府、医院、设计方等共同努力，实现医院建设绿色低碳发展和标准化管理。

医院建设项目管理的改革与创新
专访上海市卫生基建管理中心主任张建忠
Reform and Innovation of Healthcare Architecture Project Management
Interview with Mr.ZHANG Jianzhong,Director of Shanghai Health Infrastructure Management Center

张建忠，上海市卫生基建管理中心主任，高级经济师，国家注册监理工程师，英国皇家特许测量师，中国医院协会医院建筑研究副主任委员兼秘书长，上海市城乡建设和交通委员会科学技术委员会委员，上海绿色建筑与节能专业委员会委员，上海市建设工程咨询行业协会理事、项目管理专业委员会副主任，美国国际成本工程协会会员，上海市建设工程评标专家，上海市政府采购评审专家；现任上海市卫生基建管理中心主任、上海市卫生建设工程管理所所长

【现状与趋势】

H+A: 当下医疗建筑发展迅猛，您如何定义当下的医疗建筑？它包括哪些类型？

张建忠（以下简称"张"）： 现代医疗建筑已不再是单纯为了满足人们看病就医的单一需要，而是被赋予许多新的内涵，包括"为病人家属的等候提供条件、为医护人员的诊治改善环境、根据医院功能需求，改变医院空间调整，达到更新、更合理的平衡"。这些需求理念的提出，给医院建筑设计带来极大的挑战。医院建设项目不同于一般的民用建设项目，作为具有较强专业性的公共建筑，使医院建设的工程项目的前期准备工作较之其他工程有其独特和独到之处。根据《医疗机构基本标准（试行）》，医院大致可分为中医类医院、综合性医院、专科医院和妇儿类医院。

H+A: 能否谈谈中国医疗建筑的建设与使用现状？

张： 随着我国国民经济的快速发展，医疗卫生事业取得了长足进步。近十余年来，我国医院基本建设进入到一个快速发展时期，一大批医院改建、扩建、迁建和整体兴建项目正在规划和建设中。以上海市为例，仅"十五"期间市级医院建设项目总投资的金额就超过了之前五十年的总和，极大改善了老百姓的就医条

件和环境，同时，也提升了上海作为国际大都市的国际地位。

H+A: 在您看来在当下不断推进的医疗体制改革下，医疗建筑未来有怎样的发展趋势和目标？

张： 紧紧围绕把上海建成"四个中心"、具有全球影响力的科技创新中心、社会主义现代化国际大都市和亚洲医学中心城市的总体目标，深刻领会新一轮医疗卫生体制改革的精神，牢牢把握市级公立医院创新驱动发展的重要战略机遇，坚持公益办医，立足目标导向、问题导向和需求导向，更加注重科技内涵和以人为本，加快适应全球医学科技发展与竞争新趋势，以提高专科临床诊疗能力、研究创新能力、病患服务能力为重点，进一步推进市级医院基本建设，推动市级医院提供更高医疗水平、更全医疗服务和建设更具影响力的医学科技高地，充分发挥市级医院在疑难危重病症的诊治、公共卫生疾病的防控、临床研究和临床科技创新等方面的骨干和引领作用。

以临床科技创新为导向，以打造国内一流、国际先进学科为目标，重点建成一批高效便捷、功能完善、绿色智能、凸显三级医院专科服务特色与诊疗水平、符合现代研究型医院发展方向的临床诊疗中心项目。进一步完善基本业务设施，优化教研服务环境，全面提升市级医院的医疗服务水平和科技创新能力，推动上海亚洲医学中心和科创中心的建设。

H+A: 医疗产业化（外资、保险公司、民营资本）的影响？

张： 我们国家医疗是以公益为主，所以我认为将来的医疗产业化后，要解决大多数人的公益性问题可能还是主要由公立医院来承担。我个人认为是以公立医院为主，多种社会资本投资互补来解决医疗市场的需求。我国的经济总量占全世界第2位，但是我们在医疗上投入占GDP的比重可能在世界排名前八位的国家里是最小的一位数。从量上的分析来说，我们还是要以公益为主导去解决大多数人的就业问题。

有许多特殊的人群可能要有特殊的服务，外资民营企业肯定能解决一部分，但公立医院也应当承担。

我们国家在金融上，从银行到保险还有很大的发展空间，我们做得还不够发达，需要努力去做。

H+A: 医疗机构运营模式的改变？

张： 通过原来的医保改革后，许多疑难杂症任务都是由大城市的三甲医院承担，因此，需要接待大规模的人流量，于是就会出现看病难、看病贵的问题。可能处在我们这个国家，到医院看病是很特别的，每个人生病都要找最好的医院、找最好的医生和做最好的治疗、而且提供这类服务后，不是消费者去决定怎样做医疗消费，而是由医院根据经验来判定你应该怎么治疗，怎么用药这样的一个状态。我们会通过医疗机构的改革去面对和解决这些问题。医疗的改革也一直在努力去做。

如何建设好医院这一类政府主导的大型公共建设项目，实现医院建设项目管理的科学化、规范化、精细化和专业化是投资主体、建设主体、使用主体和相关行政主管部门特别关注的问题。上海市通过十几年70余项医院建设规划项目的探索和总结，在医院建设项目管理上积累了丰富的经验与教训。在业主方的项目管理模式中通过采取"代建制"的管理模式，使一大批市级医院建设项目成功实现了缩短建设工期、保证建造质量、控制工程成本、提高投资效率、实施过程安全、建设者廉洁自律的建设目标，培育出一批以上海申康卫生基建管理有限公司为代表、专门为医院工程建设项目提供服务的专业公司。

H+A: 老龄化社会的影响下，有哪些医疗和养生的发展需求？相互的关系如何？

张： 上海养老问题比较突出，60岁以上人群超过30%。"十三五"第一个项目就是建设上海老年医学中心。项目标准概念是要达到七位一体，它不单单是一个医院，同时也要解决医疗、科研、教育、公共卫生、康复、护理、老年病等，通过这些标准来提升我们社会对老龄化服务的方式方法。我们将在探索中实践，在全国也没有一个真正意义上的老年医院，我们上海在这方面走在前面，可能比较领先。

H+A: 国外有哪些可借鉴的先进经验?

张: 我们也会去国外参观考察。看了许多国外的医疗建筑,印象最为深刻的是国外的医院已经建了五十年或更久,但至今走进去依然是座现代化的医院。这给作为建设者的我们提出了一个思考内容,为什么中国许多九十年代中期才建成的项目要拆掉?即使改造也需要花费很多的钱去折腾,并且也达不到现在所需要的这个功能。作为建设者,我们一直在思考:为什么这两者之间会有这么大的差异?

国外的许多理念、做法和经验是值得我们去学习借鉴,但是最主要的不是照搬照抄,而是要本土化。需要把国外学到的经验与解决问题的思路和方法,与中国的实际相结合,以适合中国国情的方式方法来解决中国的问题。这样就能够有提升,国内在此方面的积累有限,国内外遇到的问题可以用不同的方式解决。我个人感觉应该需要借鉴别人好的技术,包括我们在对外交流,向比较发达的国家去做这方面的引进。更可以一起探讨,作为生产发展中的一种动力。

【设计提升价值】

H+A: 您理想中的医疗建筑是什么样的? 可否介绍一些印象深刻的案例?

张: 提升设计的价值,这个非常重要。因为许多建设者都不是学建筑专业的,他们对医疗功能的想法、医疗建筑的设计,是需要通过设计师转变成一个现实的医院才能够运行,设计师在这个中间起了很大的作用。设计院,设计师是一个团队,需要有一个总体的策划来推进医院的建设,而不是照搬照抄某些东西。每所医院都有不同的特色学科,每所医院的管理模式都不一样,所以说设计师要提升价值的工作方面有很多。我们也可以看到工业产品与我们建筑产品的差距。工业产品浪费的耗量是比较低的,而我们建筑产品的浪费包括许多不到位,比工业产品高得多。建筑师要去提升价值,不但是要在设计图纸上与设计师去作沟通,还要在实施上进行沟通,使我们真正能够把医院建筑产品的价值发挥到极致,得到更大的提升。

H+A: 如何通过设计的力量,一个好的医疗建筑,会产生哪些更大的效应?

张: 我认为应当坚持以人为本。医院的基本建设应主动适应经济社会发展,包括人口老龄化、疾病谱改变、

健康需求增长、互联网信息技术和科技进步带来的诊疗模式变化,努力满足老百姓多层次、多样化的医疗卫生需求,不断改善患者的就医条件和医务人员的工作环境。应当突出以疾病为纽带、以患者为中心,做到功能集约整合、布局流线清晰、空间布置舒适、资源利用充分、建筑运行高效。

H+A: 功能方面,哪些方面还需要完善?与国外比,有哪些差异?

张: 医疗建筑是一个非常专业的建设学科,它有很大的跨界理念,我们提到了要有建筑学、医学、工程学、现代技术科学信息等都体现在这个里面,它们的关联程度需要研究透彻。特别是新建医院。每个人都到过医院,可能医院进去后就不知道自己的如何走,到哪里去,熟悉程度不够。需要建筑师和医院管理者、使用者互相沟通,把医疗功能、诊疗流程、内部安置,包括设施设备等有关联性东西都做好。

医疗建筑需要体现层次性,需要对整体规划定位,卫生区域不但需要规划定位,还需把医院发展的定位确定;需要把部门区域划分,并且要把每个功能之间的关联要划分;需要把科室的服务业务动向明确;室内立面上所有的策划需定位。

在德国访问时,我们去看了西门子制造的CT机,下订单的时候它就开始落伍了,同样道理如果我们医院建完以后没有一个能调整的余量,那么它就开始落后了。如果学科刚起步就有超前意识,就面临用多学科的思维去考虑,包括我们经济发展以后对人文的关怀等,这都需要加以综合去考虑,这就是特殊性。

H+A: 对于医疗建筑,在人性化设计、绿色、可持续、智慧化等方面的衡量标准与使用要求?

张: 刚才也提到了一个多变性。我们建医院不是为了好看,是要实用。实用的前提是要随着医疗功能的变化,医院建筑也要达到一个新的变化。为什么国外能达到而我们还未达到,可能是由于我们对建设的标准、包括前瞻性的思考、今后学科发展的趋势,都需要有一个探索研究。需要有这样一个团队研究完以后,国内建设的现代化医院才有可能与国外相接近。

循证设计,来源就是循证医疗,医疗方面已经在反反复复精细化;同时我们也要考虑绿色医院的建设和新的技术的应用,包括BIM技术、能够解决功

能的模拟及管线的碰撞等;还有大数据和互联网来对现代医疗的推动和自动化都要思考。规整起来我们要思考的就是对医疗建筑的安全性、人性化、功能与空间,包括物理环境与效能,都要综合去考虑,使之更有利于我们去发展。

【发展计划】

H+A: 可否谈谈您所在的医疗机构有何发展计划?

张: 据统计,在2014年9月的全国卫生医疗机构统计中,全国的医疗机构一共有98.2万个,其中三甲医院只有1 875个,属于比较少。市级医院"十三五"基本建设应加强建设管理,严格控制规模和投资,确保工程安全和质量优秀,以人性化服务为理念,以信息化管理为支撑,突出公共卫生疾病防治与突发事件的应对、急危重症、疑难复杂疾病诊疗的功能定位,确保三级医院发展目标的实现。

H+A: 未来,全国及上海地区医疗建设有何发展计划?

张: 根据上海市经济社会和卫生事业发展总体目标、区域卫生规划、医疗机构设置规划的要求,结合项目功能定位、建设目标、建设用地、床位规模、规划控详指标、周边条件等情况,对项目的必要性、可行性进行综合分析。经现场调研和专家论证,重点聚焦一体化临床诊疗中心建设项目。继续加强公共卫生疾病防控和应急设施、科研用房、基本医疗服务设施建设项目,形成规划项目28个,总建筑规模约106万 m²,总投资约95.8亿元。

上海市也制定了"十三五"规划发展目标。规划的总体思路是在医疗上要建成一个亚洲医学中心的总体目标。我们将会对人口老龄化疾病,包括健康需求和互联网等方面作一系列的推进。在建筑上希望有更多的提高和应用,包括我们在发展中有许多新的理念,包括布局、适度领先,使我们的建设在整个全生命周期内,使它的效率得到最大化。

营造医疗建筑的治愈空间
专访华山医院副院长靳建平
Creating Healing Space of Healthcare Architecture
Interview with Mr.JIN Jianping, Vice-president of Huashan Hospital

靳建平，复旦大学附属华山医院副院长、院纪委委员，上海市医药卫生青联委员，上海市医院协会院办专委会副主任委员，上海市医学会视听教育技术专委会委员，曾荣获2014年度明治生命科学（管理）奖、中国2010上海世博会特别支持奖、上海电视新闻中心优秀特约记者、上海市医院协会专业委员会先进个人等荣誉称号

【现状与趋势】

H+A：能否谈谈华山医院的建设与使用现状？

靳：华山医院已建好的院区有三个：乌鲁木齐中路12号的本部，东院，北院，此外还有江苏路分部。目前正在建造的虹桥医学中心包含我们的西院，今年六七月份封顶。本部有一幢一百多年历史的优秀历史保护建筑，其他大部分是从20世纪六七十年代陆续建造的。

我认为，现代的医院建筑应该具备智能化，绿色环保，功能可以有机生长。这样看，目前华山医院的建筑相对来说可能还是比较传统，建设中的西院建筑或许会好些。当然，医院的建筑呈现与造价有关。现在国家规定公立医院建筑造价基本在8 000元每平方米左右，如果采用先进的设计理念，造价会更高。在这种情况下就算设计师或者业主有一些设计想法，也很难落实。我认为这是影响当前医院建筑发展的一个非常重要的因素，国外基本是以实际需求出发决定造价。

我国医疗建筑存在一个很大的问题是参差不齐。像华山医院有着一百年、五十年、三十年、二十年、十年的建筑，它们的功能都不一样。如果要真正符合可持续的长期有效使用，就需要总盘考虑，将它们有机整合。国外从开始设计时，就把各方面甚至未来发展趋势都考虑到了，所以国外的建筑一用就是一百年，我们的建筑过了三十年、二十年甚至十年就要改造。现在常会遇到这些问题，比如医院建筑是24小时运转的，各种管道、

隐蔽工程都要经久耐用，材料一定要用最好的，但因为资金有限，用材一般，我的医院建筑翻修率很高，造成了不必要的浪费；又比如因为开始设计时缺乏前瞻性，而事后的随意性改动也比较大，也导致了资源的浪费，例如空调等系统的故障频发等。

H+A：在当下不断推进的医疗体制改革下，医疗建筑未来的发展趋势和目标？

靳：对于医院建筑的设计理念和发展趋势，我认为有两方面：一方面，是从患者的体验来考虑的，追求人性化的空间，要有利于患者的治疗；另一方面，要有利于医务人员开展医疗活动，要符合医疗的流程要求，包括杜绝感染这些基本的安全性要求，医院使用的建材和物品也应该具备安全性、舒适性和便利性。而这两者的最佳结合点，就是未来建筑的一个方向，不能单纯从绿色、环保这些角度来考虑。医疗建筑的根本是为人服务，这方面的理念要加强。

H+A：医疗产业化（外资、保险公司、民营资本）有何影响？

靳：医疗资源是稀缺的。医院快速扩张以后，会受到人力、时间、费用等各种因素的制约，资金不够就不精，时间不够就不细。所以我相信，外资办医、社会办医在未来会有一定的发展，因为资本驱动，医疗建筑会越来越和国际接轨。这对公立医院也是挑战。

医疗产业化会带来差异化竞争。但是这方面的发展会和国家总体医改方向吻合，病人就这些需求量，如何分配比重，是由国家的总体规划而定的。我认为将来也会像国外一样，政府保基本医疗，真正高端的商业保险则通过市场化来调节，市场来决定医疗需求，

这个趋势很明显。但是还有相当长的过程要走，毕竟国情不同。

H+A：国外有哪些可借鉴的先进经验？

靳：比如在流程方面，国外是先看流程再设计，突出日后的使用功能。我参观过一家法国医院，一进到急诊就是接诊分流，所有的患者都在接待台分流，然后有两条走廊，一条走廊全部是内科，另一条全部是外科，外科尽头有一个ICU（Intensive Care Unit的缩写，即重症加强护理病房），ICU如果要马上急诊开刀，二楼就是手术室，手术做好直接下来，把急诊的流程都设计好了。医疗建筑的特点决定了流程要非常便捷、合理、科学。这方面，国内在地区之间、医院之间的差异性非常大。我们对急诊、门诊、病房的流程没有一个结合现在医疗特点的统一模式，好像每家医院的急诊、门诊流程都不一样。

【设计提升价值】

H+A：您理想中的医疗建筑是什么样的？

靳：我理想中的医疗建筑在功能的体验感上应该做得非常细腻，也就是所说的人性化，是具有治愈作用的空间。包括有方方面面的考虑，进入医院大堂，感觉开阔；到了电梯间，空间宽敞，平稳舒适；进入病房，光线比较通透，走廊也比较宽敞，有个性化的环境布置；在护士台沟通方便；诊室有适合的光线；楼层层高感觉宜人；洗手间有良好的安全性和功能性，设置防滑、扶手、报警系统；氧气阀、床头灯、呼叫铃、特需病房里电视机的选择、围帘窗帘的颜色和安全性、地板的用材，所有这些细节我认为都需要周详考虑。

1. 华山医院东院
2. 华山医院红会老楼
3. 华山医院临床医学中心
4. 华山医院本部
5. 华山医院北院

H+A：如何实现一个好的医疗建筑？

靳：不同类型的医疗设施有其共性，要使设计有利于病人的治疗。特别是急诊，要有利于病人的抢救，门诊要有利于患者的就诊，住院空间要有利于患者的治愈。这些是技术层面。

在态度层面，要实现一个好的医疗建筑，我认为顶层设计非常重要。建筑师要对医院、对患者、对医务人员有一份责任心，对具体的细节要用心细心，在过程中要有一定的创新。真正好的建筑要结合几个因素，需要很细致的考虑：业主的需求要明确；建筑师的经验和理念要先进；照顾使用者的感受，包括医务人员和患者；硬件条件要好，但并非绝对，硬件不足可以软件补。好的作品是多方共同努力的结果。

在操作层面，应该要充分调研，充分沟通，我认为这个非常重要，把需求搞清楚，只有这样才能把建筑当成自己的作品来做，而不是当成一个任务来完成。如果前期的设计沟通不到位，后面的问题会很多。

医院建筑功能多元，包括医疗、医技、行政、后勤等等。医院设计是有难度的，有很多琐碎的考虑。做好这些需要双方有充分的沟通，作为业主，我们对每一部分也会提出不同的需求，我们也会去好的医院调研。我希望建筑师有充分的时间跟院方沟通，院方有充分的时间带着他和医务人员及每个科室进行交流。仅仅依靠过往的经验做设计或许对品质有基本的保障，但是要达到治愈空间这样一个高标准的理念，还是不够的。

这次建造华山医院本部综合楼，我们要开患者座谈会，听听患者对设计方案的建议，有些可能医务人员和设计师都没考虑到。比如未来在地下一层的食堂，会跟花园对接，如何让流程更合理，如何设计绿

化，如何获得舒适的就餐感受，这些需要建筑师、院方、患者共同根据需求和经验进行很好的沟通。当建筑师的基本能力过硬，经验过硬，并且了解当今世界最先进的医院建筑设计理念和标准，然后充分和业主、患者沟通交流，结合各方面的硬件条件，双方一定能够碰撞出很好的作品。

H+A：对于医疗建筑，在人性化设计、绿色、可持续、智慧化等方面的衡量标准与使用要求有哪些？

靳：这些是理想的现代化建筑的特点。对于智能化，像病房门禁系统、技防监控系统、闭路设计等，是当下的发展趋势。但经验证明，有些智能化设备是好用的，有些是不好用的，我认为智能化要结合中国实际。国外经过很多年的积累，做得比较规范，我们刚刚起步。对于绿色节能，我认为"绿色"包含两个方面：一方面是选用的材料、设施、设备都要环保，这对治愈是有作用的；另一方面是空间给人的感受应有利于治疗，要通过各个层面的设计达到这一目标。

其中，对于节能设施设备的采用，有值得商榷的地方。太阳能热水是节能的，但是水温会不稳定；节能灯是节能的，但是不同的区域应采用不同类型的节能灯具，这样就更绿色、更环保。对此，我认为有两个选择维度，一个是病人的、治愈的角度；另一个是医院、管理方、医务人员合理性、科学性的角度。

H+A：对于既有医院改造，有哪些改扩建策略？

靳：医院的改扩建跟投资方有关，好的投资方考虑的不是短期效益，而是长期使用，不仅考虑现阶段的问题，还会考虑未来的发展趋势。改扩建要有系统性、连贯性、前瞻性。

对于老医院的改扩建，安全性是很重要的问题。我们即将改扩建的综合楼，地上20层，地下3层，有很大的建造难度，一方面基地面积非常小，跟原来建筑的衔接也很难，另一方面周边有居民，这些都对改扩建提出了更高的要求，将来的施工难度非常大。

除了安全性，还要考虑新老建筑的协调性和相互的关系，包括功能和外观。此外，要有好的交通设计，流程合理，要能够缓解现有的交通压力，还要处理好外部环境，要融为一体。

【发展计划】

H+A：可否谈谈，您所在的医疗机构有何发展计划？

靳：华山医院的未来发展会采取全面布局、各园区差异化定位，各院区占地总和约400亩，床位总和约3 500张。本部主要定位是疑难杂症，东院是国际医疗，北院是基本医疗，西院预计明年下半年可以运行，主要是特色专科，包括神经内、外科、皮肤科等，形成大特色小综合。

H+A：未来，全国及上海地区医疗建设有何发展计划？

靳：我认为未来有两个趋势：一方面，经过"十一五""十二五"建设，基本上公立医院的建设量已近饱和，接下来的增量建设，大部分会来自民营医院、社会办医、外资医院，这一发展趋势可以引领中国医疗建筑跟国际接轨，是实现国际化的一个很好的契机。

另一方面，对于公立医院，建设的发展会更集中于既有建筑的改造，建筑师可以在这方面多加关注，这是未来医疗建筑设计市场的一个巨大空间。但是如何实现完善的老医院建筑改扩建，可能会比新建难度更大。未来的十年或者二十年医疗建筑的设计空间在这里。

优秀建筑是双方的火花碰撞
专访中山医院院长助理张群仁
Excellent Architecture is A Collision Spark of Opposites
Interview with ZHANG Qunren, Dean Assistant of Zhongshan Hospital

张群仁，复旦大学附属中山医院院长助理，总务处处长，获得上海市重点工程实事立功竞赛优秀组织者，上海市卫计委先进工作者，上海市节能先进个人，中山医院优秀管理工作者，中山医院优秀党员等各类荣誉奖项；近十余年来就本职管理工作和专业理论方面分别撰写了 20 余篇论文，在各类医院后勤管理文刊、文化论坛上刊登。社会主要兼职包括中国医院协会医院建筑系统研究会建筑专业委员会常委，中国医院协会医院后勤管理专业委员会委员，上海市医院卫生系统后勤管理协会副理事长

【现状与趋势】

H+A：当下医疗建筑发展迅猛，您如何定义当下的医疗建筑？它包括哪些类型？

张群仁（以下简称"张"）： 医院建筑是专业性、综合性较强的公共建筑，一般包括教学型综合医院、综合性医院、专科医院、公共卫生中心、康复医疗等建筑类型。

根据"十三五"规划，上海要建立老年医学中心，其建设规模要达到 800 个老年医学床位、200 个老年康复床位，起到引领作用，建设发展老年和妇幼医院，也是适应国家城市发展的需求。

H+A：能否谈谈中国医疗建筑的建设与使用现状？

张： 我们是人口大国，一直保持世界人口较大的比例，医疗资源也相对缺乏。从"十一五、十二五、十三五"这 3 个"五年计划"中，政府很重视，也给了医院发展很多支持和政策，所以我们在 3 个"五年"中，医院建筑也得到了突飞猛进的发展，可以说还了我们前面几十年医院硬件建设方面缺乏的"债"。总体而言，行业现状比以前好很多，也正朝着国外医疗建筑的目标在发展。

H+A：在您看来在当下不断推进的医疗体制改革下，医疗建筑未来的发展趋势和目标？

张： 当下，国家的政策是对综合性公立医院的规模进行限制，按照国家医改政策，进行分级诊疗制度。优质的医疗资源都集中在大型的综合医院，对于一、二级医院来说，医院的资源闲置比较多，需要调整。

未来的医院建筑在流程设计上要变得更加合理，在临床实践过程中，综合医院的门急诊、医技、住院、保障用房这样传统的布局在今天教学型综合医院的建筑规模达到二三十万平方米之上时，医技和保障用房集中在一个点上，流线距离之长会给病人带来不便，所以要从医疗建筑流程上考虑采用医技科室多点的服务方式，医院建筑的设计需要考虑的问题——尽量缩短病人的就诊流程（门诊与医技、住院与医技距离、外科病房与手术、考虑日间病部设置、康复病房），考虑机器人物流小车、轨道传输、气动传输等，要留有平行和垂直的空间。此外，也要提升医院建筑的安全性，同时对于现在的医院来说，还要考虑绿色建筑的成本。

我个人对医院建筑的综合因素考量与建设目标，要从文化内涵、规划、设计、用材、质量等方面，建设永久性建筑，今天打造医院建筑，50 年后要成为历史保护建筑，这也是医疗资源蕴涵着的最大效应。

H+A：国外有哪些可借鉴的先进经验？

张： 行遍世界各地的众多医院，说实话，我们国家医院建筑的设计，基本与先进国家的医疗建筑、设备设施接轨，色调也已趋向国际化。在设计方面，空间布局和空间合理安排有待于提高，我们的建设投入有限，医院建筑建造过程中很多地方做得不精细，材料选择上不耐久，要真正地借鉴国外先进经验，这些问题都有待于研究。

【设计提升价值】

H+A：您理想中的医疗建筑是什么样的？可否介绍一些印象深刻的案例？

张： 理想中的医疗建筑要需达到三点：花园多点、楼与楼之间有廊道联系、建筑高度不能太高。对于我们中山医院来说，这三点大概能做到一点，就是楼与楼之间有廊连起来。

我觉得医疗建筑最重要的一个特点是，楼宇层高要有适当的高度。医院是特定的建筑，对于长期躺在床上的病人来说，层高低会感到压抑；很多病房都是几个人一间，如果层高低、通风不畅，会有异味；现在的病房有许多设施布线需要从顶端通过，所以也必须留下足够的空间高度来预留管线的位置。

在美国有很多令我印象深刻的医院，比如有直接建在马路边上的医院，可以通过很好的设计手法来进行内庭院的表现。每一家医院的标识和告知都做得非常到位，使病人可以很清晰的到达某个地方。有些美国的医院建筑高度都不高，如果以后有条件，希望我们国家在建老年医院的时候，建筑可以建得低点。

H+A：一个好的医疗建筑，会产生哪些更大的效应？

张： 好的设计师就像好的医生一样，高手设计出来的东西，体现的价值有两个方面，其一是为设计院提升价值；其二，为医院的建设产生的附加值也可以计算出来，有数据支持。好的建筑师设计的医疗流程合理，在空间有限的情况下，也能合理优化医疗流程，便于病人就诊和医疗工作开展。同等的投资，它所产生的附加值增大，这也证明了一个好的设计师的重要性。

H+A：对于医疗建筑，在人性化设计、绿色、可持续、智慧化等方面的衡量标准与使用要求？

张： 我国的建筑学设计技术水平在国际上属于先进，但要在设计中，考虑到未来发展的可能性，要深度了

1. 中山东院区正门
2. 中山杂交手术室
3. 中山停机坪
4. 中山像
5. 中山补液室
6. 中山西院区门诊大厅

解医院学科发展的趋势，这个医院未来的发展特色是什么，在医院建筑规划设计中，考虑人性化、绿色、可持续、智慧化等要素，量力而行。作为医院方要全盘考虑，要深度和设计院进行前期交流，有了精准的定位，才能更精准地打造医院。

H+A：对于不同类型的医院有哪些不同的设计需求？

张： 作为教学型综合医院，承担国家和大学的教学培训的任务，需要示教室、模拟教室、学术交流会场等教学空间的设计；有科研任务的医院，需要建设研究所、实验室等空间。所以就中山医院来说，有医疗、科研、教学等功能，这些建筑都需要根据其不同功能按专业规范要求进行设计。

H+A：如何看待"千院一面"的设计风格？

张： 这是根据医院方的认识而形成的，医院相关负责人本身对建筑设计要有一定的感悟，结合医疗功能定位与要求，依据医院的门急诊量、床位数、地形物理条件等要求来设计，从建筑形态上符合既要功能要求，做出一个地标性的优秀建筑，也是医院和设计院双方合作与灵感火花的碰撞的结晶。反之就是模块式的套用，"千院一面"的风格。

【 发展计划 】

H+A：对于既有医院改造，有哪些改扩建策略？

张： 中山医院的策略是逐步把不同时期的建筑尽量提升。20 世纪 30 年代已经列入保护建筑范围的建筑进行修缮；20 世纪 50 年代的建筑进行拆除或改造；20 世纪 80 年代的建筑进行改造，通过改造做到和现代的新建筑在功能和整体形象上相协调。

比如我们的内科大楼是 20 世纪 30 年代的建筑，被列为上海市保护建筑，在大修这栋楼时，我们采取修旧如旧的策略，尽量把它恢复到原来的建筑风格，

对于保护建筑，我们只做加法。对于新建的，在达到现有规范的前提下，将它打造成可以变为 50 年后的保护建筑的目标。对于那些不是保留也不是新建的建筑，在改造过程中，通过设计手法，把其改造到今后不落伍的状况。流程的改造是不影响结构的情况下，尽量满足学科建设和病人的需求。整个中山医院在 15 年的时间里，建立了 1.2km 的连廊，把所有大楼都连接起来，里面布有空调，并有观赏环境的功能。

H+A：对于中医或养生，医院在文化策划方面有何考虑？对相应的建筑及空间环境方面有何需求？

张： 养生其实是比较超前的概念，应该是下一阶段的事。在综合医院中不可能分配到这么多资源，但在建老年医院时，应该考虑养生的环节。在目前医院的条件下，努力打造一个安静、庭院绿化、优美舒适的整体环境。

说到医院的文化如何在建筑中体现，我觉得是应该在各个环节中去创造文化的气息。中山医院在新建的建筑中逐步将原有建筑文化的传承延续下来，歇山屋顶、学院派的廊等这些民族建筑风格和新古典主义的符号，结合到医院文化建设内涵中。建筑文化是从内涵到外延的展现。

H+A：可否谈谈您所在的医疗机构有何发展计划？

张： 医院发展要按照重点学科发展，以及根据"疾病谱"的改变而做计划。作为承担国家医疗任务的公立医院，"十三五"期间，中山医院的发展计划是"上海市老年医学中心""临床转化医学中心"的建设。

阮利华，上海中智医疗器械有限公司
医疗设备事业部总经理

与时俱进的医疗建筑设计
专访上海中智医疗器械有限公司医疗设备事业部总经理阮利华

Healthcare Architecture Design to Keep Pace with Times
Interview with RUAN Lihua, Manager of Shanghai Zhongzhi Medical Equipment Co., Ltd.

【现状与趋势】

H+A：当下医疗建筑发展迅猛，您如何定义当下的医疗建筑？

阮利华（以下简称"阮"）： 在医疗圈以外的人看来，医疗可能是一个相对独立的产业，但实际上医疗是目前为止集所有产业为一体的社会型团体或阵地。从内部角度和当前的一些技术革命来说，小到一块纱布、一个针头，大到核动力、核磁，它包罗万象，几乎用到现在所有的技术，所以我觉得医疗建筑是一个小型社区和社会的代名词。现在的医疗技术不是局限于造一幢楼就是一个医院，它的概念跟原来应该有很大的区别。当然我指的是比较大的代表性综合性的医院，像社区或者是一些比较小的民营、私营医院，可能变化并不大。

H+A：对于中国医疗建筑的建设与使用现状您怎么看？

阮： 中国医疗建筑使用现状，我个人感觉这两年的医疗建筑在比较富裕的地方，如上海、江浙沪，大概从2012年开始，已经出现了新一轮造医院的高峰。但是从整体角度来说，更多的医院还是在十几年来的老房子基础上去改造，而改造的原因在于要适应现在的新技术、新疾病，还有设备等各方面的新需求。

　　老的医院建筑一定要改造，它们已经不能适应并很好的为医疗设备、医院流程服务。当前很多医院在做"国际医疗机构的认证（JCI）"。它是国际的标准医疗机构认证，跟等级医院的评审类似，但是它是西方的医疗标准，对于医院建筑、流程、治疗效果等，在人性化的要求上提出了更高的要求。举几个例子：比如说在流线管理方面，为了给病患更舒适的心理感受，患者通道和医生通道有着比较严格的区分，急救等通道与病患日常走道要分隔开，病人从哪里走、医生从哪里走，都有严格的规定，这是普通民众所不知道的；还有一个，比如说，大堂中的楼梯，JCI规定一定要装网帘，以防止医院的病人在出现情绪激动、

低落时可能会从楼梯跌落。这些都是人文关怀在建筑设计上的体现。

H+A：在您看来于当下不断推进的医疗体制改革下，医疗建筑未来的发展趋势和目标将是怎样的呢？

阮： 不断推进医疗体制改革一个很大的发展趋势是民营资本和所谓的一些财团的介入这两年非常明显。一方面因为国务院在这方面也有相应的扶持政策，对介入到医疗领域的这些集团会有一些政策倾斜，所以很多财团确实有这方面的投资倾向。另一方面，我也发觉有些老板希望能造福人类，抱着做医疗是造福人类、积德的观念投资建造医院。在上海和江浙沪这一带都有这方面的现象。国家制定的现阶段的五年计划里要求民营医院总量要达到20%-30%的占比。

　　第二个趋势是介入的民营资本中做专科医院的相对比较多一些。比如上海远大心胸外科医院，心胸方面召集了国内很多的专家。再比如说，有些专治肿瘤疾病的，国内有些专家人才流动到这里整合成一个专科医院，现在已经达到至少三亿的规模。还有就是许多医院开了之后，有很多公立医院再加入进行资源整合来帮助它发展，区卫生局、市卫生局都给予一些政策或者是资金上的支持。

　　第三个趋势是网络医院。我个人认为它的解决方案更多是网络技术运用，通过远程会诊，但医生不可能在家里问诊，因为看不到病人，所以它的终点还是在医院，网络只是一个手段。马云说十五年，我觉得大概二十年以内，一半病人可以通过网络医院解决看病问题。这样的话，除了我们一定要去医院去用很多设备的环节以外，公众通过网络医院看的也是专家，然后就把问题解决，这也是一个趋势，对未来可能也是一个格局的变化。

H+A：医疗产业化会怎样影响医疗行业？

阮： 可能在未来的十几年，甚至二十年内，从投资者

的角度，包括政府，比较关注的是医疗行业民营资本的介入，会非常快。但是目前的一个现状是，我们发现十年前已经有民营资本介入，但是那时的民营资本大多不是源于社会最顶级的大佬。当初的民营资本希望借助医疗作为投资方向而获得盈利，赚钱是目标之一，所以那时候开办的医院，更多的具备综合性、配置要求可以性价比为上，并且能够获得尽量多的手术，因为手术可能会产生一些经济效益。但是这几年的趋势是现在投入到医院建设的很多企业都是社会顶级的投资者，比如万达、杭州的绿城。这些企业除了让资产不要流失以外，并没想通过医院盈利，、而是达到做慈善的目的，用这种方式造福人类。

H+A：在医疗行业国外有哪些可借鉴的先进经验？与国内的区别如何？

阮： 在整个医疗行业内，目前中国的水准在硬件方面应该不会输给国外太多，而是在软件、人文方面落后更多。在国外，特别是专家一般一上午只预约几个病人。医生问诊会仔仔细细把身体的各种基础状况了解得很清楚。一定要看到40分钟，他才能开药。当然这也导致在国外很多不是急病的患者需要排很多天才能看上病。在中国，由于人口基数大，很多专家做门诊一上午3-4个小时只看70-80个患者，平均到每个患者只有3-4分钟时间，专家更多的是在做筛选，通过基本情况判断如果是典型的病状，会转给一般的医生来继续治疗。

　　伦敦切尔西医院，在城市最中心的地方，没有很大的绿化用地，它的人文和绿化做在医院里边，在顶部几层做了许多的玻璃房，里面做绿化。医院设有一个自己的电台，专门播放安慰病人的音乐，解答病患的问题，这方面我觉得与国内有着巨大的区别。在诊室和病房方面也做得更好，国外的人文因素更丰富。在一个小小的诊室里，墙壁上的图片、桌面上布置的绿化、小盆栽等等，这方面的东西会比国内的更多。

不过在国内医生没有固定诊室，今天护士长给医生安排第一间诊室，明天可能就把他安排到第六间去了，这也是国内的诊室没有国外温馨的一个原因。在国外，医生的诊疗室是相对固定的，特别是专家，他特意布置诊室环境，一般不会变，这是其一。

其二，国外的医生会根据不同病人的情况做一些软装上的改变。比如说对于肿瘤病人，医生会给营造一种比较温馨的氛围；又比如说一般的内科病房是绿色，能使心情更舒畅。最突出的是儿科区域，完全是卡通的。国外几乎所有的小儿科都有玩具、滑滑梯等这类布置。他们认为生病只是暂时的，小孩的天性在医院里也不应被压抑，这方面国外的确是很强，非常强。

国内的情况在逐步改变，例如每个医院有一个基本色，以华山医院为例，以淡蓝为主色调，你进去就知道这是华山医院，甚至医疗设备都是这种配色（我们有些医疗设备的颜色是可以根据医院要求做改变的）。虽然这只是一个小的侧面，但是反映了现代管理者及现代医院在这方面思路的改变。

但是在很多具体方面的改变，我们可能还有几年的路要走，中国实在是人口太多，先解决看病问题最重要。

【设计提升价值】

H+A：您理想中的医疗建筑是什么样的？可否介绍一些印象深刻的案例？

阮： 第一，绿色。会造很多绿地，会做很多空气净化等方面的措施，还有很多做能源方面的单位介入帮医院做能源优化等等，这是绿色。

第二，平静。是指就医环境，让大家都觉得医院就像茶馆、咖啡厅一样。现在很多院长都希望当人们进入医院的门诊大厅后感觉到的是一个舒适安静的环境，人不多，平均每平方米1人，甚至不到1人，而不人挤人的嘈杂状况。

第三，和谐。这是现在的常谈话题，撇开建筑设计、资源设备配置等因素，从病患的角度出发营造舒适的环境，从导医台开始，医务人员始终面带微笑，尽力为来访者提供各种咨询。同时医院也配备很多提供自助服务的挂号、取报告等机器，可减少等待时间，对有能力接受新科技的中青年来说特别便利。在看病的时候，医生跟患者之间也应该是一种和谐的状态。

虽然目前国内有不少医患矛盾，主要还是因为病患基数大，并且病患人数在增加，从产生的矛盾与就医人数的比例来看，数值不算高并且在逐年下降。应为病患基数太大，很多有名的大医院因客观因素，达不到以上三点。如华山医院，名声响亮吸引了全国的皮肤科病患，地处市中心没有可扩建的用地，容纳不下如此多的患者，但医者父母心不能将其拒之门外，就导致了不得已的人挤人现状。

比如绿城地产在杭州开的一家规模不大的综合性医院。从建筑角度来说我认为可取，绿城医院在设计上应用了绿城在住宅等建筑设计上的理念，室内设计像绿城的楼盘，并设有家属餐厅、咖啡厅等，环境舒适、令人放松，丝毫没有一般医院给人的压抑、紧张感觉。在市中心用地紧张的情况下通过空中平台做了许多绿化，在内部软硬件设施及配置方面也是顶级的。

H+A：对于大型综合医院、专业化医院、社区医院、医疗城、国际医疗机构等不同类型医疗机构，您认为其各自的特点是什么，区别又在哪里？不同机构在设计上需求有哪些不同？

阮： 我比较熟悉的是大型综合性医院和大型专科医院。综合性医院，例如上海的华山、瑞金、长海、中山这些综合性的大医院；专科医院例如耳鼻喉科医院、肿瘤医院。我认为目前的一个发展趋势在于医院更多是在往集团化发展，特别是著名的综合性医院。放眼看，几乎上海所有著名的医院，都有三到四家分院。这些分院有几种模式：一种模式是在别的区县新建分院，比如上海市一医院在松江就造了分院，瑞金医院在嘉定造了一家分院；还有一种是兼并，比如瑞金医院的卢湾分院，由原来的卢湾中心医院而来。现在大型的医院都已经达到50亿年收入的规模。我认为基本上年收入在10亿以上就是大型的综合性医院了。

第二个，是大型医院的专业拓展宽度，随着很多新技术的产生、新材料的应用，现在综合医院要比原来有很大程度地提高。我举一个例子，十五年以前，心内科设在门诊，做一个起搏器已经很了不起了，但是十五年以后的今天，心内科里几乎50%以上的疾病可以不用开刀而是用导管通过主动脉进入的微创手术来治疗。这是由于专业上的发展和科技的进步使得整个行业的水准提高了。

第三，还有一个比较大的变化，也是比较前沿的，叫复合手术室或者叫杂交手术室。现在很多很多地方都讲Hybrid（杂交），手术室也有Hybrid。它是指什么呢？有一些病人，心内科的也好，脑外科的也好，在还没界定到底是什么病的情况下可以用这种手术室，心内科医生在这里可以做导管，心外科医生可以开刀，手术室中有麻醉机、吊塔、手术床、DSA机器，心内科和心外科的设备杂交在一起。但是这又提出了一个要求，就是手术室的面积，如果做过医院应该知道最小的手术室20平米，放一个手术床开刀就可以。现在最大的手术室，像杂交手术室最小面积基本要求70平米到120平米，并且对墙体结构、构造、装潢也有新的要求，以保证整个治疗中的需求。

对于专科医院，比如儿科医院、五官科医院，还有肿瘤医院，甚至于更小的牙科医院等，虽然纯粹针对某一病种，也会随着药物和设备技术水平的发展，病人会越来越多，这其中有一个原因是医院针对这些病人治疗的手段增加了，病人的适应面也增加了。专科医院相当于综合性医院的一个扩展，像瑞金医院的肿瘤科，但它的治疗的手段、方法以及专业性会更强，病人可能也更多。所以转到专科医院的角度上来说，

治疗手段的增长，也是靠现在的新技术支撑。技术进步就代表着医院建筑为其提供的场所也需要更新。

另外，社区医院应该保留，这样说并不是它没有条件去扩大规模，而是社区医院的功能本身就应该像原来的基础医疗一样为公众提供常规治疗，如果扩大升级成大型医院，反而给老百姓带来不便。但是在软件方面，在服务水准上需要提高，这也是完全能够提高的。基础医疗改变的可能性也不大，习总书记和李克强总理要求增加基础医疗的供应以减轻公众就医难问题，但不是通过增大单个医院的规模来改善，而是增加可以提供诊疗的去处。

【发展计划】

H+A：可否谈谈，您所在的机构有何发展计划？

阮： 上海中智医疗器械有限公司（简称中智医疗）成立于2006年，总部位于上海，为中国国际技术智力合作公司子公司（简称中智集团，英文缩写CIIC）中智上海经济技术合作公司（简称中智上海公司）的下属分支机构，隶属国资委。中智医疗代理经销世界领先水平进口医疗产品，及提供第三方物流服务，产品销售网遍布国内绝大部分地区。目前每年销量在十几个亿左右，主要是代理产品为医院设备和国外进口的骨科、心内科辅助料消耗品。我们还有自己的研发产品，如无影灯、手术床等。从1993年开始一直到现在，其实中智上海的医疗版块经历了一步一步革、提升、扩大，进货量从当年一百多万美元，发展到现在的一个区域能够做到六百万，总量达几千万美元。从2007年开始到现在八九年时间中，代理销量增加了三倍多，我认为医疗属于朝阳产业，并将永远是朝阳产业。

孟建民，中国工程院院士，全国建筑设计大师，深圳市建筑设计研究总院有限公司总建筑师

医疗建筑应体现人文关怀
专访中国工程院院士孟建民
Healthcare Architecture Should Reflect Humanistic Care
Interview with MENG Jianmin, Chinese Academy of Engineering

【机遇与挑战】

H+A：如何理解当下医疗建筑的概念与范畴？

孟建民（以下简称"孟"）： 医疗建筑是向人们提供诊断、治疗、休养等医疗服务的专业性很强的一类公共建筑。从狭义来讲，医疗建筑通常指医院建筑，包括综合医院与各类专科医院，社康中心等；从广义来讲，一般包括各种类型的医院、社康中心、疗养院、康复院等类型的建筑。

H+A：通过设计的力量，一个好的医疗建筑，会产生哪些更大的效应？

孟： 好的医疗建筑所产生的效应大概可以从以下四方面进行考量：

首先，一座好的医疗建筑，应该功能合理，组织高效，工艺顺畅，方便患者到达就诊，便于医护人员治病救人、开展工作，我们不妨称之为功能效应。

其次，一座好的医疗建筑，能够为患者提供优美的疗愈环境，帮助患者进行康复；能够为医护人员提供舒适的工作环境，缓解工作的压力，提高工作的效率；并且，有可能成为一处好的交往、交流场所（例如国外某些医院成为周围社区市民的交流、约会、用餐的地点，而不像我国某些医院往往就诊环境恶劣、空气污浊、地面脏乱，虽然有国情因素，但这也是建筑师可以努力的方向）。这一点可称之为环境效应。

再者，一座好的医疗建筑应该能更好地体现人文关怀，医疗建筑的某些部门是 24 小时开展工作的，护工、保洁人员、安保人员甚至包括探访陪护家属都为其高效运营和良好环境的营造付出了努力，那么，医疗建筑设计也应当为他们提供好的工作和休憩环境，这可以称之为为人文效应。

最后一点，医疗建筑也属于公共建筑，不应该脱离建筑的本真，应该处理好建筑与城市的关系、与环境的关系及自身内部的空间关系，所以说，好的医疗建筑在遵循内在功能逻辑与工艺流程的同时，也应该从城市设计的角度切入进行思考和设计，其形象造型应该契合所在的场地特征、城市特征与地域特征，为城市空间和城市景观做出贡献——形象效应。

H+A：在医疗改革、医疗产业发展的背景下，结合建筑行业的发展形势，医疗建筑设计对于建筑师而言是否意味着新的机遇和挑战？体现在哪些方面？

孟： 伴随医疗改革的不断推进，医疗产业政策的推动，国家在继"十一五"、"十二五"之后，在"十三五"期间继续加大在医疗领域内的投入，并且伴随着老龄化社会的到来，提出了"医养融合"的战略需求；而目前，建筑行业整体的发展进入了"冬天"，在这种情况下，医疗和养老建筑的设计对建筑师而言不失是一个新的发展机会，在策划、咨询、设计、改造、模式创新使用后评估等方面都对建筑师提出了新的需求。

然而，机遇总是伴随着挑战的，我国的医疗建筑设计与国外相比，目前还处于粗放型的阶段，比如说，医疗建筑的前期策划、医院到底做多大规模、建什么类型的医院，根本就没弄清楚就开始招标设计了；而国外就不一样，他们的设计团队往往会花 10 个月左右的时间来研究医院的定位，根据定位设置不同的学科，确定不同学科的规模，在此基础上进行医疗设备的配置规划，然后确定总体的面积需求，制定出详尽的设计任务书，之后才开始项目方案的设计工作，这就是我们和境外设计团队的差距，也是我国医疗建筑设计团队下一步努力的目标。

【现状与理想】

H+A：能否介绍一下中国医疗建筑的建设与使用现状？

孟： 进入 21 世纪以来，随着经济的发展和医疗体制的变革，我国在医疗建设领域发展得越来越快，建设了很多新的医疗建筑，截至 2015 年 4 月底，全国医疗卫生机构已达到 98.5 万个，在一定程度上改善了老百姓的就医环境和就医难的问题。

但是，现阶段我国的医疗事业与医院建设存在着"三重三轻"问题，即：重医疗，轻预防；重城市，轻农村；重大型，轻社区。另外，根据世卫组织统计，发达国家每万人医院床位数达到 300~600 张，而中国每万人仅有床位 42 张。由此可见，我国医疗资源严重不足，建设的新项目还没有真正满足社会各阶层的实际需求。

通过多年的工程实践与理论研究经验，我总结医疗建筑设计存在着三大问题：第一是行业标准不够系统，为此我提出了"本原设计"理论，并且建立了一套贯穿建筑全生命周期的"三全方法论"，具体来说，"全方位思考"是在广度上对设计内容、形式与技术的周全考虑，"全过程统合"是在深度上对所有设计环节的全方面统筹，以及"全专业协同"是在精度上对相关专业的整合互动，在安徽医科大学第二附属医院的二期设计中，我们采用了建筑后评估，以助于提升医院的整体设计质量；第二是某些项目决策不够科学，比如刚才谈及医疗建筑前期策划所存在的问题；第三是还存在忽视人文关怀的情况，举个例子：我国的绝大部分医院都缺乏临终关怀，而我们在建筑设计中将人文要素考虑在内，会通过人性化的设计手段，营造出温暖舒适的室内空间以减轻病人及家属的心理压力。

H+A：功能方面，哪些方面还需要完善？与国外比，有哪些差异？

孟： 就一般的综合医院而言，医院功能主要由医疗部分（门诊、医技、住院）、行政后勤部分组成；大型综合医院，组成复杂，科室众多，在进行设计时，需要理清各个部门之间的相互关系。随着时代的发展与科学技术的进步，医院内的功能空间也在发生变化。例如，医疗技术的发展导致了一些先进的诊断设备不断得到应用，对应的应当完善其功能空间；为方便患者，改善医院的环境氛围，一些商业活动与休闲活动被移植进医院内，也对相应的功能空间提出了要求。之前提到"临终关怀"的空间、祈祷的空间等这些人性化的设施，这在目前我国医院当中还很少见，而在国外的医疗建筑当中就很常见。

H+A:对于医疗建筑，在人性化设计、绿色、可持续、智慧化等方面的衡量标准与使用要求？

孟：医疗建筑的人性化设计方面前面都有提及，就不多说了。

绿色建筑是当今建筑发展的趋势，各个国家的建筑师都在探讨绿色技术在建筑中的运用，落实到医疗建筑之上就有"绿色医院"之说。绿色医院首要的表现就是要"健康"，这是评判医疗建筑优劣的基本要素，如果医疗建筑本身的环境就不健康，那么治病救人就无从谈起。其次要节能，医院是耗能大户，建筑师要采取各种措施降低其能耗。住建部在这方面有绿色建筑的评价标准，国际上比较有影响的评价体系有美国的 LEED 评价体系和英国的 BREEAM 评价体系。

智慧医院未来医院信息化建筑的最高目标，随着互联网时代的到来，新的就医模式逐渐产生，将帮助医院实现移动医疗、远程医疗、协同医疗、知识库与专家库的建设，缓解老百姓的看病难题。

H+A:对于大型综合医院、专业化医院、社区医院、医疗城、国际医疗机构等不同类型医疗机构，各自的特点和区别是什么？有哪些不同的设计需求？

孟：这是一个很大的命题。简单地说，综合医院与专业化医院是按照诊疗对象及病症性质来区分的，据此医院可分为综合医院、专科医院和特殊医院。这三类的医院设计由于对象和病症的不同也会有不同，例如特殊医院中的传染病院的设计，它的功能分区与流线划分与一般医院相比会更严格，工艺流程也不同。专科医院是适应医疗分科越来越细的状况而将综合医院的某个病科单独分出来设置的医疗机构。

根据我国的三级医疗体制，医院可以划分为省市级院、区级医院和社区医院（社区卫生服务中心），社区医院是三级医疗体制的基础医疗机构。从诊疗上来讲，社区医院不能治的转往上级医院；从规模上讲，社区院最小，其功能组成也相对简单；从服务范围来讲，社区院也最小。

医疗城是现代综合医院日益发展而出现的一种全新运营模式，体现了一种对人的全面关怀。它是集医疗、教学、科研、行政、后勤、休闲服务等多功能于一体的大型的现代化综合医院。它有着合理的功能、完善的设施、配套的服务和先进的管理模式。

国际医疗机构是通过 JCI 认证的医疗机构。JCI 标准是全世界公认的医疗服务标准，代表了医院服务和医院管理的最高水平，也是世界卫生组织认可的认证模式。它的硬件建设不做为重点，所以说在设计上并无不同需求。

H+A: 对于既有医院改造，有哪些改扩建策略？

孟：由于医疗建筑是随着社会与科学技术的发展而不断变化的，一直处于动态的变化当中，所以说对既有医院的改造会成为医疗建筑建设当中的常态命题。

在对既有医院的改造当中需要遵循一些原则：医院在总体规划时就要考虑到未来的发展变化，一次规划，分期分步实施，并尽可能预留发展用地，过去我们国家的医院建设没能够立足长远地进行总体规划，收到投资左右，常常出现见缝插针的散乱局面，这一状况一定要改变；医疗建筑的改扩建一定要着眼全局，系统化的全面梳理整个院区的功能与流线，形成统一协调的有机整体；再一个就是要尽可能地利用原有的建筑空间，不要一刀切，搞大拆大建，这也符合可持续发展的原则；还有，医疗建筑不像其他建筑那样改扩建时可以暂不使用，它是要正常营业的，所以在改扩建时尽可能地不影响医疗业务的开展。在遵循以上原则的前提下，可采取平面拓展，竖向加层，功能置换，设置灵活空间等方式进行改建扩建。

【设计协作】

H+A: 医疗建筑设计有其特殊性，在整个过程中，建筑师可以起到哪些积极作用？

孟：医疗建筑具有与其他建筑类型不同的复杂性和特殊性，而我们国家的建设程序又是大一统的，这样的程序掩盖了医疗建筑自身的客观需求，这是其一；其二，我们国家医院的院长们大都是非建筑专业出身，因此，医疗建筑师们除了设计本身工作之外应该更积极地投入到项目的建设当中，一方面在建设程序上对业主加以引导，让其明白什么阶段该做什么事情，使项目有序进行。另一方面，建筑师要给业主提供尽可能多的方案可能性，分析优劣，供业主根据自身的实际情况进行决策；第三，就是充分与一线的医护人员沟通，征求他们的实际需求，转译为建筑语言。

H+A：对于整个设计流程，前期、中期、后期，有哪些工作内容？它们的特殊性有哪些？

孟：医疗建筑的设计过程，如果氛围前、中、后三个阶段的话，前期的工作主要包括策划、立项；主要偏向于文字化和概念性的工作，帮助建设方明确其定位、规模以及需求，同时制定一系列文件满足审批流程，编制项目建议书、可行性研究报告和设计任务书；

中期的工作主要是根据设计任务书进行方案设计，初步设计。方案设计的工作主要是进行总体规划和落实内部功能的一二级流程及整体的造型；初步设计是在建筑设计方案的基础上各个专业配合落实建筑工艺和设备工艺；而且要使建筑方案设计审批通过，初步设计通过政府各部门的审批。

后期工作为施工图设计及施工配合。初步设计通过评审后进入施工图的设计环节，有些医疗功能的专项设计，施工图设计时提供设计条件配合施工落实；在施工过程中，需配合施工进行图纸的修改工作和设计变更工作，并配合最终通过竣工验收。

H+A：各技术专业协调方面，应有哪些考虑？

孟：经过 30 多年的创作实践，我总结提出"全方位思考、全过程统合、全专业协同"的技术方法和路径。以往我国的建筑设计在各专业的协同方面做得比较薄弱，各专业间的互动停留在低层次上，使得各专业设计图纸之间容易存在"错漏空缺"，医疗建筑建设设计由于专业众多，管线众多，更是如此。为此，建筑设计过程中各专业之间要形成积极互动、主动介入的意识与习惯，相互沟通，并在 BIM 技术的帮助下，促进各专业的协同。

H+A：建成使用后，会进行哪些设计评估？

孟：确切说，当今医疗建筑设计缺失两个重要环节，一个是前期策划，一个是后评估。前期策划虽然有这个程序，但是实际建设过程中鲜有做得很充分的。医疗建筑设计过程中是缺少使用后评估这个环节的，还好，现在有医疗专家和学者开始做这部分工作了，这是我非常乐意看到的。我们团队也已经开展建筑后评估工作，每个项目结束投入使用几年后，组织设计人员对项目进行回访，与医院领导、管理人员、医护人员、患者进行沟通交流，听取业主在功能布局、设备符合、空间尺度、材料运用、灯光设计、家具设置等方面的建议，然后系统整理，做总结，在做下一个项目时规避这些不足。

用设计创造使用过程的完美体验

专访中国中元国际工程有限公司总建筑师谷建

Creating Perfect Experience in Using Process by Design

Interview with GU Jian, Executive Architect of Zhongyuan International Engineering Co., LTD

谷建，中国中元国际工程有限公司总建筑师，医疗建筑设计研究院 副院长

【机遇与挑战】

H+A：如何理解当下的医疗建筑的概念与范畴？

谷建（以下简称"谷"）： 世界卫生组织（WHO）早在 1948 年成立之初的《宪章》中就指出"健康不仅是没有病和不虚弱，而是使身体、心理、社会功能三方面的完满状态"。1990 年 WHO 对健康的阐述是：在躯体健康、心理健康、社会适应良好和道德健康四个方面皆健全。医疗建筑从功能上不仅是为治病，而是为健康服务的场所。医疗建筑在英文里用的是Healthcare，这个词的词义本身就包含了医疗、预防、保健、康复等内容。传统中医强调"调养"，中医院设置有治未病的区域，其实就是包含了康复和预防的概念。

服务于医学模式的演进和变化，当下的医疗建筑的概念也在变化，内容也在日趋广泛，其功能内容更加复合。除了诊断、检查和治疗等医疗行为外，又包含了很多活动类型，包括商业活动、餐饮休闲活动，并将康复及健康教育等各种活动良好地组织起来，功能内容上更趋近于健康综合体，为"大健康"服务。更加注重使用者的体验、心理和社会适应性。现代医疗建筑功能内容的综合性，使得其形态、功能和模式也发生了巨大的变化。

H+A：与一般的公共建筑设计相比，医疗建筑在设计上有何注意点？最重要的是什么？

谷： 医疗建筑的确是非常特殊又很复杂的一种建筑类型，涵盖了很多建筑类型的设计内容。从属性上来说，最重要的就是处理好各种流线关系，在这点上有点类似交通建筑。我们常说医疗建筑的三大"流"：人流、物流和信息流，其实就是三大"流"的"交通"处理。人流里又有患者流线、医护流线及辅助工作人员流线和访问探视流线；患者流线又要避免交叉交叉感染，包括有些不是实际意义上的患者，比如产妇和亚健康者，

同时在患者流线设置上还要满足不同的使用要求并保护患者隐私和医疗秩序和效率，比如急救的绿色通道、患者的手术通道和重症监护通道等；物流包括洁净、清洁和污染物品的运输和回收，里面有各种通道和物流设备的运用；信息流包含了各种信息和图像的传输和调取；还有机动车、货运车辆和人的分离等。所以说工艺流程的梳理就是梳理各种交通关系，需要依循医疗工艺的逻辑关系。

另外，前面已经提到了现代医疗建筑的功能内容日趋复合，有一些其他类型公共建筑的功能内容在里面，与商业综合体也有相似之处，需要将医疗的功能性内容和其他功能内容进行有机整合。

【现状与理想】

H+A：您理想中的医疗建筑是什么样的？

谷： 体验、体验、体验，重要的事说三遍。医疗建筑提供的是一种服务，使用者则是"用户"，设计的基本出发点、也是最重要的一点就是如何改善用户体验。这种体验来自于全体使用者（患者、亚健康人群、健康人群、医护人群、工作人员、探视陪同访问者等）在使用时的过程评价，包括人员安全、环境安全、医疗和管理效率、成本效益、医疗服务、设施和环境。医疗建筑是为人服务的，马斯洛"人的需求金字塔"的五个层级已经从生理、心理、社会三个方面给出了答案，自底至顶分别是：生存需要、安全需要、相属关系和爱的需要、尊重需要、自我实现需要。如果从医疗建筑的用户体验角度来看，生理层面评价包括感控、医疗和管理效率及秩序、辨识度和方便、成本效益和设施服务；心理层面评价包括交流、服务、受尊重和隐私保护、领域感；社会层面评价则包括环境感受和地域性、社会感的保持、绿色、弹性及扩展可能性。现代医疗建筑愈发注重良好的用户体验对促进康复的积极作用，疗愈环境（Healing Environment）已成

为设计评价的另一个重要坐标系，包括使用者的环境尺度空间感受、自然的接触和视野、设施服务等，都能起到提高康复度、减少用药和对医护人员的依赖的作用。

【设计协作】

H+A：设计过程中，如何获得并考虑来自医院方和病患这两类使用者的意见？

谷： 我们现在的设计沟通并不缺乏与医院方的深入沟通，使用科室的意见得到了充分的尊重，但有时科室的个性化要求往往来自于科主任既往的使用经验，他的知识和眼界往往受到局限且缺乏大局观。这种沟通照顾到了医护使用者，另一部分广泛的用户——广义的"患者"的需求被忽视了。

如同住宅设计希望创造和引领生活方式一样，医疗建筑设计也应该在充分了解使用者的需求之上，以设计的力量创造使用过程的完美体验，引领健康和正面的使用方式。国外有一种以剧情引导方式（Scenario-Based Design）与使用者沟通其需求的方法，将使用过程的人、境、物、事串成故事脚本，引导使用者与专家组成的团队以真实经验参与，探讨医疗活动与原型空间的相互关系，进而发展出团队成员满意的空间，将结果具体转化为疗愈环境的设计。从医患沟通、检查项目选择、检查执行、报告执行及治疗、后续追踪，都与"用户"互动，医疗服务提供的是整体规划服务而不光是诊断和治疗，这种沟通方式使得空间、流程和设备设施的规划设计、服务人员的训练，都朝着使用者的体验感受最大化和最正面去执行。

姚启远，华建集团华东都市建筑设计
研究总院建筑师

多元化的医疗综合体
专访华建集团华东都市建筑设计研究总院建筑师姚启远
Diversified Medical Complex
Interview with YAO Qiyuan, Architect of Huajian Group East China Architectural Design & Research Institute

【机遇与挑战】

H+A: 如何理解当下的医疗建筑的概念与范畴？

姚启远（以下简称"姚"）： 医疗建筑是为人们提供医疗保健服务的特殊场所。当下随着社会经济、医疗理论和技术的不断发展，以及社会对医疗服务的多元化需求，医疗建筑有了更广泛的概念延伸，不仅仅指我们传统概念中那个冷冰冰的医院形象，它为人们提供更多元化的服务，包括提供条件更为优越的病房，能够为病患的亲属提供膳宿，方便他们陪同照料病人，近年兴起的医疗旅游就是很好的例子。即便是因为空间或者风俗习惯的限制而无法实现，医院的周围也应该设有酒店、旅馆等设施。同样，医院可以配备自己的娱乐消遣设施，并且对外开放，比如一个健身中心，供术后的恢复性物理治疗使用。所以今后的医疗建筑概念应该是一个大健康的概念，应该是集各种功能为一体，提供多元化服务的综合体概念。

H+A: 通过设计的力量，一个好的医疗建筑，会产生哪些更大的效应？

姚： 通过设计可以为病人和工作人员创造出宜人的就医和工作环境，真正将以人为本的理念落到实处，产生更大的社会效益。同时高效便捷的医疗流线的合理设计，可以提供医院的运营效率，产生更大的经济效益。

H+A: 在医疗改革、医疗产业发展的背景下，结合建筑行业的发展形势，医疗建筑设计对于建筑师而言是否意味着新的机遇？体现在哪些方面？

姚： 随着医疗体制的改革会有越来越多的民营资本进入医疗市场，或是独资或是和政府以PPP等模式进行合作开发，同时结合养老的社会需求越来越多，医养结合的模式正逐步得到推广。在这种新的产业模式下，必然带来大量的建设需求，对建筑师而言意味着新的机遇，但也是挑战。面对新的复合式产业模式，

需要建筑师有更多的知识储备和应对挑战的能力。

H+A: 和一般的公共建筑设计相比，医疗建筑在设计上有何注意点？最重要的是什么？

姚： 医疗建筑类型的形成起源于一次医学和公共卫生领域的改革，此次改革几乎将当时所有的新技术发明都融入了这一建筑类型之中。医疗建筑对新兴科技和创造的需求和依靠是毋庸置疑的。医院的衍变历程就与医学和人类健康研究的发展历程并驾齐驱，这几乎在所有类型的建筑中都是绝无仅有的。因此，医疗建筑设计必须紧跟医疗技术和医疗理念的发展，这些对医疗空间和医疗流程都会提出不同的要求，医疗设计中最重要的流线设计与此也是息息相关。

【现状与理想】

H+A: 能否介绍下中国医疗建筑的建设与使用现状？

姚： 目前国内医疗建筑的建设基本是按照床位数、套用国家标准核定建设规模，而缺少具体结合每个医院自身学科特色和发展规划的前期策划，最终导致目前医院建设的粗犷发展模式，要么刚建成就发现功能用房不足，或者是和医院的管理和医疗流程不符，面临改扩建，要么建设量过于庞大，远远超出医院的实际需要，造成极大的社会资源浪费。

H+A: 对于大型综合医院、专业化医院、社区医院、医疗城、国际医疗机构等不同类型医疗机构，各自的特点和区别？有哪些不同的设计需求？

姚： 大型综合医院各科室配置齐全，综合治疗能力强，同时个别学科专项突出，医疗资源辐射范围广；专科医院，突出本专科的学科特色，不具有其他学科的综合治疗能力；社区医院，医疗资源有限，服务半价小，一般只负责基本的康复、保健及常见、多发病的诊疗服务。医疗城的概念比较广泛，除了提供基本的医疗服务，还会有其他医药科研机构，以及配套的商业服务等，可以为病人提供从治疗到术后康复护理等完整服务，是一个医疗综合体的概念；国际医疗机构大多是营利性机构，一般通过国际JCI认证为外籍及高端客户提供国际化特需服务。

根据不同类型的医疗机构，采用不同的设计策略，主

要是不同的医疗机构运营管理方式不同，相应的设计理念和方法就不同，典型的例子就是公立综合医院和私营高端医院的候诊方式不同，一个是采用集中挂号等候方式，一个是预约方式，对候诊大厅的面积及功能设计要求自然就完全不同。

H+A: 对于既有医院改造，有哪些改扩建策略？

姚： 既有医院大多用地紧张，空间狭小，周边环境限制条件较多，没有条件进行规模较大的改扩建。该类医院的改扩建最为复杂，也最为典型，重点是要保证在改造的同时不影响或少影响医院现有医疗工作的开展，改造方案需要具有可操作性，每一个改造步骤之间要达到无缝连接。改造前还需要对既有建筑进行结构检测，是否满足新的医疗功能要求，是要加固还是拆除重建，需要从社会、经济效益等方面进行评估，医院的扩建部分需要和现状医疗流线高效有机的联系在一起，与现有医院形成有机的整体。

【设计协作】

H+A: 医疗建筑设计有其特殊性，在整个过程中，建筑师可以起到哪些积极作用？

姚： 医院建筑的功能复杂性已被社会普遍认同，但对功能、工艺的解决途径存在极大的模糊性，导致建筑师的作用法师异化，弱化了对空间、环境的应有探索。建筑师在解决自身建筑学科问题的基础上，对机电、结构及相关医疗工艺设计团队要起到积极协调作用，保证项目设计目标的有效完成。

H+A: 建成使用后，会进行哪些设计评估？

姚： 对医疗建筑建成后的评估，目前主要借鉴循证医学思想，循证设计是对已经建好的医疗设施做调研分析，建筑师要针对医生护士的使用情况、患者在医院的感受等进行回访和总结归纳，进一步提出对改进医疗设施设计的建议，使之更加符合使用者的实际需要，提高医疗质量。

唐茜嵘 / 文　TANG Xirong

上海"5+3+1"医院
系列化建设实践

Shanghai "5+3+1" Hospital

作者简介

唐茜嵘，女，华建集团上海建筑设计研究院有限公司医疗建筑事业部副主任，总建筑师

主题项目

Project

　　上海"5+3+1"医院系列项目建成3年多，取得了很好的社会效益，得到各方的认可。采用的建设方法是对快速成体系建造医院的一次有效尝试，经过实践达到了降低成本，缩短建设周期，达到预期运营模式的目标，是中国医院建筑设计、建造的一个有益转变。

从 2009 年开始启动，到 2012 年底建成的这 9 家医院，成为上海 30 年来最大规模的医疗资源布点调整，大家简称"5 + 3 + 1"医院工程。"5"即在浦东、闵行、宝山、嘉定 4 个区分别引入长征、六院、仁济、华山、瑞金 5 家三级医院的优质医疗资源，床位规模各 600 张；"3"是对崇明、青浦、奉贤 3 个区（县）的中心医院进行扩建改造后升级为三级医院，床位规模各 1 000 张；"1"是迁建金山区中心医院，床位规模为 700 张。在讲求对医疗服务的供方侧重于改革，需方则强调保障的今天，此系列项目是一次供需并重的医改部署。该系列项目的实施优化了上海市公立医疗机构结构布局，使每个郊区县都有一所三级综合医院，使上海市优质医疗资源布局更加均衡，郊区居民享有优质医疗服务的便捷性明显提高。

这么多医院在短期内同步建设，如何从投资、建设、运营上有效管理，寻求快捷、成本效益高的途径来设计、建造适合的医疗设施，成为上海申康医院发展中心最关注的焦点。系列医院需要满足规模、标准等"共性"要求，同时也需要体现各家医院的"特性"优势。

1. 标准和样板统一形成共性

由于本次建设资金全部由政府投入，建设周期短，所以寻求适合的建设方法，制定详细的建设计划是项目启动阶段的第一要务。上海申康医院发展中心主导编制了《郊区新建三级综合医院建设标准》，提供了项目建设全过程管理的控制准则。从医院的规划布局、建设规模、设计原则、建筑标准等几方面做了规定。

1）建设规模和投资

医院的土建投资和医疗设备投资是统一的数额，总建筑面积也统一计算方法。床均建筑面积标准为 120m²/ 床（含少量地下车库面积），建设用地面积 115m²/ 床。5 家市级医院统一按 600 张床位配置，总建筑面积 7.2 万 m²。由于项目建设地为郊区，各区县提供的医院用地不同，标准建议优先采用地面停车，以减少地下车库的面积，可以有效的控制建设规模和成本。

2）空间和装修标准

为控制投资，使有限的资金发挥最大效益，标准建议采用规整的建筑形体。门诊楼低于 5 层，主入口门厅高度控制在 2 层通高以下。此外还在建筑层高，建筑室内外的装饰材料方面均提出了明确的量化要求。规定了二次装饰的区域不得超过总建筑面积的 10%，并对可进行装饰的区域、材料进行分类规定。

3）机电设备标准

提倡采用分布式供能系统和太阳能等节能措施要求。根据医院使用功能区域的特点，对空调系统选型、照明设置和控制要求，医疗污、废水的排放均提出了明确的要求。此外还提出了能源供应设置要求，分区、分级计量水、电等要求。

有了详尽统一的建设标准外，上海申康医院发展中心组织了以"建设标准"为指导的样板方案征集。通过推荐样板方案诠释标准的内容，同时对医疗功能布局和流线提供科学性、可实现性的建议。正是有了标准和样板，本系列项目采用了"样板式设计"，让各医院的设计实施方案快速成型，比以往同类项目建设周期缩短了近一年，大大降低了时间和建造成本。

2. 标准化建设中医院的特性优势

虽然是政府统一投资，并有统一建设标准和样板，但由于建设的医院有不同的运营主体，因此样板式设计的实施并不代表简单复制和千篇一律。标准和样板仅提出了基础的要求，同时由于每家医院的管理方不同，运营模式也存在差异，医疗特色也各有不同，这就使这些医院在具备较多共性的基础上又存在各自的特性。

1）医院文化和学科特色形成特性

这 9 家医院在上海均是知名的三级医院，都有很长的发展历史和成长背景，形成不同的医院特色。如华山医院的神经科、传染科在全国名列前茅；瑞金医院的烧伤科，血液科也是国内佼佼者；第六人民医院的骨科；仁济医院的妇产科；新华医院的儿科；金山医院的核化救治等，这些重点优势学科的功能设置要求不同，配置情况也不同，因此各医院设计时均考虑了其重点优势学科的设置，在布局、设计上体现各自特色。在医院发展历程中形成的医疗功能特点，医院各时期建筑特色，都是医院发展的记录和延续，也影响着每家医院的本次设计。如华山医院是中国第一家国际红十字会医院，总院保留有其的旧址。因此，华山医院北院的设计延续了其百年历史医院的特色，建筑立面采用了古典建筑的一些元素，色彩取用了和华山医院现有总院、东院同色系的暖红砖色。仁济医院也在色彩和风格上和其原有的几家院区统一。六院在立面细节和空间布局中提取了其总院的一些元素。

2）场地条件 & 区域环境形成特性

虽然有样板的布局参考，但由于各医院所处的区（县）不同，地块形状、周围的城市环境、道路交通等均存在差异，因此医院的布局和形式也存在差异。如第六人民医院的住院楼根据基地情况设置在门诊医技楼的东侧，其所在区域为新开发的上海现代城市副中心浦东新区临港新城内，因此在建筑整体基调上具有绿色生态花园和现代建筑风格，并融入中国传统元素。仁济医院南院充分利用基地限高要求，节约利用土地，为基地发展留有余地。新华医院崇明分院、中山医院青浦分院为在原有院区内扩建 300 床，因此在设计上更多的考虑与原有医院的衔接和扩展。金山医院地处金山区的临海区域，设计上采用生态自然的布局方式，取形于贝壳，总体自由，形态柔美。

3）发展定位形成特性

各医院的设置也根据所在区（县）情况差异有不同的未来发展目标，这也使每家医院的设计考虑了不同的扩展要求。瑞金医院北院所处嘉定新开发区域，周边预计服务人群多，用地情况也相对宽松。在项目最初选址时嘉定区政府就预留了较大的建设用地，作为瑞金医院发展新的重点，本次的建设也就成为了瑞金医院北院的一期项目，在设计更多考虑了将来规模较大扩展的可能性和需求，总体上考虑了医院和医疗科研园区的衔接关系。长征医院浦东新院也具有相类似的情况，同时由于隶属第二军医大学，解放军后勤部追加了规模和投资，项目设计建造需符合国际医疗建筑 JCI 论证标准和中国绿色建筑评级要求。金山医院的筹建早于"5+3+1"标准确立之前，医院已开始施工了。因此它是本系列项目中较特殊的一项，虽然初始设计并未纳入整个体系，但最终的投资及为升级到三级医院仍做了些调整。

3. 实践思考

上海"5+3+1"医院系列项目建成 3 年多，取得了很好的社会效益，得到各方的认可。采用的建设方法是对快速成体系建造医院的一次有效尝试，经过实践达到了降低成本，缩短建设周期，达到预期运营模式的目标，是中国医院建筑设计、建造的一个有益转变。在全球低碳经济的大背景下，如何更好地实现医院建筑的经济实用、绿色低碳，达到供需并重的要求是医院投资者、管理者、设计者所应共同思考的问题。

01 <

第二军医大学附属长征医院浦东新院

建设单位:上海长征医院

建设地点:浦东新区金钻路、金海路

设计单位:华建集团上海建筑设计研究院有限公司

合作单位:美国 RTKL 国际有限公司

建筑面积:44.96 万 m²

手术室数量:40 间

病床数量:2 000 床

结构形式:现浇混凝土框架 – 剪力墙结构

建筑层数:18 层

设计团队:陈国亮、孙燕心、周涛、陆行舟、徐晓明、张世昌、糜建国、李建峰、乐照林、陈志堂

设计 / 建成:2010 / 至今

02 <

上海市第六人民医院临港新城医院

建设单位:上海市第六人民医院

建设地点:浦东新区南汇新城镇环湖西三路 222 号

设计单位:华建集团上海建筑设计研究院有限公司

建筑面积:7.21 万 m²

手术室数量:14 间(中心手术室)

病床数量:600 床

结构形式:框架混凝土及框架 – 剪力墙混凝土结构

建筑层数:10 层

设计团队:苏倩、魏晨郁、杨凯、刘勇、张颖、周宇庆、施辛建、乐照林、孙刚

景观设计:华建集团上海建筑设计研究院有限公司

设计 / 建成:2008/2012

摄影:陈伯熔

03 <

复旦大学附属华山医院北院

建设单位：复旦大学附属华山医院

建设地点：宝山区顾村

设计单位：华建集团上海建筑设计研究院有限公司

建筑面积：7.22 万 m²

手术室数量：15 间

病床数量：600 床

结构形式：钢筋混凝土框架 – 剪力墙

建筑层数：10 层

设计团队：唐茜嵘、钟璐、周宇庆、孙刚、施辛建、沈培华

设计 / 建成：2008 / 2012

04 <

上海新华医院管理集团崇明分院扩建工程

建设单位：上海新华医院管理集团崇明分院

建设地点：崇明县城桥镇南门

设计单位：华建集团上海建筑设计研究院有限公司

建筑面积：5.33 万 m²（扩建部分）

手术室数量：20 间

病床数量：1 000 床

结构形式：现浇混凝土框架 – 剪力墙结构

建筑层数：主楼 9 层，裙房 5 层

设计团队：杨鸿庆、梁开来、赵娟、周雪雁、徐雪芳、冯杰、蒋明

设计 / 建成：2009/2013

摄影：陈伯熔

05<

复旦大学附属中山医院青浦分院

建设单位：复旦大学附属中山医院青浦分院

建设地点：青浦区

设计单位：华建集团华东都市建筑设计研究总院

用地面积：105 456m²

手术室数量：15 间

病床数量：600 床

结构形式：钢筋混凝土框架 – 剪力墙

建筑层数：10 层

设计团队：李军、姚启远、丁银中、曹贤林、宋方朴、朱华军、刑丽萍、薛秀娟、楼遐敏

设计 / 建成：2010/2013

06<

奉贤中心医院迁建工程

建设单位：奉贤卫生局

建设地点：南奉公路 6600 号

设计单位：华建集团上海建筑设计研究院有限公司

建筑面积：9.6 万 m²

手术室数量：24 间

病床数量：800 床

结构形式：框架混凝土及框架 – 剪力墙混凝土结构

设计团队：周秋琴、严来赏、吴家巍、李剑、孙中雷、朱宝麟、张伟程、汤福南、蒋明

设计 / 建成：2009/2012

摄影：陈伯熔

07 <

上海交通大学医学院附属仁济医院

建设地点： 闵行浦江镇江月路以北

设计单位： 华建集团华东都市建筑设计研究总院

总建筑面积： 82 590 m²

病床数量： 600 床

建筑高度 / 层数： 50m/12 层

设计团队： 李军、李静、姚启远、朱华军、张振峰、楼遐敏、谈佳红、孙秉润、陆丹丹

设计 / 建成： 2008/2010

08 <

复旦大学附属金山医院整体迁建工程

建设单位： 复旦大学附属金山医院

建设地点： 金山区龙航路卫零北路

设计单位： 华建集团华东建筑设计研究总院

建筑面积： 84 324m²

手术室数量： 12 间

病床数量： 700 床

结构形式： 钢筋混凝土框架 – 剪力墙结构

建筑高度 / 层数： 57.45m/12 层

容积率： 0.72

项目团队： 邱茂新、王馥、蔡漪雯、邵兵、韩磊峰、何宏涛、吴孟卿、谈荔辰

设计 / 建成： 2007/2011

摄影： 邱茂新

获奖情况： 2013 年度上海市优秀勘察设计二等奖，2013 年度全国优秀工程勘察设计三等奖

林俊甫 / 文　Sam LIM

上海新虹桥
国际医学中心

创新的高端医疗服务平台

Shanghai New Hongqiao International Medical Center

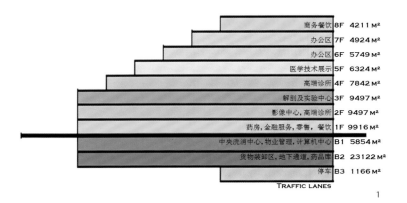

商务餐饮	8F	4211 M²
办公区	7F	4924 M²
办公区	6F	5749 M²
医学技术展示	5F	6324 M²
高端诊所	4F	7842 M²
解剖及实验中心	3F	9497 M²
影像中心,高端诊所	2F	9497 M²
药房,金融服务,零售,餐饮	1F	9916 M²
中央洗消中心,物业管理,计算机中心	B1	5854 M²
货物装卸区,地下通道,药品库	B2	23122 M²
停车	B3	1166 M²

TRAFFIC LANES

1

上海新虹桥国际医学中心是在国家卫生部支持下，经上海市人民政府批准建设的以现代化高端医疗服务产业为核心的国际医学中心，规划总面积约100万m²，一期规划总用地面积42.38万m²。GS&P的设计范围包括园区可行性研究及总体规划、医技中心的建筑设计、华山医院的建筑设计、慈弘妇儿医院的建筑等。

1. 医技中心功能面积图示
2. 总平面图
3. 医技中心总投资9.6亿，8.8万m²
4. 上海慈弘妇产科医院
5. 上海新虹桥国际医学中心，华山医院

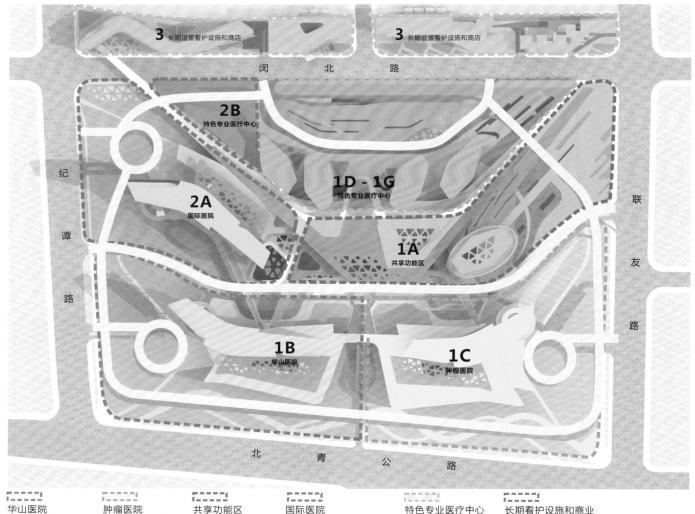

华山医院	肿瘤医院	共享功能区	国际医院	特色专业医疗中心	长期看护设施和商业
Huashan Hospital	Cancer Hospital	Shared Function	International Hospital	Specialty Hospital	Long-term patient care & Retail

作者简介

林俊甫，男，GS&P 建筑工程有限公司 资深建筑师，美国德州理工大学学士

上海新虹桥国际医学中心具有得天独厚的区位优势：毗邻虹桥商务区，距离虹桥机场和虹桥火车站仅需十分钟的车程，周围分布众多国际学校及国际社区，有着其他医学园区无法企及的区域优势和资源优势。

坐落于园区正中心的医技中心总建筑面积达 8.8 万 m^2，由政府投资建设，是整个医学中心的支持和保障系统，为各家医院入驻园区提供服务和支持，也将是未来园区的信息技术中心，将最大程度的减少各家医院，尤其是专科医院的初期建设成本和投资。GS&P 的设计理念是以医技中心为园区的心脏，为园区的各医院疏通物资、人力、行政支持。医技中心里包括影响中心、高端诊所、解剖及实验中心、中央洗消中心、办公及餐饮。目前已经进入了室内施工阶段，预计于 2016 年正式对外营业。

此外，园区一期共入驻八家医院，包括一家公立三甲医院，华山医院；一家肿瘤医院，由 MD Anderson 及泰和诚集团共同投资；一家国际医院，由新加坡百汇集团投资，为国际品牌的骨科医院，是全球医疗旅游行业的领导者；以四家专科医院，分别为万科儿童医院、慈弘妇儿医院、长海微创整形医院及韩国某整形医院。

"上海新虹桥国际医学园区"由上海市闵行区政府牵头，在上海市政府以及中央领导的关心下，于 2010 年正式批复"新虹桥"项目，作为中国医改的两个重点试点项目之一，备受外界瞩目。它聚集了国内国际最高端的医疗资源，通过政府与社会资本的合作、国内资本与国际运营品牌的合作，采用 PPP（Public Private Partnership）公私合营模式投资、建设并运营园区医院。虽然 PPP 模式在欧洲、美国等西方国家已经实行了几十年，而在中国一个之前被国有资产垄断的医疗行业，真正开始公私合营模式应该是在 2014 年。国家财政部和发改委对发挥开发性金融积极作用、推进 PPP 项目顺利实施等工作提出具体要求，同时园区设立健康产业基金，建立国有资产的基金管理公司，为园区内项目提供灵活的资金支持，从而盘活整个医疗产业，最终目的是不仅为上海本地市民提供高端医疗服务，更是要成为长三角地区乃至整个亚洲的医疗旅游目的地。

新虹桥的核心理念实际上是制度创新。以

往的医院、医疗行为都是在政府的引导下进行，在过去的医疗行业内，也都是由政府说了算。然而在国家医改的大背景下，国家明确由政府负责基本的医疗保障，而由社会资本参与更多的中高端医疗产业，新虹桥的园区中，既有政府投资的医技中心，也有公立医院华山医院，同时汇聚了顶尖的国际医院，从而在园区内实现了广泛的医学技术共享，通过集聚这些优秀的医院品牌，吸引相当数量的医疗相关工作人员，数据显示新虹桥整个园区将吸引约 8 000 医务人员，日均人流量在 15 000 人左右，将带动周边地区 240 亿的 GDP 增长。从而实现新的经济模式的增长。

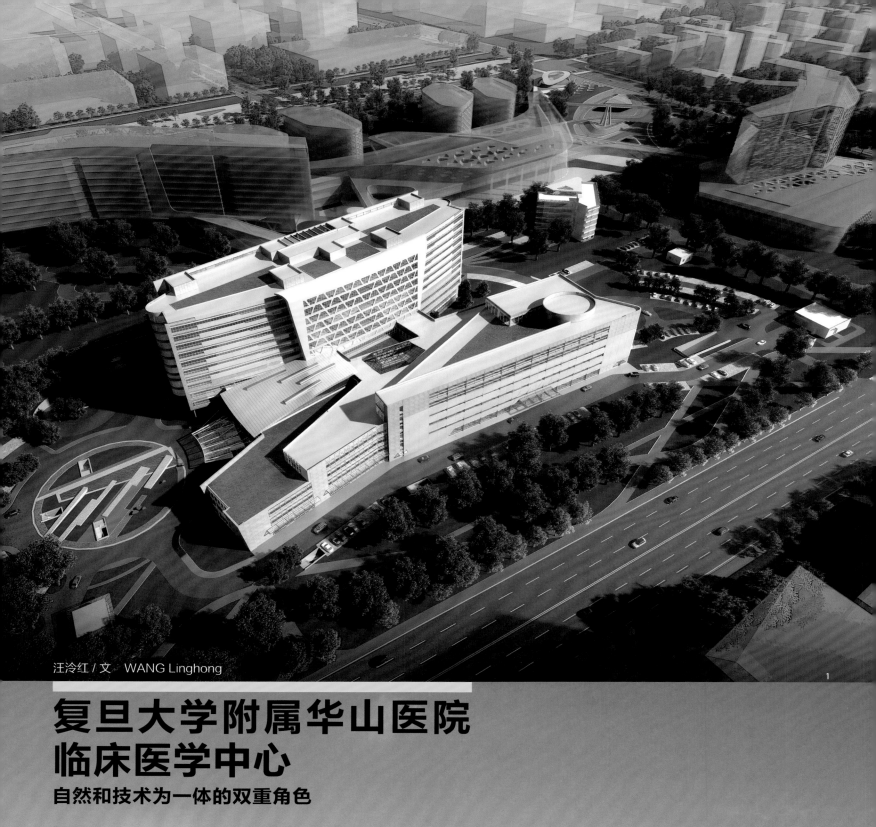

汪泠红 / 文　WANG Linghong

1

复旦大学附属华山医院
临床医学中心

自然和技术为一体的双重角色

Huashan Hospital of Fudan University
Clinical Medicine Center

2

作为上海闵行区新虹桥国际医学中心园区内将首个建成运行的医疗机构，华山医院临床医学中心项目在设计之初即充分衔接和拓展园区总体规划思路，以"高新科技医疗中心"、"地标性建筑"、"绿色环保建筑"作为核心理念，并通过配备门急诊、医技、住院、科研等全方位一体化的功能构架，力求实现一个可以展示中国未来医疗保健水平的高端基本医疗典范。

1. 鸟瞰图
2. 主入口人视图
3. 手术部ICU平面

1. 全新的医疗模式

急救中心依托华山医院神外特色，形成配套齐全的急救体系。急诊部紧邻影像科并位于手术室的正下方，方便必要时快捷的联系。门诊病人及一般急诊病人可以通过一楼大厅西面进入影像科和急诊部，而住院病人和重创急救病人可通过一楼北面或东面出入口进入，这样可以避免拥挤和保障患者的隐私权。另外，专用电梯可将急诊里的重创急救部和上方手术室链接起来。区域内设置完备的治疗抢救设备外、专用的绿色通道，形成立体急救体系，使得接纳大量病人和使运行关系最大化得以实现。

分诊中心门诊设置三大分诊中心，不同于以往医院模式，注重功能空间的可变多样化要求，将皮肤、中西医等权威科室的配套检查、治疗用房设与分诊中心之内，体现现代医疗的高效运营模式，更提升对病人的人性化关怀。

2. 尖端的医学技术

设于四层的大型手术中心和ICU中心。包括手术室40间、一间可提供术中核磁的大型杂交手术室、2间DSA心血管早影手术室和重症监护病床100床。手术外科在此有拥有的核磁共振成像、DSA数字造影技术于一体的高端杂交手术室，可以在手术进行时、无须转移病人的情况下提供即时的影像反馈，以此达到效率更高、更安全的手术结果。另外，设计在所有手术室旁都将有一个准备区域为病患进行术前麻醉和准备，以此避免病患在转移过程中所产生的不必要风险，并且达到更高的手术室使用率。高、精、尖的医疗手术区，大面积的净化区域、复杂的流线设计，都对设计及机电配合提出了更高要求。

3. 有效的科研支撑

二、三层的西侧主要设置为教学区及三大院士科研中心。区别于以往分设的模式，项目将现代医、教、研功能通过整体布局，集成于同一建筑体中。高端科研的有效融入，使得人力、物力及设备上的便捷转换得以实现，为临床治疗提供更有效的科研支持。

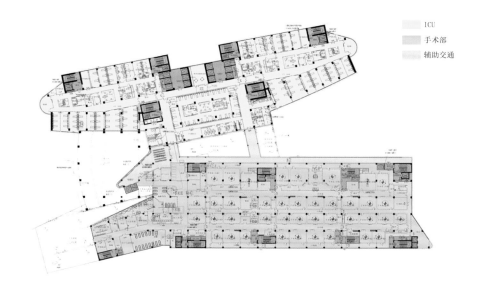

ICU
手术部
辅助交通

3

4. 宜人的就医环境

简洁的门诊大厅布局及合理的人流系统设计都将帮助门诊病患及家属减轻焦虑和困惑，并快速、便捷地找到方向。另一方面，住院病人的流动系统相对独立，以此来最大限度的保护病患的隐私及尊严，通过细化的人流物流分配，营造出更为专业高效的内部就医环境。力求打破旧有模式，庭院及屋顶花园的设计将大自然带到病人的日常生活中，从而创造了安逸的康复环境。

5. 现代、绿色的建筑形象

医院一体化设计功能提高其能源效率。利用各层退台屋面充分设置的绿色屋顶种植土，为医护及病患分区提供休憩空间，在改善环境调节局部气候的同时达到了节能的目的。建筑外观高效能玻璃墙等高技术含量设计，可最大化自然采光，并减少能源消耗。

造型上采用现代建筑手法，以期达到宜人的尺度感和丰富的视觉感。立面采用统一的模数产生明确严谨的规律，并运用大块面的虚实对比手法及立面质感层次，创造大气而又具整体感的形象。强调"人性化"医院的设计理念。选用生态、环保、经济的涂料、石材等，运用色彩、材质变化，营造出健康节能、人性化的室内外空间。建筑外形的温和曲线表现了现代

建材在康复护理环境中与自然和技术结合的双重角色。医院的独特设计反映了上海新虹桥医学园区的地标性建筑群的特色。

项目名称：复旦大学附属华山医院临床医学中心
建设单位：复旦大学附属华山医院
建设地点：上海市闵行区
设计 / 建成：2011/2014
总用地面积：67 053 m²
总建筑面积：128 920 m²
建筑高度 / 层数：53.2m（地上 11 层 / 地下 1 层）
容积率：1.4
设计单位：华建集团上海建筑设计研究院有限公司
合作单位：美国 Gresham Smith and Partners（顾问设计）

项目团队：陈国亮、汪泠红、陈蓉蓉、陈佳、周宇庆、李根、朱学锦、朱喆、陆文康、胡圣文、朱文、刘兰

作者简介

汪泠红，女，华建集团上海建筑设计研究院有限公司第一建筑事业部主任建筑师

陈国亮，倪正颖 / 文　CHEN Guoliang, NI Zhengying

上海市质子重离子医院

十年磨一剑
让科技造福于人类

Shanghai Proton & Heavy Ion Hospital

项目名称：上海市质子重离子医院
建设单位：上海申康医院发展中心
建设地点：浦东新区国际医学园区
设计 / 建成：2007 / 2012
总建筑面积：52 857m²，220 床
建筑高度 / 层数：34.45m（病房楼），其他 24m / 地上 2 至 7 层，地下 1 层
容积率：0.568（本次用地范围）；0.242（总用地范围）
设计单位：华建集团上海建筑设计研究院有限公司
项目团队：陈国亮，陈文杰，倪正颖，贾水钟，张伟程，孙瑜，汤福南，陆振华，王静宇，李颜，凌李，于亮，俞欢，周春，王涌，滕汜颖，俞超
获奖情况：2013 年上海市优秀工程设计一等奖，2013 年上海市建筑学会建筑创作奖杰作奖，2013 年全国优秀工程勘察设计行业奖一等奖，2015 年上海重大工程立功竞赛优秀集体

及时捕捉世界科技发展潮流，积极面对第三次科技革命带来的机遇和挑战是必须把握的方向。国际尖端科技质子重离子技术是目前国际肿瘤治疗的高端技术，在安全、高效、温馨的建筑环境中更好地为大众服务。

上海市质子重离子医院是一所提供质子重离子放疗的现代化放射肿瘤学治疗和研究机构，是上海卫生系统一号重点工程。位于上海市浦东新区国际医学园区内，依托于复旦大学附属肿瘤医院的强大临床和科研能力，重点进行质子重离子放疗的放射生物学研究及相关技术规范的建立，是集医疗、科研、教学于一身的现代化、国际化肿瘤中心。本放疗系统由德国西门子公司生产，作为领先世界水平的尖端科技医疗设备，首次在国内整套引进，在诊断治疗和新技术应用上，将大大提升上海肿瘤医学的国际竞争力，并填补国内相关领域的空白。

质子重离子放疗技术是目前国际肿瘤治疗的高端技术，具有精度高、疗程短、疗效好等特点。它集成了高能物理、加速器制造、自动控制、计算计等新技术，应用于肿瘤的影像成像、放疗计划设计、实施和质量控制，使肿瘤放疗的精确性达到当今最高水平。

质子重离子放疗的主要特点是利用质子或重离子射线在到达肿瘤病灶前能量释放不多，到达病灶后瞬间释放大量能量杀灭肿瘤细胞，然后能量迅速衰弱，形成被称为"布拉格峰"的能量释放轨迹，犹如"立体定向爆破"，对肿瘤细胞产生强大的杀灭效应，而对周围正常组织的损伤明显减少，达到杀灭肿瘤又不明显产生放射毒副作用的目的。据统计，除上海市质子重离子医院外，至今世界上仅有日本和德国等少数国家拥有质子和重离子技术。

1. 主入口全景：主入口的大尺度柱廊形成的半室外空间统一了区域间的不同尺度，形成过渡灰空间；也成为医护团队最喜欢的地方

1.建设历程：十年磨一剑

从 2003 年开始，项目历经七大重要阶段：前期调研论证、确定引进技术路线、国际招标谈判、基建实施、系统安装调测试、设备检测和临床试验准备、临床试验。从 2003 年到 2014 年，终于成功引进质子重离子系统设备，全面建成上海市质子重离子医院，不仅可以造福于病人，并为推进高端放疗技术在国内的推广应用奠定重要基础。

2.基于科技服务的设计思考

项目呈现出周期长、成本大、要求高的特点。这必然要求设计团队充分了解系统工艺特点和需求，提供个性化的建筑整体解决方案。设计方案有效解决了放疗系统对建筑不均匀沉降、微振动、屏蔽、流程控制等极高的要求。另外，随着医疗技术的升级换代和建筑应用科技日新月异的发展，医疗建筑也呈现出智能化、开放性、人性关怀日益提高的发展趋势。这些变化和趋势使现代医院的职能有了与时俱进的变化。设计方案以此为考量，主要体现出安全性设计、人性化设计、可持续发展布局的特点。

3.可持续发展的总体布局和以病人为中心模式的人性化设计

一个相对集中的建筑布局确立东西向的景观主轴及南北向发展主轴，医院的主要四大功能区组成核心医疗区，充分利用地下空间，布局紧凑。各功能区以南北向为主要朝向，以

获得良好日照和通风。空间组织注重医院内外环境创作，充分体现"人性化服务"、"数字化医院"、"生态化环境"、"现代化医院"的品质，以同时达到对病人疾病治疗、生活服务、心理安抚的目的。

4.复杂功能流线的有序组织

作为一个特殊的专科医院，除了医疗建筑所有的常规功能和流程外，质子重离子医院还需对质子重离子放疗设备及其他放疗设备使用的物流及人流进行总体控制。

总体交通流线中，注重医院内外人流物流的交通组织与出入口关系的协调，动静分区，洁污分流。核心医疗区主出入口设置于基地东侧；核心医疗区地下室为一整体连通地下区域，地面以上中部设架空连廊，紧密将四大功能区联系起来。同时方案考虑二期建设时连廊向北及向南延伸的可能性。

5.全方位安全性设计，保证放疗系统复杂工艺要求

为保证放疗系统的安全运行和病人的安全就医，设计团队全面展开了微振动微变形设计研究、公用设施系统、PT 区综合管线、防护屏蔽设计、流程控制等多项专项设计工作。

质子重离子放疗系统包含离子源、同步加速器、4 个固定线束治疗室、笔形扫描技术系统、高精度病人定位和影像验证系统、呼吸门控系统等多个核心设备系统，加速器能

量最高可达 430MeV。针对质子重离子放疗设备复杂工艺要求及对环境条件的苛刻限制，需在有限空间有序高效地精密安排各类设备及管线。为保证质子重离子放疗区设备运行过程中不受建筑外部环境与建筑内部其他设备的振动传导影响，经实地采样观测和计算研究，采用浮置地坪等各种不同的微振动微变形控制设计以避免相关的干扰。为达到99.9% 的开机率目标，由中方自主设计、安装、调试及运营管理的工艺冷却水系统可以在质子重离子放疗设备能量剧烈变化的情况下，需保证进口温度、压力等参数的控制精度。主体系统机房区域根据射线屏蔽剂量确定屏蔽设计厚度值，屏蔽厚度设计值从 2 800mm 至 140mm 厚混凝土不等；此部分空间由很厚的混凝土包裹，除管道及逃生通道外与其他区域完全隔绝以避免高能量的质子重离子泄漏，与外界相通的管线及通道也都设有迷宫，通过多次转折达到屏蔽的目的；采用了防屏蔽门和门禁系统，治疗室内均采用防静电地板，地板下同时预留空间用于安装设备支架和相关管线。

6.以中心景观轴为核心的总体布局和温馨的就医等候空间

下沉的中心景观广场结合景观布置，同时为地下医技区、门诊楼、入口门厅、质子区等候大厅及医生办公区提供了充足柔和的自然光线和宜人的室外环境。门诊楼、行政楼、地

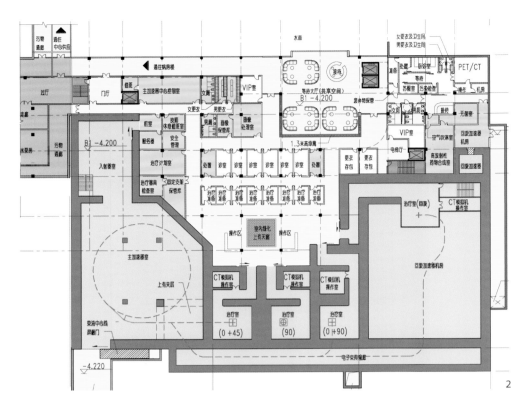

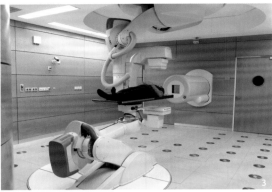

下室中心供应区也采用了局部的屋顶花园或下沉花园的处理。

质子重离子区域是医院的核心区域,共设有4间治疗室,其中3间为90°水平束、1间为斜45°束治疗室。质子重离子区域的病人等候区为一个开敞的空间,北面向基地中央的下沉式中心景观区大面积开窗,同时顶部设置天窗,将室外景观及自然光线引入室内,从而为就诊的病人创造一个既安静又不失生机的等候环境,给即将开始的放疗做好充分的心理准备。治疗室外侧的采光长廊跨度大,采用了屋顶天窗补充日间自然采光。

同时,在其他地下医疗区也充分引入阳光和绿化,在每个区域的窗外都能看见绿色,打造出生态绿色医院的怡人环境。

门诊功能区的设计采取模块区域的设计手法,以方便日后功能扩展与变化。南向面对中心景观轴处设置地下一层至二层的通高中庭,即结合了内部的交通廊,丰富了内部的空间层次,同时又将室外的阳光景观引入室内。

医院内外环境将自然景观、室内庭院与候诊空间有机结合,患者可直接步入庭院中散步、小憩,欣赏郁郁葱葱生机盎然的绿化和绿波涟漪的池塘,感受舒适轻松、安逸幽雅的氛围。小型喷泉、石凳座椅、铺路图案、花架等,为病人提供休息散步场所,使病人在优雅的环境中产生神清气爽的解脱感,获得良好的心理感受。

从项目建成后的实际效果看,低密度建筑设计、屋顶花园或下沉花园的处理极大地减小了地下公共空间和大体量建筑压迫感,使人身处地下室而如在阳光中庭,面临厚重墙体而如处锦绣花园。

7.理性、人性和实用的内涵,现代、简洁和流畅的造型

以适合医疗功能紧凑布局的简洁规整建筑形体,通过建筑手法处理,特别对质子重离子放疗区建筑体量的弱化、整合及表面质感处理,使建筑群协调统一中有变化,体现医疗建筑简洁大方、清新典雅、具有时代感的特征。主入口的大尺度柱廊形成的半室外空间统一了放疗系统区和门诊区的不同尺度感,并提供给使用者一个进出的过渡空间;奇妙的是,现在这个灰空间已经成为医院的医护团队最喜欢的地方,经常可以看到各类活动在这里展开,即使是团队建设活动和自助餐活动也是感觉舒适宜人。

8.结语

2014年上海市质子重离子医院建成,成为中国首个拥有质子、重离子两种技术的医疗机构。并在2014年6月15日成功完成了首例临床实验,运用重离子(碳离子)为一位71岁癌症患者进行了第一次"立体定向爆破"治疗,这标志着本项目正式进入临床阶段。截至2014年9月底,已完成所有临床试验病例35例。十年来,为医院建设付出心血和汗水的各方团队终于看到项目的完美收官。

2. 地下一层平面图
3. 治疗室:空间由厚混凝土包裹,通道都设有迷宫;地板下预留空间用于安装设备支架和相关管线
4. 质子区外景:主体机房区根据射线屏蔽剂量确定设计值;与其它区域隔绝以避免高能量的质子重离子泄漏

作者简介

陈国亮,男,华建集团上海建筑设计研究院有限公司 首席总建筑师,医疗建筑事业部主任,教授级高级工程师,国家一级注册建筑师

倪正颖,女,华建集团上海建筑设计研究院有限公司方案创作所 执行总建筑师,高级工程师,国家一级注册建筑师

1. 质子中心西侧采用了下沉绿化庭院，屋顶也设置了屋顶绿化和休息平台
2. 建筑外观典雅温馨，入口处通透明亮，西立面设置外廊和广告牌，丰富了面对轻轨车站的立面效果

瑞金医院质子肿瘤治疗中心
人性化医院环境的创造

Ruijin Hospital Proton Cancer Centerl

刘晓平，陈炜力 / 文　LIU Xiaoping. CHENG Weili

质子治疗是国际先进的一种肿瘤放疗方式，其原理是利用质子作为放射粒子治疗肿瘤，既准确杀死肿瘤中的癌细胞，又最大限度的保护病人的正常细胞。质子治疗的定位精度要远高于常规放疗，其治疗装置是核技术、计算技术、精密机械、图像处理、自动控制和医用影像等高科技相互交叉和集成的产物。瑞金质子肿瘤治疗中心是上海市重大项目，质子治疗系统由中国科学院上海应用物理研究所研发和集成，将是首个具有自主知识产权质子治疗中心。

3. 质子中心的外墙红色源自与瑞金医院北院呼应，肿瘤配套病房楼的裙房也采用红色外墙，与前两者统一
4. 诊疗主入口设在北面双丁路上，但诊疗车行必须从合作路出入，项目分为主体和能源中心两栋楼
5. 一层平面图
6. 采光中庭的开放性，对处于地下室的质子治疗区有引导作用

项目名称：瑞金医院质子肿瘤治疗中心
建设单位：上海瑞金医院
建设地点：上海嘉定区 双丁路、依玛路口
设计 / 建成：2014/2017
总建筑面积：26 075m²
建筑高度 / 层数：20m / 3 层
容积率：0.5
设计单位：华建集团华东都市建筑设计研究总院
项目团队：刘晓平、陈炜力、姚激、刘晓平、王纯久、陈炜力、曾丽华、徐以纬、黄卫、王锐、曹岱毅、蔡宇、刘蕾、闻彪、余勇、汪洁、周伟潮

项目基地位于上海市嘉定新城，瑞金医院北院南侧，占地面积约 40 亩。项目共包含医疗、科研、培训、办公等功能。整体工程设计由现代都市院全过程承担，设计贯彻"安全可靠、流线清晰、人性化关怀、绿色节能"的理念。质子治疗区主要包括加速器大厅、高能输运线隧道、两个固定治疗仓（其中一个固定治疗仓为眼线和实验治疗仓）、三个旋转治疗仓、中央控制室、加速器设备技术厅，辅助加工中心，设备维护间等。目前项目在施工中，将于 2017 年建成，已获得中国绿色建筑三星的设计阶段认证。

1. 功能布局

项目建成后，预计日门诊量约 300 人次，其中，质子治疗每日约 100 人次。另面向全国各地培训质子治疗应用人才，开展科研试验。从辐射安全防护出发，主体建筑地下一层南侧布置质子治疗区、直线加速器区、检查定位区、核医学区以及其他医疗辅房。地上一层主要布置门诊、检查、质子科研用房，治疗计划用房、

后勤管理用房等；地上二层主要布置专家门诊、培训教室、行政办公等用房；三层主要布置科研用房。各功能分区尽可能做到明确有序，联系方便，安全可控。

2. 人性化的诊疗环境

质子中心的日门诊量有限，因此各层平面的流线设计，除在管理上有严格要求的区域，病人和工作人员不做严格的分流。按照相似功能就近原则，引导各功能区域使用者互不干扰。但是质子治疗应该为病人提供更加舒适、人性化的诊疗环境，这点是建筑设计贯穿的重要原则，体现在温馨如宾馆的门厅、两层通高带玻璃采光顶的中庭空间；二层、三层退台后的大面积屋顶花园；西侧靠近合作路设置有大面积下沉庭院。草坪起伏变化，营造自然地景，同时也为地下空间带来良好的景观视野和自然采光。等候空间分区设置，使病人既拥有一定的私密空间，处处设置人性化服务设施。立面设计与北院呼应，北边靠近瑞金北院以红色基调为主，体现人文关怀。

3. 结构微变型与微振动控制

根据《上海先进质子治疗装置建安及公用设施设计要求》，微振动控制指标为 5~35Hz 频率范围内小于 50μm。设计中质子区采用均布灌注桩基础，并结合桩端后注浆技术，加强基础底板的刚度以减小其沉降差异，监测基础底板变形情况，并进行全程跟踪振动测量，为微变形及微振动控制提供依据及保证。

4. 大体积混凝土设计与施工技术措施

本工程主体建筑某些功能用房内有放射源，为屏蔽射线局部地下室范围须设置厚度很大的混凝土墙体及顶板。混凝土墙体厚 2.5m，基础底板厚 2.4m，顶板厚 2m。如此大体积混凝土施工难度较大，且对混凝土的裂缝控制提出很大挑战。项目准备阶段经多次专家专题讨论，确定了混凝土配合，施工过程温度监测与控制方案，及相应施工技术措施，并在施工前进行了实际比例墙体浇筑模拟实验，均达到了满意的控制效果。从而使实际结构的施工质量

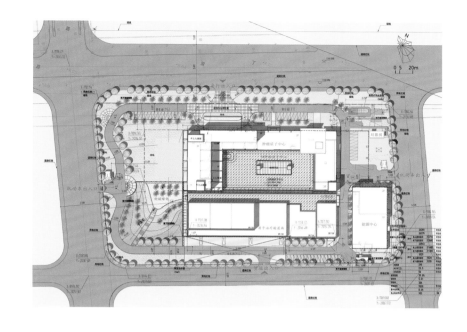

4

得到更进一步的保证。

5. 高精度大型预埋件设计与施工技术措施

质子区治疗设备与主体结构的连接由于变形要求较高："支撑预埋钢板的变形要求：0.05mm/m；预埋钢板的平面度 ±0.5mm，平行度、垂直度 ±3mm，位置尺寸误差小于 ±5mm；其他预埋件偏差小于 ±5mm。"设计为减小变形量，增大预埋件刚度，采用了大型型钢锚固件。并且应用整体建模分析使结构变形达到设计要求。

6. 绿色环保节能技术应用

设计带部分热回收功能的螺杆式冷水机组，回收的冷凝热量用于"质子治疗区"空调再热。采用水源热泵机组，冬季从工艺冷却水二次水系统中提取热量，为整个大楼空调系统提供部分热源。冷却塔免费制冷系统，在冬季及过渡季实现医院内区的免费制冷。过渡季用室外新风免费供冷；排风热回收技术；设置二氧化碳监控系统控制新风量取用等。

按绿色建筑三星级目标做到节水节能。医疗废水、含辐射废水、核医学区排水、普通生活废水均分别排放。对医院所排放的各含辐射成分的废水进行衰减处理。质子装置区域隧道

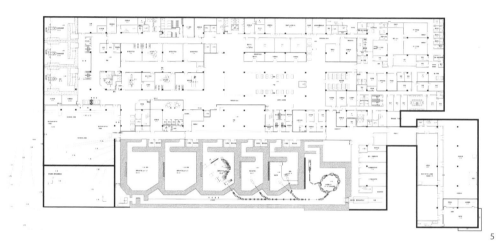

5

内的所穿越的管道（设备）等满足辐射安全、减震的设计要求。质子放疗区、PET、大型CT、直线加速器等有较大辐射设备的房间的墙体、底板、顶板、门窗严格按照国家相关标准设计，防止辐射源泄露；质子中心地下污物间等。按照分区防渗原则，分重点防治区和一般防治区进行土壤和地下水污染防范。

7. 数字智能化医院管理

将医院信息管理系统(HIS)、临床信息系统（CIS）、放射信息系统(RIS)、药品库存管理、排队叫号系统等均纳入医院信息网络。依据医院管理灵活性需要，各系统设计遵循开放性、先进性、集成性和可扩展性、安全性的原则，力求实现智能管理的最佳性能。

6

作者简介

刘晓平，男，华建集团华东都市建筑设计研究总院 副总建筑师

陈炜力，男，华建集团华东都市建筑设计研究总院第四事业部 副部长

张万桑 / 文　Vincent (Zhengmao) ZHANG

南京鼓楼医院
融汇中西的医疗花园

Nanjing Gulou Hospital Design

项目名称：南京市鼓楼医院南扩工程

建设单位：南京市鼓楼医院

建设地点：南京市中山北路

设计 / 建成：2004/2012

总建筑面积：23 万 m²

建筑高度 / 层数：56.8m/14 层

容积率：5.2

设计单位：瑞士 Lemanarc 建筑及城市规划设计事务所

合作单位：南京市建筑设计研究院（施工图设计），Schmidtlin（幕墙咨询）

项目团队：张万桑，保利.丹（Daniel Pauli），马戎，安雅（Anja Schlemmer），罗尔夫.德姆勒（Rolf Demmler），比约恩.安德森（Bjorn Anderson），崔晓康

获奖情况：2013 年鲁班奖，2013 英国 WAN 世界建筑医疗设计优胜奖

三个层级的花园，让绿色渗透到这所医院的各个角落，从六个大庭院，到三十余个采光井，再到每扇窗前的一抹绿色……鼓楼医院是闹市中的医疗之岛，也是向每个市民开放的医疗花园。2013年，鼓楼医院设计获得WAN（世界建筑新闻）的医疗设计奖，是中国地区唯一获此奖的项目。

南京既是历史悠久的六朝古都，又是喧嚣繁忙的现代都市。作为世界上人口最多的城市之一，南京也和其他城市一样，面临着自身的需求与问题。

1.六个大花园

南京鼓楼医院一个多世纪的沧桑，可以说是近代南京历史的缩影。鼓楼医院由加拿大传教士马林医生于 1892 年创立，是中国历史最古老的医院之一。如何在方案中延续古今与中西的对话，是我们设计的主要出发点。建立传统与现代的有机联系，这本身也已成为医疗的过程的一部分。目前世界上的医院建筑，大都采取了楼房加公园的常规形式。与此相反，我们的方案试图做出全新的尝试，我们希望在满足医院各项功能的同时，营造出亲切怡人、具有独特文化气质的空间意象，这是方案最关键的部分。为此，我们决定减少建筑的层数，并

在这个位于市中心的场地中植入六个大花园。

2.整合历史轴线

设计充分考虑到与医院北侧明代鼓楼遗址的文脉关系，通过引入鼓楼的历史轴线，发掘出古都尘封已久的历史记忆。另一条历史轴线，则来自场地东侧源于民国时期的中山路。这个项目带来了极好的契机，让我们能够重新发掘南京从前的城市空间结构并于新建筑整合到一起。

这种处理方式，能使居住者重新认识到这个古老医院的历史价值。而这两条轴线的叠合，也派生出丰富的形式组合，面对这个复杂而规模庞大的项目所提出的种种问题，这些空间形态与布局提供了有意思的解决方案。

3. 世外桃源般的"孤岛"

为了减少来访者所受外部影响，设计师在

1.凹窗透明玻璃为室内房间提供了向外观景的机会，周边凸窗所形成的非对称框体为景观形成景框
2.住院部中庭使用钢和磨砂玻璃、屋顶结构撑杆作为射灯及四周挑出的小型医生会议平台等都源自对教堂礼拜的灵感，希冀唤起对教堂崇高纯净的体验
3.从北至南共六个大型的花园，为医院医患及城市公众所分享，图为北广场花园

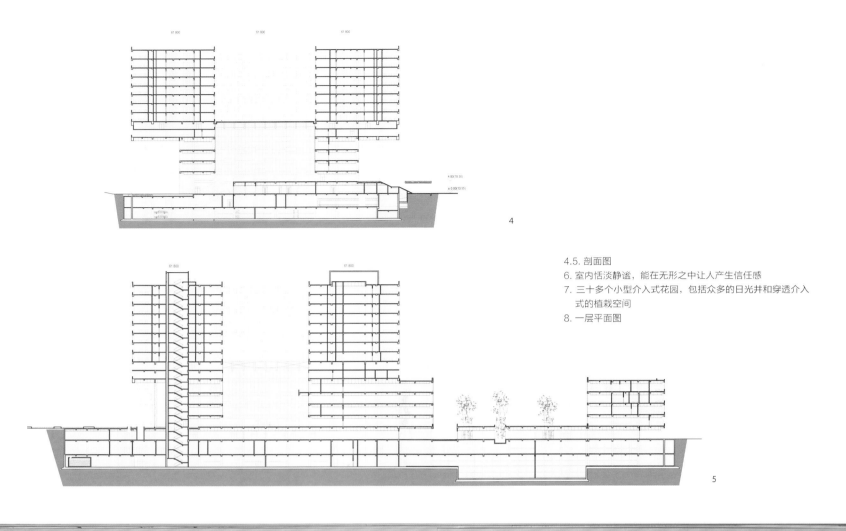

4

5

4.5. 剖面图
6. 室内恬淡静谧，能在无形之中让人产生信任感
7. 三十多个小型介入式花园，包括众多的日光井和穿透介入
   式的植栽空间
8. 一层平面图

6

建筑之间及建筑与周边环境之间留出了明确的空隙。这不但反映了医院在功能上的高效，而且为病患与访客营造出了安全舒适的环境。在某种东方意义上，医院就仿佛一个世外桃源般的"孤岛"。

医院建筑需要简洁明确的格局、清晰紧凑的功能分布及条理分明的流线安排。作为一个为病患提供庇护与支持的场所，医院还应提供人文与心灵的抚慰。我们的方案试图创造出这样一种空间：它们既亲切怡人，又能提供安全的庇护；它还应该恬淡静谧，能在无形之中让人产生信任感。

4.医疗花园

西方传统中的"医院"（hospital）一词，有着"旅馆"与"好客"的含义，它意味着为大量集中的病患与访客提供治疗、照顾与庇护。而在中国传统中，"医院"是"医"与"院"两个概念的结合，"医"指的是治疗；"院"则有"院落"、"花园"的意思。从字面上看，"医院"就是"医疗花园"。在诊疗空间内部，我们植入了许多采光井。无论身处医院的任何地方，人们都能贴近内庭院与天然采光。这也为病患与医护人员带来了舒适的感受。

5.立面的功能

我们从中国传统文化中汲取灵感，将医院的立面拆解成以下五个方面的功能，并以模数化及预制构件的方式，把这些功能重构为一个整体。

1）遮阳

立面的第三层（最外层）是遮阳层，其上安装了多孔铝板。它们覆盖整个立面，构成了一个有效的遮阳体系。

2）绿化

立面第一、三层之间放置了供绿色植物生长的培养箱，在多孔铝板遮阳层的保护下，这些藤蔓类植物将茁壮成长，从室内向外眺望时，我们将看到它们带来的绿色景观。

3）采光

立面的第二层由单面磨砂玻璃构成，半透明的材质为室内带来了明亮而柔和的天然采光。

4）通风

我们在立面的第一、二层间的窗框侧面设置了侧向开口，从而使立面平行方向的自然通风成为可能。

5）观景

一方面，三层立面呈现出各自不同的观景框；另一方面，它们共同构成了建筑与其外部景观的独特关系。由不同肌理叠合而成的多层立面，则重新塑造出光滑与亲切的质感。每个开窗附近都有花园相伴，这样的布局在确保了室内与室外连续性的同时，为病人营造出人性化的诊疗环境。

6.结语

当前的中国，正面临着大众消费主义造成的诸多问题。通过东方与西方、历史与现代科技之间的持续性对话与反思发现，我们所追求的不仅仅是功能上的高效，而是要建造一个回归其真正目的与价值的医疗场所。

这座城市期待着巨大冰冷的医疗机器，我们给出的却是温暖怡人的医疗花园。（摄影：夏强）

作者简介

张万桑，男，瑞士Lemanarc建筑及城市规划设计事务所 首席设计师，瑞士联邦建筑师协会注册执业建筑师

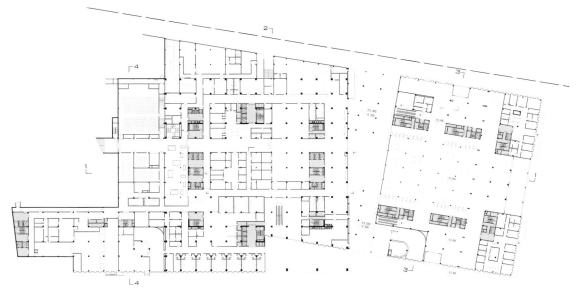

孟建民/文　MENG Jianmin

香港大学深圳医院
有机生长的医院

Shenzhen Hospital of Hong Kong University

建设单位：深圳市建筑工务署
建设地点：广东省深圳市
设计 / 建成：2007 /2012
总建筑面积：352478m²
用地面积：192 001m²
设计单位：深圳市建筑设计研究总院有限公司
项目团队：孟建民（项目负责人）、邢立华、侯军、甘雪森、王丽娟、吴莲花等
合作设计：美国 TRO 建筑设计公司
获奖情况：2015 年度全国优秀工程勘察设计行业一等奖，2012 年度"十一五"全国优秀医院建设项目规划设计类优秀项目奖

　　香港大学深圳医院是我国目前新医院的示范代表，每年院方要接待大量国内外各医疗机构来参观学习，成为展示我国医疗建筑发展的窗口。香港大学深圳医院是"机变论"的现实作品，医院空间不仅高效便捷、舒适宜人，更呈现出一幅动态的生活场景，打破了传统医院冷漠的室内景象。

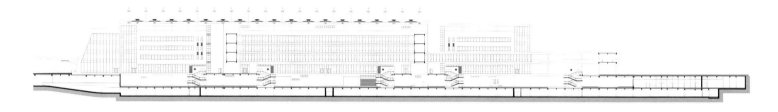

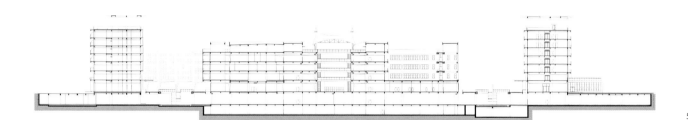

1. 医院街
2. 医院实景鸟瞰
3. 护士站
4. 医院街
5. 剖面图
6. 住院部
7. 主入口

深圳市政府于2007年举办了香港大学深圳医院的国际竞赛，该医院即是竞赛的中标方案作品。医院坐落于深圳湾填海区16地块，周边均为城市道路，南侧为红树林生态保护区和深圳湾海景，使其拥有得天独厚的环境资源。

1. "机变论"

英国建筑师约翰·威克斯在医院建筑设计上倡导"机变论"，他指出："功能变化很快，初始的功能要求本身，并不是医院固定不变的设计基础，设计者不应再以建筑与功能一时的最适度为目的，真正需要的是设计一个能适应医院功能变化的医院建筑。"

2. 医院街

香港大学深圳医院即是"机变论"的现实作品。设计以一条宽约28m的医院街串联起门诊医技各个医疗单元，形成有机整体。医院街的东侧端部为开放尽端，可随医院的发展对各个部分进行扩建。由于医院街的控制，扩建后的建筑依然能够成为一个相互融合的有机整体，充满张力，契合场地。医院街不但是医院规划的控制主轴，而且是医院的交通主轴；它以弧形大厅为起点，贯穿医院整体，可方便到达每一科室。街内布置绿化、银行、花店、商店、咖啡厅、茶室、书店、环保电瓶车搭乘站，呈现出一幅动态的生活场景，打破了传统医院冷漠的室内景象。

3. 高效便捷

为缓解医院规模过大所带来的不便，门诊部每一科室呈中心化布局，科室内设置诊室、基本的诊断设备及专科药房和收费处，简化流线，提高效率。

门诊、急诊急救、感染门诊、特需诊疗中心、体检中心、行政后勤、住院部均有独立的出入口；急诊急救与感染门诊位于负一层，门诊、特需诊疗中心、体检中心位于一层，入院就诊患者在院区入口处经立体分流进入各自科室，妥善处理了医院众多流线交叉的问题。三座"L"形住院大楼与特需诊疗中心一起有节奏地布置在门诊医技楼南侧，行政信息楼与后勤服务楼位于门诊医技楼北侧，三者之间通过两条南北向的走道取得联系，结合东西向的医院主街构成院区的主要交通骨架，同时在主街两侧还衍生出多条就诊"巷道"，从而形成逻辑性极强、主次分明的鱼骨式交通网络体系。

4. 舒适宜人

医院主入口以大气舒展的弧形"凹"口空间与城市形成良好对话，建筑也以倾斜的弧线造型与入口空间契合，在加强建筑群统一性的同时，结合具有动感的出挑雨棚构成独特的入口形象。

住院大楼朝向南侧或东南侧，楼前为开阔的绿化庭院，在视觉上与红树林原生态景区连为一体，并延展至深圳湾海面，为住院患者提供怡人舒心的观海视野，起到辅助治疗的作用；大楼地下一层为生活街市，布置普通营养餐厅、VIP营养餐厅及其特需诊疗中心理疗部，北侧连续的下沉庭院为生活街市提供了充足的阳光、新鲜的空气和优美的景观。

香港大学深圳医院是我国目前新医院的示范代表，每年院方不仅要接待国内各医院团队，还吸引了包括新加坡、以色列、法国、德国等外国医疗机构前来参观学习，成为展示我国医疗建筑发展的窗口。（摄影：张超、厉跃胜）

作者简介

孟建民，男，中国工程院院士，全国建筑设计大师，深圳市建筑设计研究总院有限公司 总建筑师

项目名称：斯波尔丁康复医院

建设单位：美国联盟医疗体系和斯波尔丁康复医院

建设地点：美国马萨诸塞州波士顿市

设计 / 建成：2009/2013

总建筑面积：24 340m²

层数：8 层

床位数：132 床

设计单位：帕金斯威尔建筑设计事务所
(Perkins+Will)

合作单位：McNamara/Salvia, Inc.
（结构设计），Buro Happold Consulting
Engineers,Inc.（设备设计），Copley Wolff
Design Group, Hoerr Schaudt Landscape
Architects（屋顶露台景观设计），Walsh Brothers
Incorporated（施工单位）

主创建筑师：拉尔夫·詹森（Ralph Johnson）

获奖情况：2013 年波士顿建筑师学会可持续设计表
彰奖，2013 年波士顿保护联盟保护成就奖，2013
年 Contract 杂志 / 医疗设计中心医疗环境评奖活动
急症护理单元奖项得主，2014 年国际室内设计协会
新英格兰分会最佳医疗设计奖

绿建认证：获得 LEED 新建建筑体系金级认证

[美] 拉尔夫·詹森 / 文　Ralph JOHNSON

1. 环绕建筑周围的花园里种植了土生土长的耐旱植物，为患者提供了疗愈环境
2. 医院室内实现了环境最大化的自然采光和对外视野

美国斯波尔丁
康复医院

全程化医疗建筑
设计的突破与创新

Spaulding Rehabilitation Hospital

这座位于波士顿海港沿岸的康复医院积极践行绿色创新的设计理念，将院楼和院区作为患者康复之旅中的疗养工具，以先进的技术设施与体贴的护理服务去积极回馈患者和公众。

3. 病房中使用了可开启窗
4. 在对前身为海军造船厂这一棕地进行修复后，斯波尔丁康复医院进行了有利于当地环境的建设
5. 水疗泳池

斯波尔丁康复医院是美国联盟医疗系统下辖的一家享誉全美的知名医院，作为哈佛医学院物理医学与康复系的附属医院，主要提供急性康复护理服务。斯波尔丁康复医院新院楼地处码头沿岸，替代了位于纳舒俄街（Nashua Street）使用时间长达35年的原院楼，以132间单人病房的服务规模和大量新增的配套设施向患者提供更好的体验。

早在2005—2008年，帕金斯威尔的一项总体规划方案便为斯波尔丁康复医院指明了未来的发展方向，由此直接促成了这一医院新建项目的诞生。当时的总体规划过程对原址改扩建与新址建设两种发展方向进行了全面的考察研究。最终，斯波尔丁康复医院和美国联盟医疗系统决定选择新建形式，将院址选定在波士顿的查尔斯敦区。

帕金斯威尔的设计理念是将斯波尔丁康复医院的院楼及园区作为患者的治疗工具。新院楼与城市的海滨步道（City Harbor walk）相连，是周边居民社区的延伸部分，首层75%的面积均具有公共用途。医院还包含门诊服务、一个水疗泳池、两间大型康复运动馆、一间生活自理活动能力套间、过渡性患者公寓，还有穿插在两个住院层的多间康复室。室内地面以具有康复里程碑意义的标识记号和铺地图案作为衡量康复进度的一种方式。工作区和护士站形态柔和，位置便捷可达，能促进患者及家属与医护人员之间的交流。

由于机器人学和再生医学以前所未有的速度不断发展，因而科研也成为了斯波尔丁康复医院的一大重要组成部分。这些前沿学科正在重新定义康复医学的范围，如今的疗法在十年之前都是难以想象得到的。为了继续为患者提供全球顶级的康复环境，斯波尔丁康复医院致力于将广泛的科研成果结合到医疗设施当中，其中包括步态和运动分析、肌肉再生、生物机器人和纵向效能研究等。随着科研与临床活动之间边界的变化和科学技术的发展，设计该等

科研空间的关键就在于通达性和灵活性。

项目之初，斯波尔丁康复医院便致力于打造一座对环境负责的可持续设施。新院楼选用的地块是一处经过修复处理的棕地，曾是海军造船厂的组成部分。项目通过棕地修复利用，为查尔斯敦社区及周边的环境带来了积极的影响。围绕在建筑四周的花园选用本土耐旱植物，并为患者提供了疗养径道、健身墙、高尔夫球洞区和半场篮球场。在设计深化阶段，考虑到海平面升高的因素，建筑主楼层被抬高了约0.3m（1英尺）。

医院室内在尽量增加采光面积和景观视野的同时，还采用高性能建筑表皮对由此产生的通透性加以平衡。康复室、多功能室和病房等则采用可开启窗来实现自然通风，并可在紧急情况下获得"被动生存能力"。利用绿化屋顶缓解暴雨雨水径流现象，降低制冷负荷和热岛效应，为建筑使用群体提供具有疗养作用的环境。此项目已获得LEED金级认证。

（摄影：Anton Grassl & Esto, James Steinkamp）

作者简介

拉尔夫·詹森，男，帕金斯威尔建筑设计事务所全球设计总监、董事，美国建筑师协会高级会员，美国国家学院院士，哈佛大学研究生院硕士学位

李晟/文　LI Sheng

山东省立医院东院区一期工程

大型综合医院体系化医疗流程探索

The First Phase of Shandong Provincial East Hospital

内部作业廊

功能联系廊

主街

　　本次设计从城市规划着手，尊重规划条件，将城市规划与医院规划各自理想状态相互叠加并形成交集，在交集中采用分类、分组、整合的方法，深入地剖析医疗功能，梳理医疗流程与院区规划的关系，在限制中创新设计，采用了"一轴多核"的线形规划结构，使医院规划既融入了城市规划的框架，又确保医院规划自身的健康运作。

项目名称：山东省立医院东院区一期修建性详细规划和单体建筑设计

建设单位：山东省立医院

建设地点：济南市

设计/建成：2006/2010

总建筑面积：16万 m²

建筑高度/层数：69.1m/14层

容积率：1.44

设计单位：华建集团华东建筑设计研究总院

合作单位：法国思构建筑设计咨询有限公司（设计顾问）

项目团队：邱茂新、荀巍、李晟、姜文伟、李明、韩倩雯、陆琼文、袁璐

获奖情况：

2012年度济南市优秀工程勘察设计一等奖，2013年度上海市优秀工程勘察设计项目二等奖，2013年度全国优秀工程勘察设计项目二等奖

1. 沿街透视
2. 门诊主入口
3. 门诊大厅

1.概况

山东省立医院是具有百年历史的大型三级甲等综合医院，集医疗、科研、教学、预防于一体。新建东院区位于济南东部奥体政务中心，承担立足济南、面向全省的普通及高端医疗服务，并为十一届全运会提供了医疗保障。

山东省立医院基地南临济南东西城市主干道经十东路，东靠城市规划道路，北、西侧均邻院区内部道路。总规划用地 17m²，分两期实施。两期之间由东西向规划道路隔开。本次设计为东院区一期工程，总建筑面积约 16 万 m²，包括门诊、急诊、医技、病房、后勤保健等功能。

2."一轴多核"的线形规划结构

医院的规划设计首先要从整个城市的规划着手，按照理想的规划模式，同时遵循尊重城市、集约用地、合理分区、流程便捷、可持续发展等原则。本次设计从城市规划着手，尊重规划条件，将城市规划与医院规划各自理想状态相互叠加并形成交集，在交集中采用分类、分组、整合的方法，深入地剖析医疗功能，梳理医疗流程与院区规划的关系，在限制中创新设计，采用了"一轴多核"的线形规划结构，使医院规划既融入了城市规划的框架，又确保医院规划自身的健康运作。

"一轴"即规划结构中的中轴线，在医疗功能上是贯穿院区的南北连廊。作为中轴线的南北连廊，串联了各栋建筑，进一步提升功能核的综合服务能力和相互间的技术支持。

"多核"即规划结构中的节点，也是设计伊始规划条件中要求的 8 栋建筑。这 8 栋建筑分别以各自的学科、技术、设备为特点，形成各自的诊疗中心，使各栋建筑均作为承载医院运营服务的主体，爆发强大的服务能量，可均匀地为医院内的各种人群提供高效服务。

"一轴多核"的规划结构既符合医院功能要求，也化解了医院规划在功能分区、流程设计等方面的设计难点。

3.体系化医疗流程

医院的组成复杂，科室众多，相互间的功能关系及其联系组成都各有不同。医生、护共、患者、探视人员、后勤物流、污物等各种人车流错综复杂，故医院的流程设计是医院设计的难点之一。结合本项目"一轴多核"的规划结构，本次设计以功能为核心，构建各个诊疗中心，创造体系化的医疗流程，成为最大亮点。

本项目的流程设计严格区分内外、洁污、探视、一环、普通与感染、病患与易感人群等，以病区为功能单元的主体，以临床学科为分区功能组织的核心，通过贯穿南北的一条医疗主街、一条功能联系廊、一条内部作业廊，串联功能模块及功能区域，分区分流，交通体系便捷、清晰，服务于不同使用对象。

1）医疗主街

医疗主街宽 6m，长 360m，为诊、查、治功能的过渡，发散式人流组织的核心，串联门诊、住院、急诊、医技、体检等功能，构建尽端式布局，与垂直交通连接，便于医院的运营管理。通过宽敞明亮的医疗主街，各功能模块有机地串联起来，编制出灵活高效的流程网络，创造出易于识别和便利通达的空间环境。这种连接方式的空间导向性很强，利于病人迅速找到相应的功能空间。另外，医疗街靠外墙设置，沿着医疗街即可看到户外景色，又可呼吸到新鲜空气，还可使医疗街变成调节医疗空间、环境质量的重要通道。

据医院管理者介绍，项目投入使用后，就诊患者普遍反映医疗主街舒适度高，可在主街内散步、小憩、聊天，甚至做适度的康复训练。阳光、景观成为医疗主街的标志。

2）功能联系廊

在诊室和检查医技的一次候诊区设置功能联系廊，连接各个功能模块。适当放宽走道宽度，避免公共空间主次不明晰，影响病人的方向辨识。沿功能联系廊的两侧均匀设置自动扶梯、电梯和楼梯，交通核从水平和垂直两个纬度建立起立体网格状的交通流程体系。并且联系廊两侧还配置了敬老、助残、等候、问询等设施，并分层分区提供收费、卫生间等服务功能，简化了患者的就医、就诊路线，提高了医疗服务的效率。功能联系廊靠近内庭院或室内开放空间，改善了病患的就诊体验。

3）医生工作廊

医生工作廊为医护人员内部使用，减少不必要的穿插干扰，为不同学科的内部会诊提供必要支持。

4.结语

2010 年 12 月，山东省立医院东院区正式启用，虽然地处济南奥体新区，交通、配套尚待发展，但由于合理的设计、安全高效的流程、

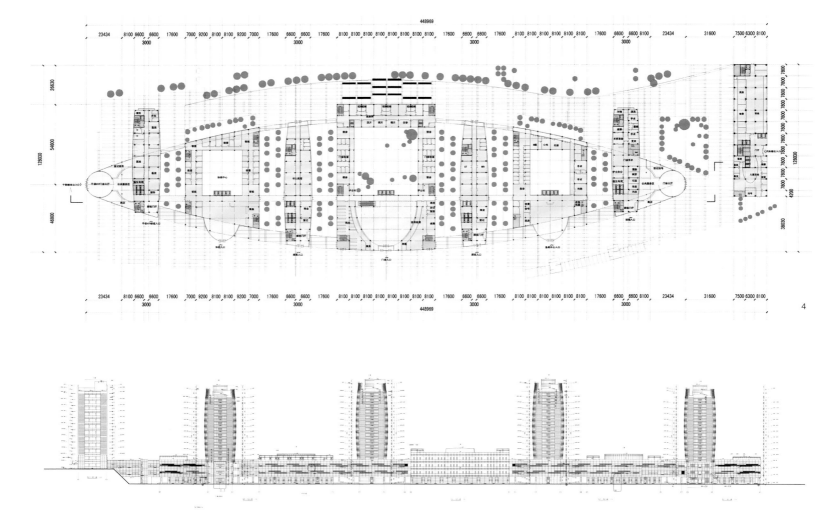

舒适的就医环境吸引大量患者前来就医，就诊人数首年既已超过老院区。据医院介绍，目前开放床位1 500床，年总诊疗人次达167万，出院病人6万人次，手术3万台次，平均住院日9.23天，门诊病人满意度97.05%，住院病人满意度98.8%，医疗服务能力居全省第一。

在本次设计过程中，坚持以人为本，将所有相关因素分类、汇总、整合，结合医院发展需求及自身特点，注重宏观流程的关联与微观流程的运行，统一于为人服务的框架中，是本次建筑设计的最大体会。

4. 一层平面图
5. 东南剖面图
6. 主入口及病房楼

作者简介

李晟，女，华建集团华东建筑设计研究总院医疗卫生建筑设计所 建筑师，国家一级注册建筑师

项目名称:山西大同市御东新区中医院
建设单位:大同市中医院
建设地点:山西大同
设计 / 建成:2009/2002
总用地面积:126 172m²
总建筑面积:88 890m²
建筑层数:11 层
设计单位:中国建筑设计院聚和设计研究中心(原陈一峰工作室)
项目团队:陈一峰、赵强、崔博森、崔磊、杨光、宦洪桥

陈一峰 / 文　CHEN Yifeng

山西大同市御东
新区中医院
中西文化交融的本土化医疗建筑

Shanxi Datong Yudong New District
Chinese Medicine Hospital

设计师一开始就形成了创建现代化的医疗中心的共识,努力使设计体现对医院内的各类使用者的关心,创建适宜的就诊、工作空间。在设计过程中充分考虑到地方建筑文化和地域特色,并将现代化的医疗中心与山西传统建筑文化有机结合起来,注重生态与节能的设计理念,试图营造温馨、舒适、人性化的绿色医疗、办公建筑空间。

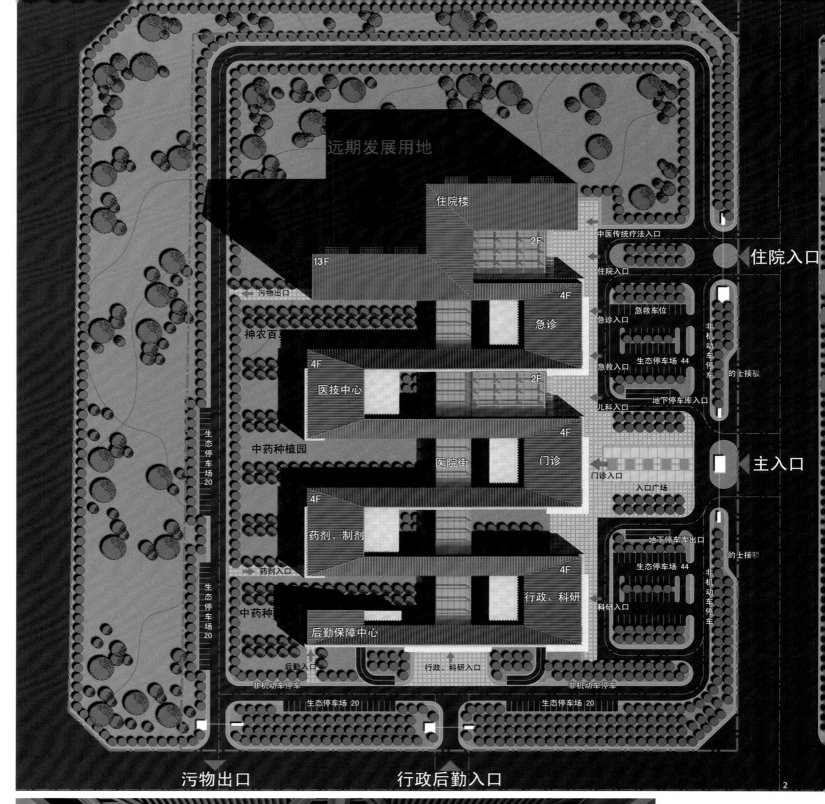

远期发展用地

住院楼

2F

13F

中医传统疗法入口

住院入口

急救车位

急诊入口

非机动车停车

的士接驳

急救入口

住院入口

住院入口

污物出口

4F

急诊

神农百草

生态停车场 44

地下停车库入口

4F

医技中心

2F

儿科入口

中药种植园

4F

门诊

门诊入口

主入口

医院街

入口广场

生态停车场 20

4F

地下停车库出口

的士接驳

药剂、制剂

生态停车场 44

生态停车场 20

中药种

4F

非机动车停车

药剂入口

行政、科研

后勤保障中心

科研入口

后勤入口

行政、科研入口

非机动车停车

生态停车场 20

生态停车场 20

非机动车停车

污物出口

行政后勤入口

1. 鸟瞰图
2. 总平面图
3. 医院文化街
4. 住院部
5. 门急诊部

1.设计特点

总图布局以医院的功能流线为出发点，门诊、医技、住院三大部分成三边形从而形成紧凑清晰的布局：将门诊部布置在场地东侧，毗邻主要人流来往的干道；医技区位于场地的西端与门诊区之间以平行的医院街相连，病房楼位于医疗区的北侧，在主干道雁同路上有较好的景观，三者之间有方便的联系，而各单元模块沿着医院街形成枝状生长，其间相隔了许多封闭和半封闭的院子，这样无论在医院街还是在各候诊候检区及各诊室都能有户外的景观。在解决好建筑的功能流线的同时，追求建筑的特色与设计感，强调建筑的地域与文化特色及中医医院的性格特征，首先将不同的功能模块的屋顶延绵成一个整体，使其首尾相连上下贯通，恰似中医对经络所表述的那样，并由此勾勒出几个院子，吸收了山西大院空间格局中院落的组织特点，按照一定的秩序将庭院串联组合在一起，而这些院子分别是为开敞封闭的规律变化，并随着屋顶的转折呈现内坡外坡的转换，呈现了虚实相间阴阳相映的平衡与变化。建筑的造型取自单坡屋顶的山西建筑的特点，是单坡屋面，屋面内倾。这样单坡屋顶背后的高墙对准院外，墙体高大，具有防御功能。山西一带气候干旱，春季常有大风、沙尘暴，外墙的高大具有封闭性，可以防风沙。屋面内倾，雨水向内流，寓意"肥水不流外人田"，反映了晋商勤俭持家的优良作风。在设计时将此意象抽象化，屋顶的瓦脊与立面的线条连为一体追求简洁的线条和传统的意象，同时传统的灰调体现了浓郁的中式特点，但由于施工材料控制原因此意图没有完美的体现。

5

2.建筑流线设计
（1）门诊

门诊由下至上将人流量大的内、外等科室安排在较低的楼层，减少大量人流通过垂直交通上下。医技部作为医疗支持体系，与门诊、病房各功能单元形成系统化医疗体系，分别根据相关联系紧密度，布局同层或上下紧邻，形成便捷的支持系统。门诊和各类检查科室、药房、治疗中心、门诊手术间之间；急诊和影像中心、手术中心、治疗中心、病房楼之间；手术中心和中心供应、血液中心、病理、ICU之间关系紧密，通过最近的平面布置和交通组织加强之间的联系，减少穿越和增加效率。

（2）医疗主街

医疗主街使各功能科室之间建立了密切的关系，各科室之间采用尽端式布局，使部门间相对独立，医疗主街与科室之间为开敞的候诊空间，候诊空间内设护士台，护士站，一站式门诊可减少病人来回穿梭的机会。候诊厅面向主街和庭院，可带来良好的就医环境。

（3）手术中心

采用梳状多通道的布局，医生设单独出入口，手术部与各ICU间同层布局，既可避免术后感染，又是对危重病人的尊重。

（4）急救中心

将急诊和急救分开设置，急救的绿色通道，可保证危重病人在最短时间内得到救治，与放射、手术部的便捷联系使急救功能更加完善。

（5）护理单元

每个护理单元设40个床位，均为单廊式布局，大多数南向布置，具有良好的景观朝向，医护用房成区域设置，改善医护人员的工作条件。

3.建筑空间

门诊部以尺度开阔的中庭组织建筑入口空间，在视觉上是空间系列的高潮和导向中心。医院的所有部门都围绕着一个大型的中庭布置，垂直交通电梯、公共活动场所及植物、水景、照明等都有秩序地设于中庭周边，创造了一个有静有动、构图丰富、充满生机的公共空间。

室内的"医疗主街"纵贯中庭，将整个建筑包括中庭两侧的各个功能单元串联起来，从而建立了各部门之间紧密的功能联系，依托"医院街"还布置了几个绿化内院，既解决了建筑的通风和采光问题，也增添了人性化的情调，对舒缓患者的精神压力、改善医护人员的工作条件发挥了积极的作用。

候诊区域设有精致的室内园林，为病人提供全天候的自然环境，并且他们的活动是在医生和护士的视野之内的，这样的自然环境医护人员在工作时同样可以享受得到。

科学合理的功能布局与富有山西传统建筑文化特点的建筑形象充分体现了医疗建筑在走向理性严谨的同时，又注重了以人为本的设计原则。设计始终把握"现代化的医疗中心，城市中的花园医院，环保节能的绿色医院"这样的目标。为大同市建设一个"环境一流、设备一流、技术一流、服务一流"的国家三级甲等中医院。

作者简介

陈一峰，男，中国建筑设计院 总建筑师，教授级高级建筑师

4

项目名称：福建医科大学附属第二医院东海院区
建设单位：中国中元国际工程有限公司
建设地点：泉州市丰泽区东海大街
设计/建成：2007/2014
占地面积：9.5 hm^2
总建筑面积：120 000m^2
层数：15层
床位数：1000张
结构形式：钢筋混凝土－框架剪力墙结构
施工单位：福建六建集团有限公司
设计总负责：黄锡璆、唐琼

福建医科大学附属第二医院东海院区
夏热冬暖地区
医院开敞公共空间的探索

No.2 Hospital Donghai Branch of Fujian Medical University

唐琼 / 文　TANG Qiong

1.医院鸟瞰
2.医院门诊入口
3.东侧立面设置带滴灌设施的垂直绿化

据资料记载，我国的建筑用能约占全国能源消耗总量的27.5%，这是一个相当惊人的数字，而每年又有约20亿m^{2}的新建筑落成并加入到建筑用能的行列中，使建筑用能在全国能源消耗总量的占比逐年上升。由此可见，建筑节能关系到我国建设的可持续发展，关乎国家的基本利益。

1.能源供给的高效利用

我国幅员辽阔，南北东西，气候差异较大，不同地区的建筑用能特点不同，建筑节能所采用的技术也不同。北方严寒和寒冷地区，主要以冬季采暖为主要能源消耗，建筑节能设计注重围护结构的保温性能和建筑设备的高能效比；而南方地区的夏热冬暖地区如广东大部、广西大部、福建南部、海南等地，主要以夏季的通风、空调为主要能源消耗，建筑节能讲求遮阳、通风、建筑设备的高能效比，在保证一定的舒适性的同时，减少机械通风和空调的能源消耗。

大型综合医院是人员密集场所，其特殊的卫生要求对建筑通风提出了更高的要求和标准，集中空调的使用使医院成为能耗较大的建筑类型之一，节能潜力较大。在主动节能的同时，能否通过被动节能：如建筑朝向的合理布置、遮阳的设置、建筑围护结构的保温隔热技术、有利于自然通风的建筑开口设计等减少空调的使用量，从而降低能耗呢？

在医院建筑中，由于公共空间在医疗流程组织和疏导交通、改善环境品质所起的重要作用，越来越受到重视，其面积占比一般可占到建筑空间比例的10%左右。打开公共空间的设计方法在新加坡的大型医院中被广泛运用，在海南、广东等地的酒店类建筑中也被大量应用，尽管同期设计中我国冬暖夏热地区大型医院的公共空间的开敞设计并不多见，但小规模的尝试效果非常好。医院的公共空间主要为门厅、公共走廊、电梯厅等交通空间和等候、休息、餐饮、候诊等功能空间。对于候诊空间，由于患者停留时间较长，应更多考虑使用者的舒适性要求，除过渡季节外，应以空调为主，而其他公共空间，尤其是公共交通空间能否采用室外、半室外的空间模式，引入自然通风代替空调无疑是一项节省能源消耗、减少投资和减少院内感染的有效途径。通过各种研究和模拟，我们的答案是可行的，并在位于泉州的福建医科大学附属第二医院东海院区的项目中得以实践。

2.项目实践

泉州市位于福建省东南部，属典型的亚热带海洋性季风气候，全年温差不大，风资源相对较多。下半年主要受副热带高压影响，盛行偏南风。当地居民长期得益于海风对气候的调节作用，对建筑自然通风的需求已成为一种习惯。针对泉州市的气候特点和当地居民的生活习惯，设计初时便提出尊重地方建筑文化和地域特色，强调生态和绿色的设计理念。

福建医科大学附属第二医院东海院区是一个新建的1 000床规模的大型综合医院。设计用一条医疗主街连接门诊医技楼、病房楼和妇儿楼，使其成为一个完整的医疗综合体。医疗主街在门诊医技楼串联了所有相关的医疗功能，是非常重要的公共交通空间。主街外侧有遮阳设施，主街和遮阳设施之间为5层通高的灰空间，除了活跃空间气氛外，在此空间内组织垂直交通，也更加有效地增加遮阳和防雨效果。医疗主街东侧向室外敞开，西侧除了连接功能用房外尽可能向天井敞开，通过天井拔风和西侧开敞的内部走廊，局部形成穿堂风，以改善天井内的小气候和带走临天井房间外墙的热量。同时东侧立面设置带滴灌设施的垂直绿化，长成后的垂直绿化可以遮阳，并使进入主街的湿热空气得以初步净化和降低温度。

根据泉州市气象基本参数，特选取两种外界风速5.0m/s，2.0m/s进行分析，通过CFD数值模拟计算得出主街人行区域的平均风速约值如表1所示。

比对文献中风速对舒适性的影响，在0.8m/s的风速下，相当于环境温度下降2.8℃；在风速为2.0m/s时，相当于环境温度下降

表1 **主街人行区域各楼层的平均风速约值（m/s）**

位置	边界风速 5m/s	边界风速 2m/s
一层	1.5	0.6
二层	1.8	0.8
三层	1.8	0.8
四层	2.5	0.8
五层	2.8	1.0
中心线平均值	2.0	0.8

3.9℃，是在气候炎热潮湿的地区自然通风的良好风速。可见，开敞式的设计能够引入外界自然风，使得主街各层人行区域均有风吹过，能够产生一定的降温效果。主街上的风也能通过可开启的门窗进入等候空间，减少空调的使用时间。由于主街的开放，与主街相临的天井尽管空间不大，但风环境较好，不但有风，且平均风速在1.0m/s～3.0m/s。此外通过模拟可知自然风无法或仅有少量进入诊室，与起初的设想有差距，但一定的风速可以带走墙面的热量，减少空调的能耗。

项目建设过程中，现场主街上每层三个点的实测结果如表2。从实测数据可见，当室外风速在1.3m/s～5.4 m/s时，主街上的实测最大风速的绝大部分风速在1.0～3.6m/s之间，属于比较舒适的风速，同时使人体感温度低于实际气温2~3℃。由于受条件限制，尚未采集夏季的数据，数据采集的方法较为简单，数据并非完全精确且风向与CFD计算时的参数不太一致。但基本情况比较乐观。我们的研究还将继续。

通过采用参考建筑对比法比较建筑的围护结构、采暖、空调和照明等全年能耗值。以《公共建筑节能设计标准》GB50189—2005中建筑围护结构、采暖空调系统等标准规定的限值设置，参考厦门市典型年逐时气象参数进行空调负荷计算，在4月1日到9月30日期间，完全不需要空调的公共交通空间加上通风条件良好的内天井设计，福建医科大学第二附属医院东海分院门急诊医技楼可节省冷负荷360 000 kWh。

3.总结

对于医院中的公共交通空间，由于人们在期间逗留时间不长，完全可以开敞。加之有控制地引入自然通风，在保证使用需求的基础上，可以改善空气质量，减少使用能耗，是冬暖夏热地区医院建设中的一个方向，对减少初期投资和减少后期的运行费用有着非常积极的意义。但应注意下列问题：

（1）建筑师应重视计算机数值模拟技术的运用，而非想当然地设定自然通风的效果；

（2）开敞空间应采取适当的防风、防雨的技术措施；

（3）应重视建筑物的遮阳设计，保证开敞公共空间的舒适性；

（4）应在设计初期与项目所在地的消防部门充分沟通，确定消防设计方案。

从项目近一年的运营的情况来看，公共空间开放后节能效果显著且适应当地的生活习惯和利于医院建筑抗感染能力的提高，获得了医护人员和当地患者的欢迎，得到了较好的评价。

表2 **实测各层主街上最大风速**

日期	时间	室外风速（m/s）	二层（m/s）	三层（m/s）	四层（m/s）	五层（m/s）	室外气温（℃）
11.8	9:00	3.7	2.0-2.7	1.8-2.7	1.8-3.5	1.3-3.5	23
	12:00	2	1.8-2.4	1.9-2.4	1.2-3.0	2.1-3.5	
12.8	12:00	5.4	1.6-2.7	2.4-3.3	2.0-2.5	2.6-3.3	18.1
12.9	12:00	2.8	0.6-1.9	1.6-1.9	1.3-2.5	1.6-4.2	18.3
12.11	12:00	3.6	0.7-3.7	1.5-2.2	1.3-2.7	2.4-4.3	18
12.14	17:00	2.9	1.4-2.3	1.5-2.4	0.5-2.4	1.1-2.3	15
12.15	17:00	1.3	1.0-1.3	1.5-1.7	1.2-1.5	1.1-2.1	17.5
12.18	15:00	2.8	1.3-2.4	1.1-2.6	1.1-3.4	2.6-3.6	15.4
12.21	12:00	3.8	1.2-2.5	1.5-2.5	0.9-2.6	2.6-3.2	15.7

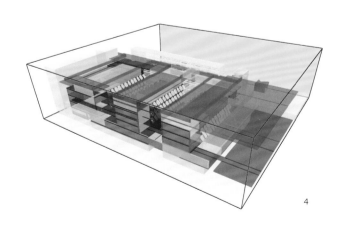

4

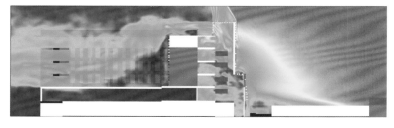

5

4.模型
5.天井风速模拟

作者简介

唐琼，女，中国中元国际工程有限公司 副总建筑师

项目名称：第二军医大学第三附属医院安亭院区工程（东方肝胆医院）

建设单位：第二军医大学东方肝胆外科医院

项目地点：上海市嘉定区安亭镇墨玉北路

设计/建成：2010/2015

总建筑面积：180 576.20m²

建筑高度/层数：60m/13层（地上）

总床位数：1 500床

方案合作单位：日本山下设计

设计单位：华建集团上海建筑设计研究院有限公司

项目团队：陈国亮、唐茜嵘、邵宇卓、周雪雁、周宇庆、朱建荣、朱学锦、朱喆、朱文、张隽、佘海峰、华君亮、严晓东、汪伶红、李敏华、刘兰、归晨成

东方肝胆医院
打造绿色智慧的医疗环境
Shanghai Eastern Hepatobiliary Hospital

邵宇卓/文　SHAO Yuzhuo

1. 东方肝胆医院安亭分院门诊楼
2. 东方肝胆医院外观

第二军医大学第三附属医院（东方肝胆外科医院）是全国第一个肝胆外科专科医院基础上发展起来以肝胆外科为特色的三级甲等综合医院。东方肝胆外科医院既是军队医院首个绿色建筑三星级认证项目，也是继《上海市绿色建筑发展三年行动计划（2014—2016）》颁布后首个获评中国绿色建筑三星级认证的沪上医院建筑。

2

第二军医大学第三附属医院（东方肝胆外科医院 建筑面积18万 m²，展开床位1 500张，方案从设计初期，便本着综合持续可发展的设计理念，立足长远，从绿色生态、人文关怀等多个角度出发，精心打造绿色与智慧相结合的综合性医院。

设计采用分区明确的总体布局、合理的功能区域设置、便捷合理的交通组织。富有层次的空间绿化组合，强化了尊重当地气候条件的生态策略。现代医院设计要求以人为本、分区明确、清污流线独立快捷。

为保证各功能区之间的便捷联系，在总体布局上结合基地情况将整个医院分为门急诊区、医技区、住院区、行政区四个部分。主体建筑的医技区作为医院的核心布置在基地的中部，医技区的东侧是门急诊区，医技的西侧是住院区，将医技区布置在门诊区和急诊区的中间，有利于提供门急诊和住院楼的技术支持。

以医技楼为中心，门诊、急诊、住院等围绕其周边布置，医技部的周边设置回廊式空间与其他各功能区有机衔接，突出通向其他各部门的便捷性。可接待众多的病患及家属，通透的视野共享空间容易引导使用者通向各自的目的场所。

对病患者，力争创造舒适充实的就医环境，并为患者及家属提供一个多样性的空间。对医职人员，充实医职员工的休闲空间，创造能够提高工作质量及工作热情的空间与设施，保障其随时都以最佳状态为患者提供安心的医疗服务。

下面主要从绿色生态、人文关怀两个角度对东方肝胆医院的设计进行详细介绍。

1.绿色生态

主要从总体的布局、绿化庭院的适当引入，结合实用的绿色技术，打造综合性绿色医院。

庭院的巧妙布置，使得每一个功能模块都能够享受到自然的采光通风，丰富空间品质的同时改善了患者和医生的心情。

医技楼的屋顶花园采用轻量土层的屋顶绿化，提高隔热效果及热蒸发热效应以降低外部的热负荷。同时给病房楼的患者舒适的休憩空间。屋顶花园与地面庭院交相呼应，形成立体生态绿化，层次丰富。

医院主要采用了地源热泵、能耗监测管理平台、太阳能热水系统、排风余热回收系统、可调节遮阳系统、光导照明系统、雨水收集回收系统等多种绿色技术。

2.人文关怀

所有病房都面向有充足日照的南侧，并且设置了室外适宜尺度的遮阳板，可以有效地遮

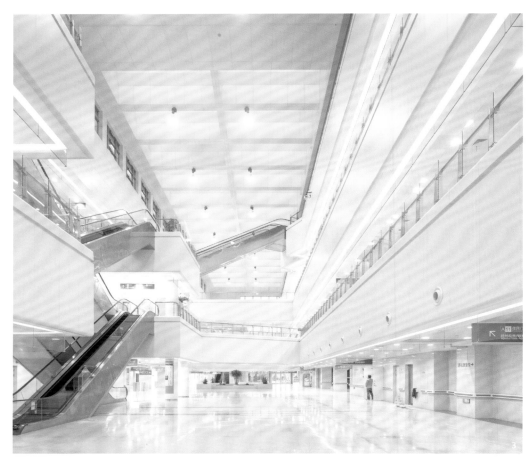

3. 东方肝胆医院安亭分院，门诊楼与医技楼中间共享中庭
4. 东方肝胆医院安亭分院，病房楼

挡夏日强烈的日照，又不影响冬日病人享受温暖的阳光。

巧妙的形体构成及总体布局，使得前后的病房楼不产生相互遮挡，保证了医生和病人开阔的视线。

最终建成的东方肝胆医院，在许多层面上都是令人满意的：作为现代化的绿色医院，绿色与智慧的结合，体现了精心的构思与人性关怀的设计初衷；作为国内一次建成体量最大的医院，完美地实现了它的工程型目标，对我国的医院建设具有里程碑意义。

作者简介

邵宇卓，男，华建集团上海建筑设计研究院有限公司医疗事业部 主任建筑师，国家一级注册建筑师

项目名称：上海德达医院
建设单位：上海德达医院
项目地点：上海市青浦区徐泾镇徐乐路 109 号
设计／建成：2009／2015
建筑高度／层数：24m/5 层（地上）
总床位数：200 床
设计单位：华建集团上海建筑设计研究院有限公司
项目团队：张行建，唐茜嵘，邵宇卓，张士昌，葛春申，
邓俊峰，万宏，杜清，张协，严晓东

上海德达医院
以人为本的新型医院
Shanghai Delta Health Hospital

邵宇卓／文　SHAO Yuzuo

　　上海德达医院是一家按照国际标准建造的外资综合性医院，从建筑布局、环境设施到诊治服务的全过程均以患者为核心，全方位实现了以人为本的设计理念。

上海德达医院是一家按照国际标准建造的外资综合性医院，位于上海虹桥交通枢纽以西七公里的徐泾地区，总建筑面积 5 万 m²，一期设有 200 张床位，主要包括医疗主楼、行政楼两组建筑。

从建筑布局、环境设施到诊治服务的全过程均以患者为核心，不仅达到使用功能的基本要求，更能满足治愈环境的要求，给患者及家属以方便、快捷、舒适、愉快的身心体验。同时兼顾长期在院工作的医护人员，为其提供良好的工作环境，全方位实现了以人为本的设计理念。

1.有机的建筑布局

鉴于医院自身特定性质、规模、建设标准及用地特征，本项目运用单体组合的设计手法，通过一条东西向的轴线把多个建筑单体联系起来。随着这条轴线由东向西延伸，功能从室外停车场、行政楼等辅助性功能，向医院主体建筑过渡，与此同时整个建筑群体的高度逐步上升，建筑单体间的关联性也逐步紧密。强化了中轴线的视觉感受，从而构筑一个完整、统一的建筑群体。

项目主体建筑后退主要道路，在建筑的主轴线方向留下一个前景广场。主体建筑安排在基地的安静区域，以医技为核心，在周围上下一层布置门诊、急诊、住院。行政楼布置在基地的东侧，靠近主出入口，避免不同人流的交叉。几组建筑自然围合成一个开阔的入口空间，两侧绿化环绕，打造花园景观式入口空间，减轻病患压力，降低焦虑感。

2.温馨的空间营造

空间的大小、形状、尺寸以符合医疗流线的导向性需求为标准，比例合理、尺度宜人，具有综合性、多样性和舒适性的特点。主体建筑入口大厅营造出充满放松感和立体化的空间，减弱了分层的割裂感。两侧横向回廊缩短了门诊、急诊、医技间的流线，便于医疗资源共享。回廊空间局部放大，形成等候、休憩的场所，减弱了回廊的单调感，同时具有很强的识别性，使患者能在功能复杂的综合楼内迅速找到目的科室，完成医疗活动。

3.生态的景观体系

景观体系从立体空间上可划分为下沉式景观广场、地面景观庭院和屋顶花园三个层面。

下沉式景观广场位于行政楼北侧，通过一座"桥"将行政楼主入口与院区前景广场相连，使人们在行走时能够体会到不同层次的景观空间，增强了入口的趣味性。同时，下沉式景观广场还有效地解决了地下空间的通风与采光，为人们提供了良好的视野以及一处安静、安全、具有较强归属感的场所。

地面景观庭院位于主楼中央，在整个基地东西轴线上的中心区域，并且处于建筑围绕的核心。交通组织上，景观庭院边的回廊在医院中起到了串联各种医疗服务功能的功能，景观庭院不仅为其周边的建筑引入了自然通风和采光，同时主楼中央的庭院设计由斜面玻璃幕墙围合的四棱锥形。由于采用了这一更具视觉效果的建筑形式，增强了在整个医院建筑群的核心地位，从而彰显了医院独特的个性。

1. 门诊区回廊
2. 行政楼一层入口接待
3. 门诊区药房细部
4. 总平面图
5. 主入口内庭院
6. 医疗主楼四层住院部护士站

屋顶花园大大丰富了德达医院的绿化景观，现有的多个屋顶花园，分布在医院建筑的各个屋顶和平台。置身院区，从不同的视角都能欣赏到不同的景观。屋顶花园使医院的外部环境品质得到了进一步提升，有助于提升医疗环境及城市形象。这些屋顶花园分别为不同的对象提供服务，发挥着绿地的生态功能。

4.精致的立面造型

德达医院的立面造型设计符合医院建筑的功能特点，简洁、明快、大方、美观，摒弃烦冗的建筑符号，通过纯粹的几何形体穿插，材质脉络的延续，强化群体建筑的整体性。建筑

形式与医院功能有机结合，方正的平面布局符合各种功能的使用要求，建筑造型在方正中加以适度变化，达到简洁而不失丰富、大方而不失温馨的效果。

作者简介

邵宇卓，男，华建集团上海建筑设计研究院有限公司医疗事业部 主任建筑师，国家一级注册建筑师

长海医院门急诊
大楼综合楼
人性化医疗环境的创造

Changhai Hospital
Emergency and
Comprehensive Building

张海燕 / 文　ZHANG Haiyan

长海医院门急诊大楼在空间和
流程体系上都给人以舒适性、宜人
性、便捷性和实用性，较好地诠释
了医疗环境的人性化设计。

1

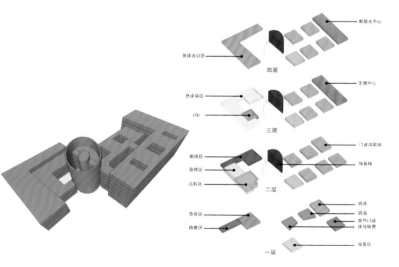

顺延阳光中心

急诊办公区

四层

急诊病区

ICU

三层

输液区

急救区

儿科区

二层

急诊区

检查区

一层

门诊功能模块

服务核

药库

药房

发热门诊

挂号收费

服务区

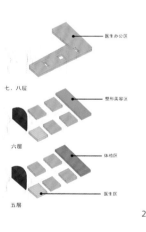

医生办公区

七、八层

整形美容区

六层

体检区

五层

医生区

1. 夜景效果图
2. 功能模块化
3. 明亮的公共走廊
4. 入口中庭

2

项目名称：上海长海医院门急诊大楼

建设单位：上海长海医院

建设地点：长海路 168 号

设计 / 建成：2005/2009

总建筑面积：93 772m²

建筑高度：37.65m

建筑层数：地下 8 层，地下 2 层

容积率：1.7

设计单位：华建集团华东建筑设计研究总院

项目团队：邱茂新、魏飞、张海燕、穆为、孙玉颐、袁璐、陆琼文、
韩倩雯、余杰、裴峻

3

人们对医疗建筑的要求，不再仅仅局限于满足医疗功能的需求，而是开始对医疗环境投入更多的关注，追求人性化的医疗环境。

在新的医疗环境建设中，我们更加关注医疗建筑的人文情怀。医疗环境的人性化已成为现代化医院建设和管理的主导思想。本文以上海长海医院门急诊大楼为例，对如何创造人性化的医疗环境进行探讨和研究。

长海医院是第二军医大学的附属医院，创建于1949年。新建的门急诊综合楼位于长海路168号，地下2层，地上8层，总建筑面积为93 772m²，包括门诊、急诊和其他辅助功能。

1.人性化空间的建构

医院是个功能复杂、流线繁杂的结构体系，对于人性化空间的建构，主要包含以下三个层次：结构的清晰性、空间的功能性和空间的宜人性。

1）结构的清晰性，创造高效便捷的医疗空间

功能模块化——医疗功能的基本单元根据医院学科的关联度以及新的医疗环境和物理空间建设的需求设置。基本单元以模块化的形式均匀布置，并以25m服务圈为设计准则：挂号收费到诊区25m以内；垂直交通到诊区25m以内；卫生间到诊区25m以内。

流程体系化——水平流程以"医疗复街"组织双向流程，串联模块，分解人流。开放式的医疗复街空间通透，识别性强，病人可以便捷地到达相关区域。在医疗复街两侧，均匀设置自动扶梯、电梯、楼梯，对应功能模块建立起垂直流程。垂直流程与水平流程相互交织，承担着日益扩大的就诊人流。

2）空间的功能性，满足不同层次的需求

医疗复街——医疗复街两侧均匀配置敬老、助残、等候、问询、分层挂号收费等信息和服务功能。在解决流线的同时，解决便民性和便捷性。

候诊空间——在每个就诊的基本单元，一次候诊区域与医疗复街相对分离，形成了良好的秩序。每个诊区都设计有叫号、查询、呼叫等系统；每个诊区设置温水饮水处；每个诊区设置爱心专座。

医生空间——每个诊区都设置医护人员休息处，位于模块的后端，解决医生用餐、休息的空间。每个诊区的医生后走廊相互贯通连接，后走廊设置落地窗，光线充足，视野良好。在局部空间放大，配置植物和沙发，为医生营造了温馨的环境并缓解其工作压力。

3）空间的宜人性，营造舒适的物理环境

空间的宜人性与比例尺度、人文景观、心理感受等相关联。长海医院门急诊大楼的格局方正简洁，重点空间的处理，尤其要体现人文关怀。

中庭空间——医疗复街围绕通高的中庭空间，中厅屋顶采用玻璃采光顶结合智能铝合金遮阳百叶，即较好的利用了自然采光又起到绿色节能的功效。沿中厅栏杆的外侧利用水平陶板结合花坛设计，将绿色植物引入立体空间，使得主轴空间充满了生气。

入口空间——门诊入口中厅空间宽度13m，高35m。为了缓和空间狭小高耸的不适，在四层高度加建了玻璃金字塔，使得入口中厅分成上下两端。下部形成进入门诊大厅的前序空间。上部结合中医科门诊营造了中医文化园的休憩空间。

候药空间——在门诊南段的取药大厅，为六层通高的中庭。此中庭空间结合层层递退的弧形医生休息区挑廊，以及墙面的巨幅壁画缓解了空间的单调性。屋顶的玻璃天窗洒下斑驳的阳光，为空间增加了静谧的气息。

2. 人性化流线的组织

医院的流线存在种类复杂、路线往返、相互交织的特点。流线要求安全与稳定、便捷与高效、归类与分离。

1）流线的稳定性与安全性

长海医院门急诊大楼采用功能的模块化，使得每个功能模块形成稳定的功能区域，避免了不必要的穿越干扰，明确了各类人群的流线和使用空间，创造了高效的内部医疗环境。

2）流线的便捷性与高效性

医院的流线种类繁杂，同时又存在流线往返，如何清晰地归类、疏导人流及如何高效地提高就医流程成为流线设计的关键。体系化的流程，利用"医疗复街＋开放式中庭"来贯穿医疗流程，形成强大的生命健康系统，承担着长海日益增加的门急诊量，稳定并未见过度压力。

3）流线的归类与分离

医疗流线的特殊性在于它的复杂与相对性，每一种流线都有特定的活动模式，设计中根据活动的内容判别流线的性质与安全性，并进行分类设计。

流线归类——医疗流线根据功能分为门、急诊、探视、行政办公、后勤等；根据性质分为健康人群与非健康人群；根据安全级别分为传染和非传染；根据洁净度分为洁净流线与污物流线。

流线分离——在不同流线的起始，通过出入口设置、分区设置、洁物分流等原则对流线进行分离，确保流线的安全性与清晰性。

3. 结语

人性化的空间环境需要从细微处体现对人的关怀，人性化的流线组织需要符合人的行为模式来架构高效便捷的流程体系。长海医院门急诊大楼在空间和流程体系上都给人以舒适性、宜人性、便捷性和实用性，较好地诠释了医疗环境的人性化设计。（摄影：张海燕、邵峰）

作者简介

张海燕，女，华建集团华东建筑设计研究总院医疗卫生建筑设计所 副主任建筑师，国家一级注册建筑师

复旦大学附属眼耳鼻喉科医院异地迁建项目

绿色专科医院的设计实践

The Relocation of Eye-ENT Hospital of Fudan University

李静，李军/ 文　　LI Jing, LI Jun

项目名称：复旦大学附属眼耳鼻喉科医院异地迁建项目

建设单位：复旦大学附属眼耳鼻喉科医院

建设地点：上海浦江镇江月路江雪路

设计 / 建成：2011/2013

总建筑面积：7.108 万 m²

建筑高度 / 层数：50m/12 层

容积率：1.6

设计单位：华建集团华东都市建筑设计研究总院

项目团队：李军，李静，姚启远，陈佳，朱华军，谈佳红，楼逻敏，李征联，谢忻

获奖情况：第 4 届上海市建筑学会佳作奖

1. 护士站
2. 急诊室
3. 五官科医院
4. 入院大厅

作为现代专科医院，复旦大学附属眼耳鼻喉科医院异地扩建项目的设计运用了大量先进的绿色手法，在总体规划上节约土地能源，重视多层次绿化景观设计，并运用多种新技术、新能源，为专科医院的绿色设计提供了很好的实践样本。

创办于解放初期的复旦大学附属眼耳鼻喉科医院原址位于上海市的历史风貌保护区，是全国范围内唯一一所集眼耳鼻喉科医教研为一体的三级甲等专科医院，也是整个东南亚耳鼻喉科的医疗资源集中地。但由于历史原因，医院现占地仅约 2 万 m²，床位不到 400 张；总建筑面积仅 5 万 m²。很难满足其日门诊量 6 000~8 000 人次的业务需求。由于地段重要，规划限制条件很多，医院很难在原址得以扩建发展。也使得医院的基础设施非常落后，医院的医、教、研用房均处于超负荷状态，难以发展。

在这种情况下，2008 年上海市闵行区政府响应市政府的号召，引入优质医疗卫生资源，在 2009 年获批用地 100 亩，于 2011 年 1 月编制了医院基建规划。新医院根据规划要求，充分配置医疗设计指标，并要求体现专科医院的精细化发展，需要对各科实现分区，分层，分楼重点发展建设。

该医院的设计主要从规划节地，多层次景观，新技术新能源三个维度逐层展开，以实现现代化绿色专科医院的目标。

1.节地

本项目在设计建设初期，充分考虑了医院两期建设的规模、分区、动线、分楼功能等详细内容，对医院未来发展做了详细的规划和运营上的充分论证。两期设计一脉相承，在一期设计上充分兼顾了现状运营及两期，三期建设完成后的运营模式，合理配置医疗资源的投资和使用。一期建设，主要医疗及配套建设完成。形成完整的全科设计，同时配套设施充分预留。二期建设，形成医疗专科门诊楼病房楼，同时形成科研教学基地。并且在这两个阶段的基础上，还预留了三期的医疗用地，以满足未来发展需求。这种充分考虑医院的运营模式形成的一次规划，分期投资建设的分析，形成了医院实际运营的整体性，也避免了不必要的投资浪费。

为了充分利用土地，本项目经过反复论证，设计了二层满铺地下室。将大量辅助用房布置在地下层，并通过多层次的下沉庭院形成良好的环境。放射放疗科室需要做防辐射屏蔽设计，也充分利用庭院，设在地下层，在保证医疗环境的情况下，充分利用土地自防辐射特点，减少了对防辐射的土建投资。二层地下室的设计也为保证了本项目的停车位数。

2.多层次的庭院景观设计

根据医院的使用特点，其平面功能布局复杂，流线多，体量大。该项目充分考虑了这一特征，在满足功能的前提下，为了能够营造更好的通风环境和景观视角，在地下二层、地下一层、首层、三层设计了多层次的景观庭院，布置多层次全方位的景观层级，形成立体绿化部点，大大改善了地下室和地上内部空间的视觉和通风环境。并且在屋顶设计开放式屋顶花园，作为多层次立体景观的一部分。

3.充分利用新技术，新能源

本项目充分利用了新能源、新技术。将太阳能、雨水、光辐射等能源引入。如医院采用的热电联供系统，充分利用了发电机组产生的预热，减少锅炉用量。根据医院实际情况设置日运行时间，发电机组所发电力被优先使用，不足部分由电网供应。在热水负荷需求较高时，发电机组满负荷运行，不足部分锅炉补充；在夏季热水负荷较小时，可以把多余热量送入储热水罐储存，以解决热水高峰段使用，或机组停机时供应热水；同时采取台数调节、降低功率的方式，确保热水负荷的平衡。根据测算，采用该项技术后，每年可节约天然气大约 15%。同时，为了保证室内空气质量，在人流量大的空间设立了二氧化碳监控，自动进行空气调节。

通过以上规划理念和技术措施，我们在专科医院的设计建设上走出了一条绿色之旅，复旦大学附属眼耳鼻喉科医院异地扩建项目也被评为绿色二星，是首批获得认证的星级医院。并且在施工过程中积累了大量相关建设经验，在后来进行的其他的专科医院建设上，我们也应用了这些实践经验，都得到了很好的设计效果和反馈。专科医院和专科楼作为现代医疗发展的一个重点发展方向，绿色设计也必然是其一大趋势。

作者简介

李静，女，华建集团华东都市建筑设计研究总院医教所 副所长，副主任建筑师，国家一级注册建筑师，高级工程师

李军，男，华建集团华东都市建筑设计研究总院 首席总建筑师，国家一级注册建筑师，教授级高工

项目名称：拉希德国际医学城（拉希德综合
医院、康复医院）
建设单位：迪拜卫生局
建设地点：阿联酋迪拜中心位置
设计时间：2013
总体规划面积：577 700m²
拉希德综合医院建筑面积：134 000m²
床位数：约 1 000 床
康复医院建筑面积：75 500m²
床位数：500 床
设计单位：GS&P

迪拜拉希德国际医学城
世界一流的医学城

Dubai Rashid International Medical Complex

[美]弗兰克·斯旺斯 / 文　Frank SWAANS

在阿联酋副总统、总理穆罕默德·本·拉希德·阿勒马克图姆的推动下自2000年以来，迪拜取得了极大的繁荣和增长，医疗就是这其中一个重要领域。拉希德国际医学城坐落于阿联酋迪拜的中心位置，距离迪拜国际机场仅15分钟，扩建的目标是为当地及周边国家和地区的人们建立一个世界级的医疗中心，引进尖端的科技及一流的医疗管理团队。

1.治愈病人的最佳环境

创造一个安全舒适的环境，设计是重要组成部分。所创造的环境不仅仅是传统的建筑元素，还包括地面、墙面、灯光及各项设施，更包括陈设、家具、标识及环境控制。不利的医院环境可能会直接导致病人的睡眠不足、隐私泄露、不满感、病痛及沮丧、病人与医生沟通减少、交叉感染、摔倒、住院时间加长，以及员工伤害、压力和满意度等。

在迪拜拉希德国际医学城项目中，有诸多建筑解决方案已经被运用到提高病人的安全性方面，包括单人病房、宜人的灯光、病房里家庭区域的设置、降噪饰面、自然景色的可见性、更多的标准病房、良好视域的房间、现代的信息技术的运用等，有充分的文献关于设施设计的作用，减少院内感染包括采用高效的空气过滤器来保证合适的通风、易于清洁的建筑饰面、介水性传染预防、有独立卫生间的单人病房以及酒精搓手柜的合适位置。护理转变经常会引起错误和负面反应，而且交流中断已经被公认为是引起无效护理转变的根本原因。事实上，在由交流中断引起的警讯事件的研究中，超过60%的案例是其最根本的原因。自然环境的好坏对支持抑或阻碍确保病人健康的有效沟通方面起到了重要的作用。

安全不是唯一与建筑环境息息相关、与病人相关的结果。阳光的可见性、自然景观都被证实能够改善病人的康复情况。创造一个安静的氛围对改善睡眠和减少压力有着积极的作用。融入一些自然的环境可以积极的转移注意力，包括一些自然艺术，可以提升病人的健康及他们的满意度。创造一个以病人为中心的环境，患者能够自由地控制灯光、温度及其他环境，这将能大大地改善患者的使用感受并且乐于推荐给其他人。

迪拜拉希德国际医学城将包含最尖端的医学技术来支持所有的服务内容，包括先进的医疗设备、协议、沟通，以及在核心系统中信息的整合。

2.最适宜的工作及生活环境

医院照护者的工作经历与工作满意度对员工的健康、记忆力、有效性及照护的质量有着重要的影响。如果医疗环境让员工觉得有压力、他们需要步行很长的距离、面临不必要的干扰致使他们不能很快且方便地获得医疗设备与其他用品，会让他们非常沮丧。缜密的循证设计已被证明在确保建成的项目具有世界一流的建筑运营效率及有效性方面是至关重要的。

设计师对医疗中心布局透彻的认识和考虑，在提升工作流程和降低员工疲劳方面大有益处。

医院提供足够的自然光及其他积极的注意力转移对医护人员来说也是很重要的。窗和日光的存在与降低血压、减少嗜睡和情绪恶化行为的频率有关。此外，工作人员能在阳光下进行相互之间的沟通，是非常积极的社会互动。

其他积极的注意力转移，比如花园、步道等连接医护人员和自然的途径也与员工的健康息息相关。安静、舒适的员工休息室可以减少员工疲劳及工作时间过长的感觉。同时，员工的住宿应该是非常方便到达的，这样可以有效降低他们的疲劳感。

能够提供合适的降噪方法对患者和职员都是非常重要的。噪音与情绪耗竭、职业倦怠与护士压力相关，噪声使工作更加困难。

鉴于更换护士或医生的成本很高，以及员工的健康和护理质量之间的联系，对于医院来说，没有比提供减少压力、提升医护人员的工作质量更重要的事情。

3.最佳的科研和教育环境

作为一个国际化的医学城，迪拜拉希德国际医学城涵盖了作为一个学术医学中心的所有元素，包括：临床、科研和教育。园区的设计促进了这些元素之间的沟通和协作，提供医生和研究人员之间更多的接触机会。创造非正式的沟通和交流氛围将会提升过渡研究的协调，同时带来更好的医疗照护。

4.带给家庭及医疗旅游者最舒适的环境

当病人需远赴其他国家接受医疗帮助时，不论是病人或者他们的家属都必须被视为尊贵的客人。全球范围内医疗旅游及能够接受高质量医疗服务的众多一流目的地的出现，提高了迎合这些医疗需求的重要性。家庭成员及其他陪伴者在支持病人、帮助病人方面扮演着重要的角色。一些研究表明家庭成员的出现、陪伴及和他们互动，改善了病人的临床治疗效果及心理健康。在医学中心的附近设置酒店、商店及餐厅，并且使他们能够非常方便地到达将会减少家庭成员之间的混乱及焦虑。酒店住宿必须是有特色的，有足够的空间、特别的家具和水疗中心一样的设施。优雅和舒适的家具使人得到放松，设计精美的花园给家庭成员们提供一个休息和喘息的地方。

1. 拉希德医院门诊入口
2. 康复医院外观
3. 拉希德医院标准层
4. 拉希德国际医学城总体规划

作者简介

弗兰克·斯旺斯，男，AIA，EDAC，ACHA，FHFI，资深医疗流程规划师，注册建筑师，美国医疗保健建筑师学会会员，美国医疗保健工程协会会员，美国建筑师联合会洛杉矶分会会员，卫生研究所研究员

1. 透视效果图
2.3. 室内效果图

徐汇区南部医疗中心
城市绿毯

Southern Medical Center in Xuhui District

苏元颖/文　SU Yuanying

项目名称：徐汇区南部医疗中心
开发单位：徐汇区城市规划管理局
建筑设计：CCDI 悉地国际 & 法国 AIA 设计事务所
总建筑师：苏元颖
项目地址：上海市徐汇区龙川北路以西
用地面积：58 000m²
建筑面积：205 410m²
床位数：1 500
建筑层数：8~16
设计 / 竣工：2013/2017

　　贯穿于整个基地的绿色立体空间宛如一张巨大的悬浮城市绿毯，覆盖穿行于院区之中，与周边环境有机对话，同时也营造出生机盎然的温馨医疗空间。

1.概况

徐汇区南部医疗中心以基本医疗服务为主，精神卫生为辅，以转化医学研究为特色。项目规划设置基本综合医疗床位1 000张，精神中心床位500张。建设完成后，将成为集预防、保健、医疗、急救、科研、教学、康复于一体的标准化、规范化、现代化的大型综合性医疗康健设施。

2.整体布局

整体布局分为三大部分，涵盖医院的主要医疗功能：诊断区域，包括接待区、门诊、急诊、体检和医疗科研中心，可通过城市街道直接进入；治疗区域，处于整座医院核心位置的医疗技术平台，通过便捷的内部交通与院区各组成部分紧密相连；住院区域，位于基地中心位置，坐落于医技平台之上，远离喧嚣的城市街道，避免门诊部大量人流的干扰，同时享有充足的日照、良好的景观。

3.城市绿毯

连续的立体绿色景观从西面的植物园开始引入，通过广场绿化、立面竖向绿化、屋顶绿化等立体绿化体系实现室内外庭院景观的交融。贯穿于整个基地的绿色立体空间宛如一张巨大的悬浮城市绿毯，覆盖穿行于医院建筑空间之中，让院区与周边环境建筑语境进行有机的对话，为城市景观添上一道靓丽的风景。

立面设计充分考虑城市街道尺度，向周边城市提供亲和、生动、人性化的沿街立面。立面立意来源于上海植物园茂密的植被，对婆娑的树影和茂密枝叶的进行抽象，形成设计的建筑语汇，结合立体的绿色景观创造出令人遐想的、自然与建筑融汇的空间。

4.舒适节能

从建筑整体形象出发，医院病房楼部分以灰色和白色预制混凝土板和保温材料为外墙围护，窗户为双层low-e玻璃配以外遮阳百叶，为患者提供舒适的住院空间。裙楼部分以及医疗科研大楼材质以白色喷涂铝合金板和透明双层low-e玻璃为主，同时配以白色镂空喷涂铝合金遮阳系统，使建筑造型层次丰富，同时达到保温隔热、透明遮阳的效果。结合屋顶绿化、个性化送风等设计手段，共同为使用者创造舒适节能的工作生活空间。

作者简介

苏元颖，男，CCDI中建国际设计顾问有限公司医疗事业部 总建筑师，教授级高级工程师，国家一级注册建筑师

南京南部新城医疗中心

"大""小"之间

Medical Centre Design of Southern New Town in Nanjing

周吉 / 文　ZHOU Ji

1. 南京市南部新城医疗中心东风路侧透视图
2. 南京市南部新城医疗中心响水河侧鸟瞰图
3. 中心庭院效果图
4. 中医院二层平面图

项目名称：南京市南部新城医疗中心
建设单位：南京市南部新城开发建设指挥部
建设地点：南京市大明路以东，响水河以西
设计时间：2013
总建筑面积：307 606m²
建筑高度 / 层数：23.8m（门急诊医技楼、后勤楼），
70.3m（住院楼A、住院楼B、科研行政综合楼）
容积率：3.13
设计单位：华建集团华东建筑设计研究总院
合作单位：南京市长安建筑设计院
项目团队：邱茂新、王冠中、周吉、蔡漪雯

1.引言

中国的城镇化进程经历了大规模发展的黄金十年后，发展模式逐步过渡到城市更新和城市公共资源整合。在实践过程中我们发现此类项目呈现出建设用地小建设规模大、功能综合性强、基地周边环境复杂等特点。建筑师应该如何应对快速城市化进程中土地供应和工程建设之间的矛盾关系呢？

南京市南部新城医疗中心就是其中的代表性项目。项目核心矛盾在于超大的建设规模、复杂的功能流线如何在不规整的小面积基地上实现。而项目的成败关键就在于解决好这对矛盾以及由此带来的设计问题。同时还要让这种"非传统"的医院模式被接受。

2.设计之初——难

项目是2012年9月接到的设计邀标。当时南京正在筹划建三个城市新中心：新街口城市中心、河西中心、南部新城中心。先期启动三个新城的医疗中心工程建设。南部新城与秦淮老城区以大明路为界一街之隔。医疗中心基地则是由大明路、东风河、大校场机场围合而成的三角地。有别于传统医院项目，这次业主要求在6.2万m²的基地上建造总建筑面积30万m²的医疗中心，容积率高达3.2。在狭小基地上要同时满足交通流线、日照通风、卫生防疫、污废处置、绿化景观等诸多必备条件，难度之大可想而知。

3.两种声音——求稳还是求变

在头脑风暴阶段出现了两种声音。

医院的门急诊、医技、后勤保障功能通常情况是以水平方式串联，住院部则根据床位数的要求以大板楼体量出现。这种常规的医院设计体系在水平方向进行功能分区，洁污流线较易组织，是十分成熟的设计套路，接受度较高。而且项目在江苏地区有较高影响力，地位重要不容有失，所以一种声音希望"求稳"。

这种横向发展的套路造成了中国医院建设"千院一面"的现象，由于形体组合的程式化和设计手法的单一使得空间品质很难有大的提高，造成单独个体的人在庞大的医院体量中的场所体验趋于冰冷与呆板。就南部新城医疗中心这个项目而言，平面功能的横向发展将导致过高的建筑覆盖率和严重不足的绿化景观空间，降低项目品质，同时也剥夺了医院二次发展的机会。

另一种声音则认为既然基地面积小，横向发展有诸多弊端那就将原本水平发展的功能体块摞起来，竖向发展，向上要空间，减少建筑的占地面积，把宝贵的室外空间更多地让给环境，让人在自然中呼吸，而不是在空调中度过。要突破陈旧的设计套路，避免其带来的弊端，所以要"求变"。

当然复杂功能的竖向发展势必会增加设计难度。多种人流的垂直交通组织分区，洁污流线及其相对应的运输管理，多科室多学科安排的科学性系统性，以及设备管线的经济合理布局等，如何建立建筑体系系统地解决这些难题？更重要的是竖向发展的医院模式有别于传统医院形式，如何让建设方和使用方接受这种医院形式成为项目成败的关键。

5. 南京中医院景观，整个项目空间的"外圆"与功能的"内方"相得益彰

4.最好的朝向留给病人

按照1 500床的建设规模及场地限制条件，在进深约200m，且南北偏向严重的基地上安排3栋17层高的护理单元是我们面对的第一个难题。《吴越春秋·阖闾内传》："夫筑城郭，立仓库，因地制宜。"既然基地不规整，何不因形就势，化不利为有利条件呢？基地条件：呈北偏西35°倒梯形，东邻响水河及由机场跑道改造而成的新城核心景观带，西与秦淮老城一街之隔。如果靠大明路安排住院楼，导致城市道路压抑感和日照影响不说，单就增加的交通流量就会把原本就通行能力有限的道路堵死，形成城市交通的死结。而靠响水河南北向阵列高楼则势必破坏了建筑布局的整体性，也浪费了这么好的城市景观。

我们的解决方案是："合二为一"，将功能相关的护理单元组合在一起，形成1 000床中医院特色外科病房楼，这样可以提高垂直交通和医疗护理的运营效率。同时在满足退界条件，留出足够的院前广场的前提下，将板楼的中点为折点，东西两侧各向北翻折35°，病房楼南立面分别平行于永乐路和响水河，呈飞机状。这样的建筑布局就将最好的景观和最好朝向留给了高层住院部的病人。

5. 空间"外圆"与功能"内方"

另一个护理单元放置在基地最北端，形成500床的内科住院楼，这样也避免了建筑群之间的自遮挡，同时也界定出了一个半开放空间。西面敞开给了大明路，舒缓了城市空间，新建高层不给城市道路增加压力也保证了原有住宅居民的日照条件。响水河景观透过东面的开口渗透进大庭院中。南北分别被两栋病房楼和科研行政综合楼高层建筑围合。接下来是如何整合这个半围合空间。我们尝试了很多种不同方案。如果不做建筑化处理各个楼之间没有联系，功能上不能紧密联系，视觉上缺乏整体性；方形围合棱角又太多，对周边现状影响较大且场地契合度不高。经过几轮方案推敲，最后选定了用直径136m的圆形空间来整合这个围合场所。

用"方正圆融"这个词来形容整个建筑群最恰当不过了。医院作为民生工程，设计时在满足自身发展要求的同时，更应考虑到新城的建设不应该以损失老城居民利益为代价，为老城街道空间打开一个半开放公共空间，为城市生存空间透一口气，更是为新老城市区域发展打开一扇交流融合的窗户。同时门诊楼通过阶梯状裙房将景观最大化地贡献给医院，其他裙房布置顺应城市发展脉络，和城市形成和谐共生的依存关系。

同时在建筑内部使用效率上，外科住院楼利用北面医疗用房围合圆形形态，内部水平交通均为直线走道；内科病房楼在满足护理距离30m的前提下，减小曲率，保证了主要医疗房间的均好性；外科住院楼与科研教学楼之间运用上吊式结构架设弧形空中连廊，在垂直方向增强联系。在幕墙设计中以1.2m模数将大圆弧进行分段处理，保证技术的可实施性。整个项目空间的"外圆"与功能的"内方"相得益彰。

6.建立建筑体系

医院是各个学科综合的产物，设计时更应小处着手。设计中建立功能模块化体系结构。各模块相对独立，自成体系，易于管理，集成紧凑医疗体系。建立稳定功能区域，避免穿越和干扰。以共享医技作为主轴，将功能模块有机联系。在医技设计中注重与对应科室的联系，缩短患者往返路线，各功能患者共享大型医技，节能环保。全院共享户外大绿化，空间环境营造出亲切温馨的氛围，摒弃白墙、消毒水等医院固有印象。适应医疗技术发展，采用统一柱网框架结构，灵活布置，为各个科室的二次发展预留空间。护理单元床位数量灵活可调，避免在走廊加床的尴尬局面。形成科学合理的医院建设框架。

项目中还集中运用了场地雨水渗透调蓄系统、复合景观节水系统、高效围护结构、太阳能热水系统等节能技术。屋顶绿化面积达到8 600m²；冷热源、输配和照明系统等各部分能耗进行独立分项计量。

作者简介

周吉，男，华建集团华东建筑设计研究总院医疗卫生建筑设计所 建筑师

项目名称：复旦大学附属中山医院厦门医院

建设单位：厦门市土地开发总公司

项目地点：中国，福建，厦门五缘湾

设计／建成：2015/2017

总建筑面积：170 267 m²

建筑高度／层数：73.3m（地上 16 层，地下 2 层）

总床位：800 床

设计单位：华建集团上海建筑设计研究院有限公司

项目团队：陈国亮、陆行舟、竺晨捷、朱晔、钟璐

陆行舟 / 文   LU Xingzhou

复旦大学附属中山医院厦门医院

现代化医疗建筑的在地营建

Xiamen Zhongshan Hospital Affiliated to Fudan University

1. 鸟瞰图：建筑沿海湾展开，如张开的双臂拥抱五缘湾的海面，建筑如同从这片土地中上长出来，成为五缘湾优美环境的一部分。

流线型的建筑走势，遵从海湾地区的城市肌理，三栋高层建筑张开双臂拥抱五缘湾海面，犹如双手捧起明珠，有力地标示了海湾的尽头。环湾步行道在此交汇，简洁流畅的建筑表皮与碧海蓝天印入眼前。项目不仅是一座观景的建筑，更成为五缘湾卓越景观的一部分，是这一区域又一个具有标识性的现代化医疗建筑。

2. 沿湾透视图：位于海湾之滨的这座医疗建筑，通过流线的造型、洁白纯净的配色，与碧海蓝天相映成辉，建筑成为五缘湾尽头的建筑标识。

随着社会经济的发展和人民生活水平的提高，人们对自身的健康越来越关注，对医疗服务的需求也越来越高，各地医疗建筑的更新与建设与日俱增。在这种高速的建设发展进程中，对于医疗建筑的设计逐渐出现同质化、去特征化的问题，失去了对于当地环境与文化的"在地"思考，使建筑失去了其内在的个性与特色。所谓的"在地"营建即客观的融入当地，以当地环境为建筑设计思考的出发点和落脚点，建筑依附大地而存在。这要求设计回归大地，尊重并顺应自然环境，让建筑从自然中来，到自然中去，营造融情于景的意境[1]。

1.现代环境的营建
1）因借环境：充分利用当地特有的景观资源和环境资源
基地所在的五缘湾区是厦门市新兴的城市复合中心之一，是厦门岛上唯一集水景、温泉、植被、湿地、海湾等多种自然资源于一身的风水宝地。本地块位于海湾尽头、环湾景观步行道的终点，东侧为环湾步行道及沿海景观区，隔望五缘湾大桥。

基地沿金湖路与感恩广场之间设置了一条绿化景观通廊，将这个用地划分为南北两个区域。医院门急诊主入口位于基地的中心位置，南北两端分别为特护区和住院楼前广场。病房楼沿北侧接口布置，建筑体型偏向东南方，兼顾了日照要求和景观视线，同时削弱高层建筑群对五缘湾路沿街的压力。面对海湾，核心医疗区成环抱之势，发散型的布局将绿化景观引入内部。裙房内通过退台及中庭，形成通透的公共区域，视线上内外贯通，最大化利用景观资源。

2）创造环境：成为此地又一个具有标识性的现代医院建筑
厦门市属南亚热带海洋性季风气候，日照充足，雨量充沛。外墙材质主要采用铝板与玻璃。浅色的建筑色彩符合海滨城市的特色，而流线型错动的表皮是结合了风环境与日照热工分析的结果。通过玻璃与楼板的进退实现适度的光照，通过楼板之间的扭转改善建筑周边的风环境，通过中庭空间将新鲜空气引入建筑内部。

流线型的建筑走势，遵从海湾地区的城市肌理。建筑体形张开双臂拥抱五缘湾海面，犹如双手捧起明珠，有力的标示了海湾的尽头。

环湾步行道在此交汇，简洁流畅的建筑表皮与碧海蓝天印入眼前。这座立于海滨的建筑，不仅是一座观景的建筑，也是一座景观的建筑，融入并成为五缘湾卓越景观的一部分。

2.现代医学流程的优化
1）高效的医疗功能布局
对于厦门中山医院的设计不仅仅是建筑形体与环境的对话，更在乎其承载的本质内容，即医疗功能的设计，它不仅仅只是一座立于海湾的标识性建筑，更应是一座代表着当下先进医疗技术的现代化医院建筑。由于医疗流程对于平面功能及流线的要求极高，在不规则体型的约束下，我们将主要的医院功能布置在规则的柱网中，柱网系统之间的不规则部分成为公共空间及连廊、绿化、景观平台等。一方面保证了医疗功能性房间的使用，一方面灵活的公共空间可以削弱医疗建筑压抑沉闷的气氛。

通过绿化景观通廊，总体功能就此分为南北两个区域。北侧为核心医疗区，医院的主要医疗功能均位于此区域；南侧则为科研教学专家楼及特护区。

核心医疗区分为 A、B 两栋。

A 栋以医技部分为主，沿海面采用退台的方式，削弱医技功能区的巨大体量，也充分利用了景观资源。上部住院分为南北两个塔楼，北侧塔楼总高约 73m，设有为 17 个普通护理单元及 2 个干保护理单元；南侧塔楼总高约 44m，为 4 个特需护理单元。

B 栋以门诊部分为主，中部为公共交通空间，联系两侧的门诊单元，海面方向成扩张之势，将入口人流与沿海景观面联系在一起；上部为行政办公。

特护区位于基地的南端，沿海湾展开，在规划中充分考虑到特护区域的独立性及安全性，利用科研教学专家楼及地面的微地形绿化景观将特护区域与其他区域分开，同时为特护区在南侧道路上设一出入口，独立于整个区域之外，使其具有管理上的独立性。

2）立体的交通体系
除专用车辆外，核心医疗区地面完全用于

人行交通，以解决日常大量门急诊人流带来的交通压力。人行道路与入口景观的结合也是人性化设计的要素。

总体交通设计上将核心医疗区交通组织的流线分为6类，在地面、地下1层、地下2层三个标高上立体的解决整体的流线。人行流线完全位于地面，各种人流沿五缘湾道可直接进入核心医疗区内相应区域。出租车则全都进入地下一层，沿专用通道在各出入口分别进行上下客，其他车辆均进入地库进行上下客及停车。同时在基地北侧留有备用出口，以便在拥堵时疏导地库车辆。洁物污物车辆流线完全分离，分别由南北两侧专用坡道进出院区。

3）便捷的智能化系统

医院采用先进的全覆盖物流系统，将轨道小车物流传输系统、气动管道传输系统、自动导引车输送系统，进行有机整合。利用物流系统自动传输样本、药品等物资，不仅大大节约了医院人力成本，并且物流系统具有不受人为干预的特点，规避了样本丢失、误传风险的同时，大幅提升报告获取时间，为病人诊疗争取了宝贵时间。其次，引入医院污物智能收集管理系统。医院建筑内每天都会产生大量的生活垃圾以及需要清洗的被服，这些物品的收集看似简单却有很多问题需要妥善解决，例如除臭、防腐、降噪、监控等等。而污物管道智能收集系统能够说明医院完成这些繁复的工作，降低人力成本投入。

3.现代就医体验的提升

1）人性化的室内形象

室内应与建筑、景观相融合。室内设计总体延续建筑绿色设计理念，围绕医院"以人为本"的宗旨，将"以人为本""提供理想的医疗环境"等思想融入设计之中，打破传统的医院空间平淡乏味的印象，创造全新的就医环境。室内空间设计以"明亮通透、温馨自然、时尚简约"为主要设计导则；材质贴近自然，就地取材，充分使用当地本土材料，打造出自然清新、亲切宜人的室内氛围；色彩采用浅米色为主要基调，使空间简洁、明亮、温馨，同时局

3

3. 核心医疗区住院大厅室内透视图
4. 功能分区分析图

部点缀的蓝绿色，即与滨海医院的特点相呼应，又可以使病人紧张的情绪得到缓解。此外，设置完善的医院标识系统，并将标识与室内环境装饰进行有机整合，利用醒目的颜色、空间的图标、放大的标记、中英文及盲文等人性化的对应标注，为患者提供了易读明确的指向服务，另一方面也成为室内装饰的一个亮点。

2）多层次的绿化系统

楼宇间错落的绿化庭院：有效地解决了医院大体量中的自然采光通风问题，令人就医时宛如身处花园之中。多层次立体的绿化空间：限于有限的用地面积，除了在几个入口广场和沿街处布置了适量的绿化空间，我们还在屋顶布置了可供住院患者到达的绿化休憩空间，充分利用立体空间的延展面来创造良好的院区环境。

4

沿建筑和院区周边设计公共绿化，隔离道路与建筑，减少道路交通对室内的干扰，并与城市绿带、入口广场绿化、街道转角绿化等共同构成一个完整的绿化系统。

注释：
① 王兴田，付研. 度假酒店"在地"设计研究 [J]. 城市建筑，2015（07）：22-24.

作者简介

陆行舟，男，华建集团上海建筑设计研究院有限公司医疗建筑事业部 副主任建筑师，国家一级注册建筑师

无锡市锡山人民医院新建工程

医疗建筑的集约化设计趋势

New Project of Xishan People's Hospital in Wuxi

徐续航，王馥/文　XU Xuhang, WANG Fu

项目名称：无锡市锡山人民医院新建工程

建设单位：锡山人民医院

建设地点：无锡市锡东新城

设计 / 建成：2013/2016（预计）

总建筑面积：128 541m²（含地下建筑面积 29 532m²）

总用地面积：59 852m²

建筑高度 / 层数：89.450m/22 层

容积率：1.65

设计单位：华建集团华东建筑设计研究总院

项目团队：邱茂新、王馥、蔡漪雯、徐续航（建筑），孙玉颐（结构），
陆琼文、韩倩雯、张鹏（机电）

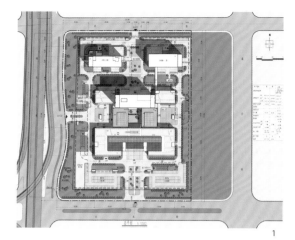

1

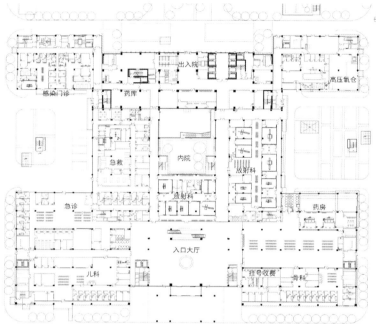

2

在当今国内城市用地日益紧张的环境下，医疗建筑建设用地同时越发紧张，从而使集约化布局成为一种必然而合理的趋势。无锡锡山人民医院的设计在适应集约化趋势的同时，从江南园林汲取空间布局精华，传承了无锡园林建筑和自然相结合的传统，实现集约高效与自然生态有机结合的

无锡市锡山人民医院新建工程项目位于无锡市锡东新城高铁商务区东部。本项目拟建成集医疗、教学、科研、预防、保健、康复、急救功能为一体的现代化综合性三级乙等医院。项目建设主要内容为850床门急诊医技住院综合楼、科研生活楼及配套辅助用房等。同时本项目按照绿色建筑评价2星标准建设，实现绿色医院发展策略。

本项目基地面积较小，仅相当于《综合医院建设标准（2008版）》建议的最小用地面积的60%左右，对本项目的设计造成了比较大的限制。由此可见，该项目是一个典型的当今城市高密度高容量环境下的医疗建筑，具有一定的代表性。笔者试图通过本项目的设计总结出在用地紧张的条件下进行医疗建筑设计的经验。

1. 集约的用地规划

本项目总体规划思路来源于中国传统中轴对称的院落布局方式，遵循中轴对称的原则，以中央内院为核心，将全院分为三大功能区，同时建立起与之对应的规划逻辑：在全院功能分区框架中，合理配置门诊、急诊、医技、住院、感染、行政管理、科研教学、后勤供应、院内生活等区域。院区采用集约高效的用地规划，整合各功能区域，将建筑形体集中布置，并向竖向发展；通过用地的整合，为未来可持续发展留有余地。遵循一次规划、分期建设的医院发展策略，规划突出一二期建筑的整体性，同时满足一期建筑形象的完整性，二期建设不影响一期使用。

门诊区位于院前区，方便对外。门诊采用功能模块化方式，相对独立，自成体系，分而不散，易于管理。急诊部位于一二层西侧，与门诊区相对独立，适当联系。即满足应急时进行隔离，独立成区；又满足平时与门诊区的资源共享。住院区位于院区中北部，六至二十二层，设17个病区。病房楼每幢每层设一个护理单元，朝向为南，都可以获得良好的朝向和室外视觉景观。科研生活区和二期住院区分别位于中轴线两侧，在门急诊医技住院综合楼北侧形成具有仪式感的序列和北侧院前绿化广

场。住院楼门诊部、医技部与住院部两侧医后勤功能块在东西两侧各形成了一个半包围的院落，可改善医疗环境。

2. 高效的功能结构

建筑应是生活的真实再现，医院建筑在完美融合医疗功能和建筑的同时，更注重人性化的体现。通过合理组织医院人流、物流，合理配置功能区域，便捷交通，流畅诊疗路线，来满足现代化医疗高效体系的要求。为了体现集约化的优势，本项目在设计的过程中着重以下五点的设计。

1）功能模块

本项目试图建立"功能模块化"的功能结构。将医院门诊、急诊、医技等各不同医疗功能划分为独立的模块，沿医疗主街独立布置，使各功能模块清晰独立且不受其他功能区域干扰。相似或功能逻辑联系紧密的模块（比如妇科与产科、肾内科与透析中心、泌尿科和碎石中心等）毗邻设置，以最大程度缩短病人的就诊流程，同时可以最大限度共享医疗设备与医护资源。在必要的情况下，相邻模块可合并设置，充分体现了功能模块化布局的灵活性。

2）双"医疗街"

本项目试图建立"流程体系化"的就医体系。围绕通至地下室的中心内院建立了两条"医疗街"：东侧医疗街宽3.6m，定义为患者主通道；西侧医疗街宽3m，定义为患者次通道以及医护内部通道。各层的医疗街分工灵活独立且各有不同，解决了公共通道和内部通道设置的矛盾，同时"双医疗街"模式相较于传统"王"字形布局的单医疗主街模式，避免了院内突发事件造成主通道拥堵的隐患，使院内交通顺畅有序；并且两条医疗街享受良好的采光通风条件，为患者与医护人员提供创造了舒适的就医、工作环境。

3）流线分离

在本项目中，患者、医护、后勤、污废等各个流线都做到了各自独立、互不干扰。以门诊模块为例，患者流线从医疗街通过岛式候诊区进入诊室就诊；医护人员可通过医护专用通道进入诊室，同时该通道可作为医生会诊与休息之用。医患双方同在一个空间中，而互不影响对方的活动。

4）道法自然

中国古典园林的造园精髓在于"借景"——将自然之景色借为己用——这是古人道法自然的哲学观在建筑上的体现。在医院设计中，同样可以将这样的思想运用到平面布局中。本项目虽采用集中式布局，却仍将核心庭院安插至建筑中，使之不仅成为全院的景观核心，同时各个功能区域围绕其依次展开。同时，与古典

园林相似，"院"不仅有全包围式，还有半包围式院落，分散在建筑两侧，让医院仿佛坐落于园林之中。

5）未来发展

为了适应当今医疗技术不断迅速的发展，本项目在总体规划上采用分期建设的策略。在单体设计中采用整齐统一柱网、框架结构，灵活布置，为各个科室的改扩建预留空间。护理单元床位数量灵活可调，病房进深合理，可在基础配置上增加床位，避免因房间内无法容纳增长的住院病患，而在走廊加床的尴尬局面。

3. 简整的城市形象

锡山人民医院采用中轴对称式院落布局，吸取无锡园林空间布局精华，创造一座得天独厚的城市花园式医院。形成可呼吸建筑，改善建筑采光、通风条件。通过严谨对称的布局，塑造庄严、大气的医院形态和有序的城市空间。采用统一母题形式，使外形达到高度统一，形成整体的医院意象；采用竖向线条，体现挺拔向上的姿态，突显出医疗建筑的雄伟。

4. 结语

在当今城市空间越发紧张的背景下，医疗建筑设计的集约化是一个必然的趋势。集约化不仅代表着集中、高效和医疗流程的缩短，同时也在节地的基础上产生更多的自然绿化空间，使医疗建筑在有限的用地上满足高效、绿色的时代需求。

1. 总平面
2. 一层平面图
3. 锡山人民医院新建项目大成路、鑫安路鸟瞰：总体布局力求在秩序中追寻变化，在均质中创造核心，以创造良好的城市形象和院内景观。统一的立面元素，形成了庄重简整的医院形象

作者简介

徐续航，男，华建集团华东建筑设计研究总院医疗卫生建筑设计所 建筑师

王馥，女，华建集团华东建筑设计研究总院医疗卫生建筑设计所 主任建筑师，国家一级注册建筑师

彭小娟/ 文　PENG Xiaojuan

重庆市妇幼保健医院

需实融合的人性关怀设计

Maternal and Child Health Hospital in Chongqing

项目名称：重庆市妇幼保健医院迁建项目
建设单位：重庆市妇幼保健医院
建设地点：重庆市渝北区
建成时间：2016
总建筑面积：10.4 万 m²
建筑高度 / 层数：55.10m/13 层
容积率：2.44
设计单位：华建集团华东建筑设计研究总院

重庆市妇幼保健院的方案设计从病人的需求出发，尊重人群的使用感受，通过流程的塑造、功能的设置、环境的营造和空间细节的塑造，使重庆市妇幼保健医院真正达到人性化设计的目标。

建筑人性化设计一直是大家所关注的课题，至 20 世纪八九十年代以来，随着人们经济水平的提高、城市的不断发展和医院治疗技术的进步，现代化医院不再是只治疗身体疾病的生理场所，更是病人安心养病、恢复治疗、保健修养的心理场所。医疗建筑的设计重点也逐渐从"以医疗为中心"，转换为"以病人为中心"，在设计中逐渐寻求更人性化、更合理舒适的设计原则。

1.虚实融合

重庆市妇幼保健医院是一所三级甲等专业医院，年门诊量为 98 万人，主要的服务人群为妇女和小孩。妇产科专科医院不同于普通的专科医院，它不仅是为病患服务的，也是为健康人群服务的。不同的人群必然有不同的服务要求。因此，在医院设计中要真正做到以人为本，为人关怀，就应该从人的需求出发，结合医疗功能，通过一定的设计方式在建筑空间中得以体现。从需入手，得以实现，需实结合，是重庆妇幼保健医院人性化关怀设计的基本原则。

"需"即为人的需求。"需"分为三类：生理需求、心理需求和社会需求。在医院设计中应体现医生、患者及家属的各种需求。妇幼保健医院的服务人群有三种：孕妇、妇女、儿童。孕妇是健康易感人群，她们的主要需求表现为：安全第一，希望在一个安全的环境下就诊，在一个安全的医疗下迎接新生命；其次便捷、快速，由于检查项目繁多，身体负担重，希望较

快地完成看病流程；再者，孕妇来医院都是家属陪同高兴而来，在他们眼里来的或许不是传统的医院，而更希望像环境优美的公园，在公园中，可以相互交流、相互沟通，共享经验。另一类妇女患者人群刚好相反。她们来院的目的仅为治疗，她们除通常的就诊流程、环境要求之外，更需要隐私的保护，需要一个相对安静隔离的就诊空间。儿童是第三类特殊服务人群。一个儿童生病，全家陪同看病，来院就诊的病患陪同比例基本为 1：3；陪同家属也是医院建筑使用的主体人群，因此在设计中，不仅应关注儿童的需求，也应考虑家长的需求。他们的需求主要表现为：安全的就医环境、丰富的活动空间、宽阔的候诊场所、健康生态的空间环境。

"实"就是物性，是人性需求的建筑体现。重庆市妇幼保健医院主要从建筑的功能布局、流线设计、细部空间和景观环境等四个方面展开，通过设计实现人性的"需"和物性的"实"融会贯通。

2.功能布局的人性化设计

深挖需求，创新功能组织，形成功能模块化的高效模式；将每个模块都设定为一个专科区域，并配置常用的检查医技，如:取样、B 超、心电。明确功能分区，使就诊简单明了。细化了医疗功能，缩小单个模块的规模，分散就诊候诊的人群，将每个模块的诊室设定为 12 间，就诊人数控制在 36 人，避免大而喧哗的候诊环境。预留后续发展空间，通过医疗街建立模

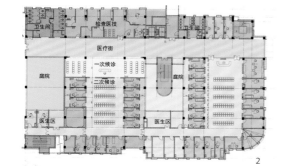

块间的联系，形成每个模块可自由分、合的组合可能性，使医院可以根据需求进行调整。

建立诊、查对应的医疗体系，将使用频繁的医技科室与门诊相对应布置，将联系紧密的医技科室相互对应布置，简化使用流程，提高使用效率。如：产科与B超对应布置、妇科与检验对应布置、产房与手术室对应布置、新生儿科与手术室同层布置、手术室与中心供应同区布置等。

功能布局内外分区，外区留给需要尽快完成就医流线的科室，内区留给需要隐私保护的科室。将儿科、儿童保健沿建筑外侧布置，使儿童患者减少在医院内部走动，快速到达医疗功能区，避免交叉感染；将妇科相关疾病科室布置在尽端位置，避免相互影响，保护病人隐私。将住院用房布置在医院后区域，给病人留有安静的住院环境。

3.流线的人性化设计

流程体系化，建立主次明确的医疗交通体系。妇幼保健院的流线设计，既要联系便捷但不能相互交叉，既要通畅但不能拖沓绕道。方案东西向医疗主街是交通主体，联系各个功能节点，明确单一。南北向医疗服务街支撑后勤服务，方便。方案实现：洁污分流，设置单独的污物通道和物流供应通道，保证院感安全；医患分流，医生通道、病人通道独立设置，医生通道与医生工作区域相连，保证医生工作安全稳定；患患分流，孕妇、妇女患者、儿童患者、保健人设独立出入口与各医疗功能对应，使病患能迅速定位快速就诊，实现健康与非健康的分流、儿童与成年人的分流、就医与保健的分流、避免交叉感染和冲撞隐患。人车分流，通过外围外环线，实现车在院区外围走、人在院区内部走的安全交通方式。

4.细部空间的人性化设计

根据孕、儿的活动特点，将服务点的服务半径定义在25m范围内，医疗街两侧设置卫生间、开水饮用点、公共交通等公共服务，体现人性化服务。将生活的气息引入医院，满足病患的精神需求，超市、花店、礼品店、书报亭等生活设计与建筑设计结合起来，改善医院严峻冷漠的环境氛围，同时方便病患及家属使用。

处处为病人做想，方案设计体现出对病人的选择和私密的保护。妇科门诊设计单人诊室，取消后部的医生通道，实现一医一患。候诊空间分级设置为：公共候诊区，病患家属共同等候；一次候诊区，男士家属免入，保护妇女隐私；

二次候诊区，病人单独进入，保证安静的就诊时间，方便医生问诊。结合儿童活动特点，儿童候诊空间与室外庭院相结合，扩大儿童活动范围，增加儿童室外活动机会，并给等候家长舒适的候诊空间。产科的候诊区设置交流空间，使孕妇们能相互交流，缓解压力。

5.景观环境的人性化设计

医院给病人提供的不仅仅是生理上的治疗，还有心理上的慰藉。舒适的环境景观、绿化种植可以减轻人的精神压力，激发人类本身的治愈力。设计将庭院穿插在建筑之中，通过建筑围合院落，使自然环境与建筑融合，实现病人能在花园中候诊，在花园中就诊，在花园中康复。庭院不再是千篇一律的规模，而是大小结合，不同的功能区表现出不同的特点：儿童的庭院活泼、开敞，产科的庭院恬静丰富，妇科的庭院郁郁葱葱。通过界边绿化、中心绿化、道路绿化、庭院绿化和屋顶绿化，建立多层次的绿化空间，使建筑内每一个房间都能自然采光通风，都能享有绿色环境。

综上所述，重庆市妇幼保健院的方案设计从病人的需求出发，尊重人群的使用感受，通过流程的塑造、功能的设置、环境的营造和空间细节的塑造，使重庆市妇幼保健医院真正达到人性化设计的目标。

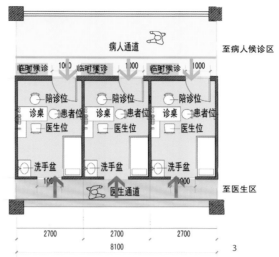
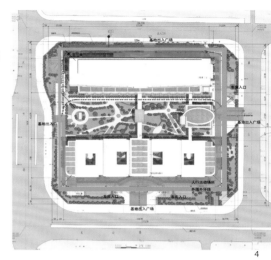
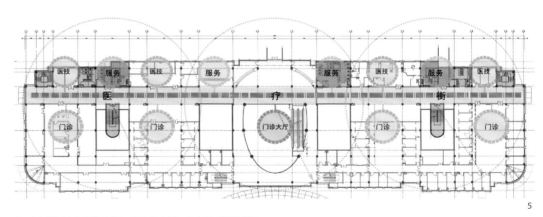

1. 建立多层次的绿化空间，使建筑内每一个房间都能自然采光通风，都能享有绿色环境
2. 功能模块化分析
3. 病人、医生流线分析
4. 交通外围外环线
5. 25m半径服务圈分析

作者简介

彭小娟，女，华建集团华东建筑设计研究总院医疗卫生建筑设计所 副主任建筑师，国家一级注册建筑师，高级工程师

这里有复古壁灯、走廊拱顶，这里有雕花护墙、深色地板、落地钢窗，这里铭刻着老一辈心里的"大病房"。今天，走入装修一新的仁济医院西院住院楼，仿佛乘坐时光机回到了上个世纪二三十年代的老上海。

仁济医院西院老病房楼修缮工程

百年老楼里的"大病房"

Restoration project of Renji Hospital West Court Ward Building

梁赛男，张菁菁 / 文　LIANG Sainan,ZHANG Jingjing

1.是医院，也是历史建筑

　　仁济医院始建于 1844 年，是上海名副其实的"老克勒"。1926 年，英国建筑师亨利·雷士德病逝后将名下的四处房产及 100 万银元捐赠给仁济医院，以资助医院的建设和发展。在这之后，经历了近一个半世纪的风风雨雨，随着仁济医院规模的不断扩大、科室增加，最初的西院在使用过程中不断被改建，已与原设计相去甚远。

　　仁济西院住院楼始建于 1932 年，病房大楼地处寸土寸金的黄浦区中央商务区，与外滩百年建筑群仅一步之遥，在这里放眼望去，众多优秀历史保护建筑融合在我们这座日新月异的现代化都市之间。建筑用地极为紧张，又需秉持"修旧如旧"的设计原则。因此，老病房楼修缮工程在尽可能的条件下，做到人车分流、洁污分流。尽量确保清晰的分区设计和流线安排以保证医生和病人拥有良好的就医环境。同时利用老病房楼旧有的连廊空间种植藤类植物和吊兰，实现立体绿化，为医院营造出花园式的康复和工作环境。

　　为了修缮始建于 1932 年的仁济西院住院楼，是综合了有医疗功能的优秀历史保护建筑。本次工程的进度非常紧张，都市总院从方案设计阶段开始就从消防、历史保护、卫生防疫、环保、绿色等各个方面做了深入详细的研究，确保了该工程项目在施工阶段的进度和质量。

项目名称：仁济医院西院老病房楼修缮工程

建设单位：上海交通大学医学院附属仁济医院

建设地点：山东中路 145 号

设计 / 建成：2011/2012

用地面积：7 811m²

总建筑面积：18 000m²

层数：地上 7 层，地下 1 层

设计单位：华建集团华东都市建筑设计研究总院

项目团队：姚激、陈炜力、梁赛男、蔡宇、俞俊、汪洁

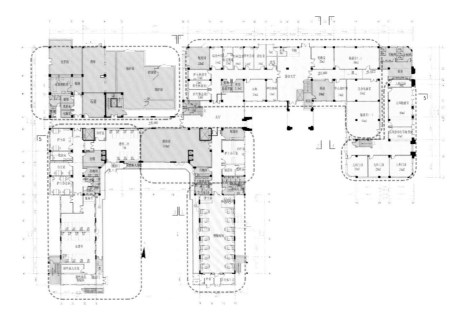

1.仁济医院西院老病房楼夜景
2.医院广场视角仰视图
3.英式医院建筑特有的大病房
4.黑色水磨石与藕色、乳白色水磨石拼花地板与修缮后的楼道
5.一层平面图

2.医院的内部治愈空间

可能很难想象，老一辈眼中的"大病房"就是现在修缮后所呈现的样子。在仅有的空间里，要做到尽量的保护隐私、方便医患、节能环保。在"大病房"里，所有的病床之间都装有隔帘，使患者的隐私得到有效的保护；病房定时探视制度将继续严格执行，以保证患者拥有一个安静的休息环境；根据患者病情的轻重来安排病房，让医疗行为对患者的心理影响减至最低；甚至为了减少西院场地狭窄所带来的住院患者散步不便的问题，医院特意将住院楼阳台也进行了维修和加固，并加高安全护栏，从而让患者在住院期间能有一个安全的散步场地。

除了普通病房外，西院住院楼还设置了手术室、监护室、产房等对硬件设备和环境洁净度要求更高的治疗单元。这些具有特殊功能的治疗单元在设计时就充分考虑了各自不同的医疗需求，例如：为了安抚临产孕妇的紧张情绪，从心理上舒缓分娩过程中的阵痛，产房的主色调设计采用具有镇静、舒缓作用的水绿色；待产室内人性化地设置了独立的卫生间，并且安装了无障碍设施，方便临产产妇使用。而且，所有的特殊治疗单元都安装了空气层流设备，确保单元内空气的洁净，最大程度地预防院内感染，保障了患者的安全。

3.历史建筑的外立面修缮

由于项目设计团队能找到的原始设计资料与现场情况多处不符，为了再现当年英式建筑风格所特有的庄重与典雅，自项目开工以来每位设计人员都多次到现场进行勘察，并及时和业主、施工单位沟通调整设计图纸。

在本次仁济医院西院老病房楼修缮设计过程中，设计师们为了泰山砖和水刷石外墙的修补方案以及钢门窗的矫正修缮方案更符合修旧如旧的原则，多次和历史保护中心的专家们、和有经验的老师傅们做了方案对比交流。经过多方努力，通过用更好的清洗方案和更好的修补方案，让老病房楼在保留原有建筑特色的同时也焕发出新的时代光彩。

作者简介

梁赛男，女，华建集团华东都市建筑设计研究总院事业四部 主任工程师

张菁菁，女，华建集团华东都市建筑设计研究总院经营管理部 品牌主管，上海市建筑学会建筑创作学术部 商业地产委员会 秘书

1

转型优化的生机之道：
中国建筑设计行业的"十三五"发展趋势
专访华建集团总裁张桦先生

The Way of Transition and Optimization: Chinese Architecture Industry's Development Trend in 13th Five-Year Plan
Interview with ZHANG Hua, President of Huajian Group

张桦 / 受访   董艺、官文琴 / 采访   高静 / 整理
ZHANG Hua(Interviewee), DONG Yi, GUAN Wenqin(Interviewer), GAO Jing(Editor)

编者按：近日，住建部公布了《住房和城乡建设部工程质量安全监管司2016年工作要点》，两会也已成功召开，值此之际，《H+A华建筑》特邀华建集团总裁张桦先生，聚焦建筑业十三五规划，分享他对行业发展战略的思考和见解。

1. 历史进程中的"十三五"

H+A：能否简单谈谈"十二五"期间建筑设计行业的发展情况？

张桦（以下简称"张"）："十二五"基本上是按照原来的常规模式在发展，包括抢市场、抓机遇、扩大生产规模，民营企业也由小到大逐渐从低端的住宅房地产向公共建筑发展，并对整个行业造成了很大的冲击。"十二五"期间，建筑设计行业在市场的规模、市场的竞争、新技术的应用，以及市场管理运营都有了较大的发展。

从"十二五"到"十三五"，有一个很明显的转变，整个市场进入新常态，不再是一路高歌的绝对数量的增长，而是回落到比较正常的发展模式。经过"十一五""十二五"十年的高速发展，整个行业在局部地区已经发生产能过剩，项目投资、房地产也产生了局部的过剩。在这种情况下，虽然，总体来说"十二五"行业有了很大的发展，但是，由于市场的管理缺陷、市场的分割，以及企业竞争的不规范，大家对目前行业的市场情况并不十分满意。

H+A：与"十二五"相比，"十三五"的发展热点是什么？

张：我们的行业在进行着深刻的变革。一些原来的部院、工业院等专业院，在十几年前已经面临转型的危机，他们抓住了建筑业的发展机遇，实现了华丽转身。他们利用专业优势，发展了工程总承包和集成业务，摸索了新的发展模式，获得了很多新的发展机遇，其中一部分设计院已经脱离了原有的业务业态，进入了新的市场领域。他们的发展经验给了我们很好的启示。

工业院的发展得到了政府的大力支持，他们很容易进入到传统的建筑设计领域。但是，建筑设计企业进入专业设计的市场，则存在着一定的困难。最近，也有了转机。住建部"指导意见"指出，将鼓励发展以施工为龙头及以建筑设计为龙头的工程总承包业务。这个文件说明目前以设计为龙头的EPC总承包方式已被政府认可，取得了一定的地位。在不久的将来，市场会更多地接受这一模式，这对目前面临发展困难的部分设计院而言是一道曙光。设计企业转型需要若干年的准备，需要具备一定的资金实力、拥有施工的技术和人才，以及市场的开拓。

华建集团坚定地向EPC总承包方向发展。因为建筑设计只是工程产业链上的一个重要环节，建筑设计要对整个工程负责，这是我们追求的目标。

H+A：促进建筑设计行业健康发展，急需在"十三五"解决怎样的问题？

张：最需解决的问题还是市场管理的问题。总体来讲，设计行业供大于求，由此造成市场过度竞争、粗制滥造、市场不规范，还因为地方保护和行政干预，涌现了一些奇奇怪怪的建筑。设计企业往往抱怨市场不规范而缺少行业的关注。改革开放以来，我们逐步和国际接轨，发展过程中摸着石头过河，现有的制度是在计划经济体制下对各个国家、地区建筑业管理方式的学习吸收，在市场经济建设初期，由于缺乏经验，不能形成完善的市场体系，这很正常。但是三十多年过去了，面对建筑业市场存在问题、中国建筑业竞争能力提升的需求，有必要对一些管理制度应该提出质疑和反思，做好顶层设计。

宏观来讲，我国尚未形成与国际接轨的建筑业管理体制。在法律责任体系、法规体系、技术

标准体系、建筑师的地位和作用，与国际通用惯例具有一定的差距。由于建筑业体系的不完善，影响了中国建筑业健康发展。比如2000年出台了《建设工程质量管理条例》，明确规定建设监理承担工程质量监理责任。经过多年建设监理实践，取得了一些成效，但是也存在着监理地位逐渐式微、工程质量不时失控，以及本身身份的不明确，出现了不少矛盾和问题。那么，是否可以通过更完整的质量管控体系就能够发挥这一作用，值得思考。

在行业管理上，需要进行研究和人才培养。目前缺乏在管理方面具有全球视野的行业管理人才，也缺乏研究机构和成果，长此以往，一些政策的制定就显得不够系统，出现朝令夕改、前后矛盾现象，是长期缺乏顶层设计的结果。建议高校能够培养一些行业管理专业博士生，作为行业管理方面的人才储备，给他们一些机会去考察研究、拓展视野、积累经验。

在职业资质方面，现在注册建筑师考试问题尚未恢复。最初引进注册建筑师制度就是为实施执行建筑师（EA）制度做配套的，现在EA反倒变成了创新改革的目标，不能不认为是改革勇气的退化。

除了市场管理，规范标准的问题也值得关注。我们的建筑法规体系和国外不接轨的。我

们的规范标准数量多，法规与标准不分，以标准代替法规，存在许多法律风险，不利于责任的界定。法规过度技术化，限制了我国的技术创新和发展。由于将规范标准编制与企业资质维护挂钩，又出现了大量为了维护企业资质产生出来的新规范和标准，增加了规范标准的混乱和重叠。我国建筑规范和标准体系与国际不接轨，阻碍了我国参与国际标准制订的话语权，影响了建筑企业走出去进程。法规和标准不分，增加法规更新成本，标准不适应市场多元化需求。

总的来说，我们整个的行业管理落后于市场的发展水平、落后于技术的发展、落后于行业的发展、落后于我们国家城镇发展的需求。到了"十三五"，建筑业应该走向成熟，应该对三十年改革开放的经验进行梳理和总结，建立一个好的管理体制，使建筑业获得适应新常态发展的良好环境和模式。

2. 行业发展的机遇和挑战

H+A：作为传统设计行业，"十三五"期间行业面临如何挑战？

张： 2014年和2015年，整个市场的新签合同额项目呈现下滑，有说是断崖式下降。一些单位新签合同额下降接近50%到60%，好的也

2. 华建集团代表项目
3. 集团总裁张桦在收购威尔逊发布会上发言
4. 集团总裁张桦在收购威尔逊发布会上接受媒体采访

在 20% 左右,这对我们行业的影响非常大。从 2014 年下半年到 2015 年,很多企业都在裁员裁人,收缩规模,办公场所搬离出黄金地段,甚至有些单位还出现了劳资纠纷。总体来讲,我们行业里各个企业都在收缩规模,而且程度还在加深。我们行业进入了大洗牌阶段。相对来讲,那些根基不是很深、业务比较单一、缺乏长远发展考虑、实力不是很强的企业,遭遇了灭顶之灾。

"十三五"是在这样一个不利环境下到来的。2016 年是"十三五"的第一年,宏观形势还没有看到趋好的迹象,所以十三五开局第一年是比较困难的一年,可能还是延续了 2015 的状况。"十三五"时期,我国经济进入了新常态,整个经济发展的趋势和特点发生了较大变化,在这个大背景下,"十三五"和"十二五"有本质上的区别,在行业的技术、行业的人才、行业的管理、行业的发展机制上都会产生新的变化。

H+A:应对"十三五",相对于以华建集团为代表的设计行业航空母舰,行业生态圈中的中小企业应如何调整?

张:在过度竞争的市场环境下,大院可以发展一些集成化的服务,相对小院在集成化服务方面机会少些,中小院一定要有业务特色,不仅仅局限于地域特色,全国一体化市场下,地域市场已被打破,尽管目前仍会有一些地区还有门槛,但是这个门槛会逐渐消失。靠地方市场比较熟悉、跟政府关系比较近、有一定客户资源的企业,这种优势会减弱。企业还是要结合自身的技术能力或者市场环境走出一个与众不同的发展方向,要有自身的技术特色和专项。比如南京都市院做工业化建筑就比较有特色,走出了一条适合于他们院的发展道路,而且因为有一定的积累,相对来讲业务发展也非常快。有些中小型公司选择上市,与资本市场对接,发展也非常迅速。还有一些院选择进行专项化发展,形成自己的看家本领,在医院、机场、高铁站等领域做出了自己的特色。所以中小院也有很多发展机会,市场将会不断细分。细分市场能力会成为另一种市场进入的门槛。

H+A:上市公司会有哪些发展模式?

张:上市公司和资本市场嫁接,有三个有利方面:第一,有了资本市场的对接,有利于公司快速扩张、发展的资本力量。不借助资本市场,按传统的开拓市场的方式来发展某个领域的业务,速度就比较缓慢。如果要进行快速市场布局,可以通过兼并收购,利用目标公司的销售网络、市场、客户,能够很快获得新市场的存在,通过业务协同进一步放大市场。第二,通过资本力量,可以吸引、获得高端的技术和管理人才。能够在短时期内获得你需要的人才。第三,对接资本市场,可以利用资本市场、资本的杠杆,通过创新,创造一些新的服务模式。通过新的服务模式不单能够在传统的业务领域获得更多的业务发展机会,获得更多的收益,同时还能享受资本市场的收益。这种集成化业务高于资本市场,也高于我们传统市场,实现资本和业务的双赢。设计企业与资本市场的嫁接,更需要创新性和创造性,来实现一种跨界。

5. 在上海浦江镇世博动迁房工地现场
6. 在工业化建筑论坛上演讲
7. 华建集团代表项目：武汉中心
8. 华建集团代表项目：无锡大剧院

H+A：设计行业应当从哪些方面来转型升级？

张："十三五"期间主要有三个方面的转型升级。首先是 EPC 的总承包业务。总承包业务不是新兴业务，只是认识不统一，但相对来讲，工业院做得比较好，也比较早。"十三五"期间会有更多有条件的企业要发展总承包业务。总承包业务要有自己的特色、自身的专有技术和专项能力，以此来立足于市场。整个"十三五"是一个业态调整发展，不是规模上的发展，是质量上提升，效率的增加。市场会顺应这种集成化发展趋势，将有效的资源通过市场方式集中，推进集成化发展，集成化能力和集成化经济实力是进入集成化市场的钥匙。

第二个是工业化建筑。工业化建筑发展和市场潜力不可低估，其蕴含着建筑制造方面深刻的行业变革，传统设计理念、行业标准、建造方式，都会发生深刻的变化，给行业带来很好的机遇和新的挑战。建筑师需要了解工业化的制造，要适应现有的工业化制造工艺上的建筑创作，绝不是传统的装配式施工工艺的模式。建筑师可以在这一领域开拓出一片新的天地。因此，我们要在这方面进行科研和理论研究，使中国的建筑工业化可以和世界上发达国家同步发展，形成自己的行业特色、市场和技术体系。工业化建筑在我国才刚起步，政府十分重视，我们要在这一轮技术发展过程中抓住机遇。建筑工业化在一定程度上与互联网信息技术融合，加快了建筑工业化的发展，对我们整个行业带来较大的冲击。许多施工企业、制造业、开发商早已闻风而动，抢占先机。

第三个是上市企业的升级。未来的市场竞争可能在两个层面开展，上市公司之间的竞争和一般企业之间的竞争。上市公司通过和资本市场的嫁接，更多地开拓 EPC 业务。地方政府限于债务的规模，通过举债来进行发展的模式会改变，利用社会资本的 PPP 模式会得到发展。PPP 模式规模不断扩大，传统的政府或者国企业主的客户群，可能会被带有资金、带有设计、带有施工的业主替代，原有市场生态发生较大的变化，让传统的企业很不适应，甚至会失去很多传统的客户，这无疑是对我们的挑战。因此，如果成功和资本市场对接，企业获得市场的机会就会更多，还可以通过资本市场会获得一定的收益。

3. 互联网对行业的影响

H+A：2015 年乌镇互联网大会宣告中国成为互联网大国，关于互联网话题不断发酵，您如何看待互联网经济？

张：最近看到的一篇文章，提醒我们要警惕技术乌托邦。互联网信息技术已经或将会对我们传统行业造成很大的影响，但也无须夸大技术近期对行业的影响。当然我们也并不要保守，否认新技术对我们行业不会造成冲击的错觉。

我们一直关注互联网信息技术的发展及未来可能对建筑行业发展的影响。我们有一个基本判断，互联网信息技术发展在提高设计效率和设计质量方面做出很大的贡献。虽然不能统计出很精确的数字，但是去除通货膨胀后，差不多是在 30%~40% 之间，这对行业的发展做出巨大贡献。信息技术已经实现了二维协调设计，开始迈向三维协同，我们做过测算，建筑的三维图纸自动导出的二维图纸，建筑专业已经可以实现图纸工作量的 80%，其他专业图纸的完成度 50% 左右。这一高完成率反映了今后三维协同将替代二维的发展方向，信息技术帮助行业实现了二维回归三维设计重大转变。三维设计的新时代即将到来，三维文件交付在未来可以得以实现。

第二个影响，互联网技术会影响我们传统执业方式。互联网会使设计和创意行业出现越来越多的自由职业者。自由职业者不依附于任何公司，不固定在某家公司里供职，公司通过网络系统来组织设计生产，无论公共网络或公司网络都会提供异地协同和办公的技术支撑，这会给公司跨地区跨领域发展创造一个很好的条件。

第三个影响，出现类似猪八戒网所提供的众包平台。目前，这种模式只适应于相对比较简单的协同或创业服务。像建筑设计这种紧密型的、需要很多专业相对集中长时间的协同，众创平台目前是很难实现的。我们行业是垂直协同的，在垂直方向上信息量很大，而众创是水平协同的，在水平方向上规模量很大。我们

行业特点是信息多，比它复杂，协同密集。所以只有两者结合才是互联网经济的真正赢家。

H+A：前不久坊间流传的建筑设计师 Uber 时代，您如何看待？

张：整个行业对互联网＋的探索形成了一个热潮，猪八戒网成功获得资金募集，产生很大的行业影响，他们也充满信心要开拓建筑设计市场，万科也推出了针对建筑师市场的平台，建筑师们也纷纷在观望和思考。我们对互联网＋可能对行业造成的影响做了一些研究，我们认为互联网＋肯定会对建筑行业发展、提高工作效率带来很大的帮助。

但是，建筑设计是包含多工种协调的复杂项目，持续时间非常长，有很高的门槛；同时，建筑设计的纵向延伸度比较长，一个项目从开始到结束，中间有不同的环节、技术和服务对象。而互联网＋则是一种平面延展方式，适合于协同成本比较低、协同能力比较弱的项目，两者是不同的维度。所以我觉得不会出现类似 UBER 对出租车行业的影响，这个不用担心。

H+A：在您看来传统设计行业应采取什么策略应对互联网＋？

张：面对新技术发展，我们要积极探索，加以利用，来提高我们的设计能力和服务方式。设计行业在面对互联网技术时，可以有一些作为。目前，互联网＋不会像 Uber 一样对建筑行业造成冲击，但是我们也可以用互联网＋的技术特点来改造我们的设计过程和管理机制。比如，互联网＋强调众包，我们能不能把垂直模式的建筑设计，改造成横向众包方式。比方说，现在建筑物都是由水、电、暖、结构、建筑各专业集成，是否可以某个空间全部由一位设计师完成，以此实现众包。因此，传统业务通过一定的流程再造，也可架接互联网＋，来实现众包，能够让一些社会资源或者人才为我们企业所用。同时，传统企业内部的一些网络平台也可以逐步对外开放，在某些方面引进一些社会资源，为企业某些项目的设计出谋划策，这方面也是可行的。

所以，互联网＋不会对行业有毁灭性的冲击和打击，互联网＋确实可以被我们合理利用来提高服务品质和效率。

H+A：能描绘一下未来场景么？

张：未来可能会出现一些虚拟设计院，就像虚拟公司一样，不需要固定场所，大量人员可以在家里办公。互联网技术发展到一定阶段，社会公共网络资源可以被个人和公司加以利用。设计师以后可以通过公共网络进行协同设计，同时也可以照顾家庭成员、减少社会交通成本、减轻环境压力、节约城市资源。未来的混合型城市功能模式，住宅区里有很多在家工作的人，周围有相应的配套公共设施。虚拟设计院、虚拟公司，这种虚拟组织架构，可能会在整个建筑行业里占据一定的比例。当然，不会因为有了这种虚拟方式，实体就消失，实体永远不会消息。就像学校一样，有虚拟的学校，能够教学，但是孩子还是需要到学校去和朋友接触交流。

所以，如果要描绘未来，单从互联网维度来讲，我觉得会出现虚拟的机构或方式。虚拟和真实两个世界并存，让我们工作的效率更高，生活更快乐。

2016年是"十三五"的开局之年,各行各业都在谋划"十三五",这五年对中国实现"强国梦"至关重要。日前召开的十二届全国人大四次会议审议通过了《国民经济和社会发展第十三个五年规划纲要(草案)》,提出要积极适应、把握引领经济发展新常态,以"创新、协调、绿色、开放、共享"的发展理念,以提高发展质量和效益为中心,以供给侧结构性改革为主线,扩大有效供给,满足有效需求。坚持全面建成小康社会,实现第二个百年奋斗目标,实现中华民族伟大复兴的中国梦。

工程设计行业的未来五年将会发生什么样的变化?哪些方面会有所改进,哪些方面会发生变革?哪些会转型哪些会被颠覆?本期专栏邀请行业管理者、企业家、专家学者等以各自不同的身份从不同的侧面发表看法,提出建议、意见和对策。

工程设计行业的"十三五"
Thirteenth Five-Year in Engineering Design Industry

李武英 / 栏目主持   LI Wuying

2016 政府工作报告与建设行业相关的 65 条"干货"

2016 年 3 月 5 日的全国人大会议上,李克强总理在 2016 年政府工作报告中,对中国未来五年各方面发展给出了目标。以下为从中梳理出的与建设行业相紧密相关的 65 项重点工作,将对行业未来的发展指明方向。

"十三五"规划目标

1. "十三五"时期经济年均增长保持在 6.5% 以上。

2. 加快推进产业结构优化升级,实施一批技术水平高、带动能力强的重大工程。

3. 到 2020 年,先进制造业、现代服务业、战略性新兴产业比重大幅提升,全员劳动生产率从人均 8.7 万元提高到 12 万元以上。

4. 启动一批新的国家重大科技项目,建设一批高水平的国家科学中心和技术创新中心,培育壮大一批有国际竞争力的创新型领军企业。

5. 持续推动大众创业、万众创新。促进大数据、云计算、物联网广泛应用。

6. 到 2020 年,全社会研发经费投入强度达到 2.5%,科技进步对经济增长的贡献率达到 60%。

7. 完成约 1 亿人居住的棚户区和城中村改造等。

8. 形成沿海沿江沿线经济带为主的纵向横向经济轴带,培育一批辐射带动力强的城市群和增长极。

9. 加强重大基础设施建设,高铁营业里程达到 3 万公里、覆盖 80% 以上的大城市,新建改建高速公路通车里程约 3 万公里,实现城乡宽带网络全覆盖。

10. 深入实施大气、水、土壤污染防治行动计划,加强生态保护和修复。

11. "一带一路"建设取得重大进展,国际产能合作实现新的突破。

12. 完善住房保障体系,城镇棚户区住房改造 2 000 万套。

13. 在适度扩大总需求的同时,突出抓好供给侧结构性改革,减少无效和低端供给,扩大有效和中高端供给,增加公共产品和公共服务供给。

14. 要推动新技术、新产业、新业态加快成长,以体制机制创新促进分享经济发展,建设共享平台,做大高技术产业、现代服务业等新兴产业集群,打造动力强劲的新引擎。

2016 年重点工作

15. 着力加强供给侧结构性改革，加快培育新的发展动能，改造提升传统比较优势，抓好去产能、去库存、去杠杆、降成本、补短板，加强民生保障，切实防控风险。

16. 全面实施营改增，从 5 月 1 日起，将试点范围扩大到建筑业、房地产业、金融业、生活服务业，并将所有企业新增不动产所含增值税纳入抵扣范围，确保所有行业税负只减不增。

17. 取消违规设立的政府性基金，停征和归并一批政府性基金，扩大水利建设基金等免征范围。

18. 继续大力削减行政审批事项，注重解决放权不同步、不协调、不到位问题。

19. 对行政事业性收费、政府定价或指导价经营服务性收费、政府性基金、国家职业资格，实行目录清单管理。

20. 修改和废止有碍发展的行政法规和规范性文件。

21. 创新事中事后监管方式，全面推行"双随机、一公开"监管，随机抽取检查对象，随机选派执法检查人员，及时公布查处结果。

22. 大力推行"互联网＋政务服务"，实现部门间数据共享。

23. 落实企业研发费用加计扣除，完善高新技术企业、科技企业孵化器等税收优惠政策。

24. 支持行业领军企业建设高水平研发机构。

25. 打造众创、众包、众扶、众筹平台，构建大中小企业、高校、科研机构、创客多方协同的新型创业创新机制。深化科技管理体制改革。

26. 加强知识产权保护和运用，依法严厉打击侵犯知识产权和制假售假行为。

27. 实施支持科技成果转移转化的政策措施，完善股权期权税收优惠政策和分红奖励办法，鼓励科研人员创业创新。

28. 采取兼并重组、债务重组或破产清算等措施,积极稳妥处置"僵尸企业"。

29. 鼓励企业开展个性化定制、柔性化生产，培育精益求精的工匠精神，增品种、提品质、创品牌。

30. 深入推进"中国制造＋互联网"，建设若干国家级制造业创新平台，实施一批智能制造示范项目，启动工业强基、绿色制造、高端装备等重大工程。

31. 建设一批光网城市，推进 5 万个行政村通光纤。

32. 推动国有企业特别是中央企业结构调整，创新发展一批，重组整合一批，清理退出一批。

33. 推进股权多元化改革，开展落实企业董事会职权、市场化选聘经营者、职业经理人制度、混合所有制、员工持股等试点。

34. 深化企业用人制度改革，探索建立与市场化选任方式相适应的高层次人才和企业经营管理者薪酬制度。

35. 赋予地方更多国有企业改革自主权。

36. 加快剥离国有企业办社会职能，解决历史遗留问题，让国有企业瘦身健体，增强核心竞争力。

37. 大幅放宽电力、电信、交通、石油、天然气、市政公用等领域市场准入，消除各种隐性壁垒，鼓励民营企业扩大投资、参与国有企业改革。

38. 加快建设城市停车场和新能源汽车充电设施。

39. 加强旅游交通、景区景点、自驾车营地等设施建设。

40. 启动一批"十三五"规划重大项目。完成铁路投资 8 000 亿元以上、公路投资 1.65 万亿元，再开工 20 项重大水利工程，建设水电核电、特高压输电、智能电网、油气管网、城市轨道交通等重大项目。

41. 中央预算内投资增加到 5 000 亿元。

42. 继续以市场化方式筹集专项建设基金，探索基础设施等资产证券化。

43. 完善政府和社会资本合作模式，用好 1 800 亿元引导基金。

44. 发展中西部地区中小城市和小城镇，容纳更多的农民工就近就业创业。

45. 推进城镇保障性安居工程建设和房地产市场平稳健康发展，今年棚户区住房改造 600 万套，提高棚改货币化安置比例。

46. 建立租购并举的住房制度，把符合条件的外来人口逐步纳入公租房供应范围。

47. 增强城市规划的科学性、权威性、公开性，促进"多规合一"。

48. 开工建设城市地下综合管廊 2 000km 以上。

49. 积极推广绿色建筑和建材，大力发展钢结构和装配式建筑，提高建筑工程标准和质量。

50. 打造智慧城市，改善人居环境。

51. 深入推进"一带一路"建设，落实京津冀协同发展规划纲要，加快长江经济带发展等。

52. 制定实施西部大开发"十三五"规划，实施新一轮东北地区等老工业基地振兴战略，出台促进中部地区崛起新 10 年规划，支持东部地区在体制创新、陆海统筹等方面率先突破。

53. 加大农村基础设施建设力度，新建改建农村公路 20 万 km，具备条件的乡镇和建制村要加快通硬化路、通客车。

54. 抓紧新一轮农村电网改造升级，两年内实现农村稳定可靠供电服务和平原地区机井通电全覆盖。

55. 实施饮水安全巩固提升工程。

56. 建设美丽宜居乡村。

57. 继续推进贫困农户危房改造。

58. 解决好通路、通水、通电、通网络等问题，增强集中连片特困地区发展能力。

59. 扎实推进"一带一路"建设，统筹国内区域开发开放与国际经济合作，共同打造陆上经济走廊和海上合作支点。

60. 扩大国际产能合作，实施一批重大示范项目。

61. 加强煤炭清洁高效利用，减少散煤使用，推进以电代煤、以气代煤。

62. 增加天然气供应，完善风能、太阳能、生物质能等发展扶持政策，提高清洁能源比重。

63. 全面推进城镇污水处理设施建设与改造，加强农业面源污染和流域水环境综合治理。

64. 加大建筑节能改造力度。

65. 开展全民节能、节水行动，推进垃圾分类处理，健全再生资源回收利用网络。

周文连
中国中建设计集团有限公司执行总经理

以"四全"发展战略创新驱动行业稳步发展

中国建筑设计行业"十三五"发展战略思考

Development Strategy Innovation Driving Industry Developing

面对中国经济社会复杂多变的环境，直面中国建筑设计行业发展所面临的压力与挑战，按照中央城市工作会议的精神，需要我们更加关注新视点、运用新思维，以改革创新的姿态迎接"十三五"，迎接新挑战，以全新发展战略创新驱动行业稳步发展，实现中国建筑设计行业"十三五"的新跨越。

1. 适应新常态，关注新视点

"十三五"期间，中国经济发展将面临巨大挑战和机遇。世界多极化、经济全球化、文化多样化、社会综合化深入发展。世界经济在深度调整中曲折复苏。新一轮科技革命和产业变革蓄势待发，全球治理体系深刻变革。国际金融危机深层次影响在相当长时期依然存在，全球贸易增长乏力，保护主义抬头，外部环境不稳定不确定因素增多。国内发展进入新时期、新常态，发展方式正在快速转变，新的增长动力正在孕育形成。经济长期向好基本层没有改变，但发展不平衡、不协调、不可持续问题仍然突出，发展方式还很粗放，创新能力不强，部分行业产能严重过剩，企业效益下滑，城乡区域发展也需改进，资源环境约束尚未得到根本扭转，基本公共服务供给不足，人口老龄化加快，等等。

1）经济发展新常态、经济下行新视点

经济发展新常态的阶段特征是当前我国经济发展正处在增长速度换挡期、结构调整阵痛期、前期刺激政策消化期的"三期叠加"阶段。新旧增长动力交替尚未完成，短期内经济下行压力仍然较大，部分企业经营困难。随着中国经济增速趋缓，产业结构调整，基本建设投资发生了变化，国家出台一系列控制楼堂馆所政策，削减城市标志性建筑，房地产市场遇冷及传统建筑项目大量减少影响，国内房产市场，特别是前期设计市场，出现任务大幅减缓特征，新签合同额大幅下降，设计收费难度加大，设计周期延缓，对中国设计市场，特别是建筑设计市场产生巨大影响。但危机也是机遇，也是挑战，只要正视危机，创新思维，危机过后，一定会有美好的明天。

2）结构调整新常态、产业变化新视点

中国经济进入新常态的另一特征是经济结构调整不断优化升级。第三产业消费需求逐步成为主体。而经济下行压力的主要矛盾是经济结构失衡，部分行业产能严重过剩，建筑业也是产能过剩大户。新增投资领域则更多地向机场、高铁、水利、环保、新能源、输变电、城市基础设施、地下综合管廊、旅游养老建筑等方向倾斜。虽然国家还陆续出台了加快保障房建设，海绵城市和城市综合管廊等一系列城市建设项目政策，但由于勘察设计企业数量众多，市场空间有限，相对竞争则更为激烈。建筑业结构调整任重道远。

3）区域发展新常态、"四区三带"新视点

新常态下，中国经济进入从高速增长向中高速增长的换挡期。协调推动经济稳增长和结构优化，寻找新的经济增长点，挖掘新需求和新市场成为重点。拓展区域发展新空间，加快实施新型城镇化建设，统筹实施"四大板块"和"三个支撑带"战略组合成为国家区域发展总体战略。"四大板块"强调要加快支持西部开发建设，支持东北老工业基地全面振兴，支持东部区率先发展，支持中部地区加快交通枢纽和网络建设。"三大支撑带"强调要加快实施"一路一带"发展战略，加快实施京津冀协同发展战略，加快推进长江经济带建设，"四区三带"将为工程建设领域创造新的发展空间与机遇。

4）深化改革新常态、行业变革新视点

伴随着新常态步伐，跟随国家经济发展，工程建设行业改革也正在迈出新的步伐，政府职能转变，进一步简政放权，市场化程度加深，国资国企改革不断深化，产业化发展不断推进，产业融合加强，工程建设领域改革再掀新高潮。资质改革提速、设计收费市场完全放开、工程质量治理、招投标管理条例修订、建筑业改革发展指导意见、勘察设计条例修改、新型城镇化建设、新的建筑设计方针出台等，都为未来行业和企业改革发展打下了良好基础，必将为勘察设计行业发展注入新的活力，释放新的能量。

5）创新驱动新常态、科技进步新视点

勘察设计是知识经济，是生产型服务业。勘察设计行业属于第三产业，有别于第二产业中的建筑业，具有技术和智力密集的特点，不仅包含专业技术，而且还需要技术集成，系统集成和设备集成。勘察设计企业的生命力在于科技创新，依靠发明创造，设计优化不断涌现新的设计理念和新的设计作品，才能不断推动节能技术、污染防治技术、生态保护技术、智能技术进步，才能推动新型工业化、城镇化、农业现代化和信息化发展。勘察设计行业是名副其实的绿色环保产业，高附加值产业，加快勘察设计行业发展就是要鼓励创新，提升软实力，增加创造力，需要科技创新支撑。

6）信息产业新常态、信息技术新视点

当前，新一轮科技革命和产业革命正在兴起，将大力推进综合技术创新应用快速深化。信息化正加速向互联网化、移动化、智能化方向演变。"信息化＋"和"互联网＋"正在引发经济社会结构、组织形

式和生产生活方式发生重大变革。以综合经济、智能社会、网络社会等为主要特征的高度信息化社会将引领我国迈入转型发展新时代。新出台的"互联网+"行动计划也将推动移动互联网、云技术、大数据、物联网等与现代化产业结合，促进电子商务、工业互联网和互联网金融健康发展。以 BIM 技术应用为核心的勘察设计信息化建设也在日益加强。

7）生态文明新常态、绿色建筑新视点

生态文明建设关系人类福祉，关乎地球未来。让生产方式和生活方式向绿色环境、低碳健康方向转变，正在越来越多的成为大家共识。生态文明建设的成果与每个人、每个行业命运息息相关。加快推进生态文明建设的绿色行动方案将"绿色化"与新型工业化、城镇化、信息化、农业现代化并列，将"绿色发展"理念写入党的十八大五中全会文件，足以显示中国对生态文明建设的重视。以推动绿色建筑快速发展为标志的工程勘察设计行业更应在此方面具有更大空间与责任。

8）资本市场新常态、资本运作新视点

中国经济进入新常态，资本市场也发生了很大变化。涉及勘察设计行业的变化有：混合所有制、PPP 模式、设计企业上市、企业兼并重组和工程总承包业务等。设计勘察企业正在从传统的"技术+管理"逐渐向"技术+管理+资本"方向发展。这即是设计勘察企业发展方式的重大转变，也是发展模式的重大创新，将推动企业实现跨越式发展。促进勘察设计企业加快转型升级、技术进步、业务拓展、提质增效、提升企业核心竞争力。

2. 运用新思维、确定新战略

面对"十三五"中国建筑设计行业所面临的新文化，确切需要我们要以邓小平理论、"三个代表"重要思想、科学发展观和习近平总书记系列讲话精神为指导，紧密围绕确保中国建筑设计行业"十三五"稳步发展这一目标，以为工程建设全过程提供服务为主线；以保障工程设计质量为基础，以为工程建设提供支撑服务为核心；以转变生产经营模式为主题；以加强科技创新，管理创新为动力；以推动技术进步和加强人才队伍建设为支撑；以绿色环保智能设计为突破，努力实现由单一经营向复杂经营方向转变，不断提升企业自主创新能力，增强企业核心竞争力，不断优化企业管理能力与国际竞争力，以"四全"发展战略，创新驱动行业"十三五"稳步发展。

1）服务全程化发展战略

以为工程建设全过程提供服务为主线，全面梳理工程建设全过程服务内容，适应投资主体多元化与服务的多样性，在保证工程设计主导地位前提下，向工程建设全过程进行服务拓展，实现生产经营模式转变与可持续发展。适应工程建设全过程变化需求，满足规划、策划、设计（勘察）、施工、运维、更新、拆除全生命周期建设需要。在产业链上，要向项目投资策划（可行性研究）、咨询、勘察设计、监理、项目管理、项目总包、运维管理、更新改造与绿色拆除方向拓展。专业上，要向规划、园林景观、幕墙、照明、装饰、智能化、建筑物理（声、光、热）、绿色建筑等方向延伸，力争在全行业业务上涵盖工程建设全过程。

2）业务全元化发展战略

要以为工程建设全过程提供技术与服务为核心，在保持现有建筑设计优势基础上，积极拓展与建筑设计业务相类同设计业务，特别是利用新常态下的整合并购重组，实现建筑设计行业业务转型全面升级，跨界融合，快速发展。要探讨向与建筑设计行业关联的市政、建材、商物粮、农林、公路、水利等行业发展的途径，积极培育开展市政工程、轨道交通、地铁、桥梁、隧道、建筑材料、新型材料、建筑材料制品、仓储工程、物流工程、港口工程等业务的能力，形成大建筑土木概念，实现建筑设计行业的转型升级跨越发展。

3）布局全球化发展战略

要在中国建筑设计行业现有布局基础上，不断完善区域布局，克服区域发展不均衡性，加强对偏远地区政策倾斜力度。要结合中国"一带一路"发展战略，向全球化区域布局迈进，鼓励有条件的中国建筑设计企业"走出去"。加快中国建筑设计海外业务布局，在大海外战略指引下，引导具备条件设计企业走向海外。要创造鼓励企业"走出去"的政策环境，要加强海外业务人才培养，加快中外工程建设标准互译对比，要创新"借船出海"、"造船出海"与"搭船出海"新模式。挣外国人的钱，为中国建筑走出去提供技术支撑服务。

4）品质全优化发展战略

在保持中国建筑设计行业稳步发展基础上，要逐步提升中国建筑品质。要强调城市规划主导地位，重视城市设计引领作用，鼓励提高建筑原创水平，强化专业集成技术研究，探讨改革现有设计模式，增加深化设计阶段，大力提倡设计优化与设计施工一体化。提升设计师，特别是建筑师的主体地位，按照"适用、经济、绿色、美观"新建筑方针，创作出最能体现美丽中国、留住乡愁的优秀建筑作品。

3. 创造新举措、形成新策略

新时期、新常态、新视点需要中国建筑设计行业运用新思维去应对。"十三五"期间，主要发展策略应突出以下几点。

1）突出服务特征、贯穿建设全程

设计勘察企业是生产服务型企业，在工程建设中处于龙头地位，对工程建设的成败起十分关键作用。新时期新常态下，为保证中国建筑设计行业稳定可持续发展，迫切需要培育新的增长点。要围绕工程建设的全过程做文章，围绕工程建设中的规划、策划、设计、施工（项目管理）、监理、运维、更新、拆除等业务进行挖潜，全面实现为工程建设全过程提供服务。

首先，要重视设计规划业务，在现有规划业务基础上，大力拓展城市总体规划业务，关注新农村城镇规划业务，做深做透城市区域规划和详细规划业务，强化专项规划业务，创新开展城市设计与城市更新业务。引进高端规划人才，丰富规划专业人才构成，增强规划社会、经济、统筹能力，实现行业规划业务再上新台阶。

其次，要发挥中国建筑设计行业知识密集、人才密集优势，大力加强策划业务，包括项目前期策划、投资策划、项目建议书、项目科研、项目造价咨询等业务。积累人才，形成智库，提升中国建筑设计行业造项目能力，为中国工程建设投融资业务提供技术支撑与保障。以设计引领建造，以设计创造品质，实现价值创造。

第三，坚持以设计为主业、为基础，在原有房屋建筑业务基础上，大力拓展市政基础设施业务，强力开展建筑专项业务（包括装饰、环保、智能化、消防设施、幕墙、轻钢结构、照明和风景园林）。坚持提升建筑原创能力，做专做精设计业务。要以目标细分市场为目标，实现差异化发展。

第四，大力开展以设计为龙头的总包业务。培育、增强中国建筑设计行业项目管理能力，引进项目管理人才，强化风险防范意识，统筹协调资源配置，优化人才结构，提升项目管理控制能力和盈利能力。以总包业务促进中国建筑设计行业跨越式增长，树立新品牌形象。

第五，探索参与工程项目运维管理。以设计专业优势为引领、积极参与即有建筑节能减排咨询、运维管理，参与公共停车场所智能运维管理，参与公共建筑设施运维咨询管理等业务，成立专门机构，利用信息技术（BIM 技术）拓展新的业务增长点。

第六，探索即有建筑改造拆除和建筑垃圾处理业务，提升绿色建筑全过程控制能力，增加新的业务范围。

2）推进结构调整、拓展业务新增

以为中国基础设施业务提供技术支撑为前提，抓住当前经济结构和国家大力发展基础设施的良好机遇，力争尽快打破中国建筑设计行业业务单一现状，按照转型升级、提质增效战略要求，积极开展基础设施业务，加大基础设施类设计企业并购工作。

关注目标，一是并购能为基础设施（包括从事公路、特大桥梁、隧道、地铁、城市交通等）提供服务支撑的公路、市政、轨道交通类设计勘察企业；二是并购能为专业公司提供服务支撑的水运、电力、建材（砼）类设计企业；三是并购能为海外业务提供服务支撑的海外设计业务；四是并购能为设计总包业务提供支撑的项目管理公司；五是并购能为新兴业务（绿色、节能、环保）发展提供专业咨询的公司。

3）优化区域布局、统筹发展共赢

加快建筑设计行业全国化布局进程，尽快补全老少偏远地区短板。加大向贫困地区支持力度，保证建筑设计行业布局均衡。要融入国家"大海外"发展战略，积极参与大海外业务拓展，利用"借船出海"、"搭船出海"便利，积极在海外布局业务站点，配合国家大海外业务。遵循强强联合，优势互补原则，选择某一领域有专业特长和品牌影响力的设计咨询公司进行兼并收购，实现海外布局突破。在国际化队伍建设方面，可从国际化人才培养，洋设计师引进开始尝试，在中国建筑设计行业队伍中要看到"洋面孔"，听到"欧美腔"。

4）强化提质增效、培育核心智能

坚信科技的力量，贯彻创新驱动主张，坚持建筑设计专业化方向，突出专业集成技术专长。讲知识管理、课题研发、系统集成。讲专业化、精细化、标准化、提升核心竞争力和掌握"拳头产品"技术专长。坚持一流企业做标准理念，重视建筑设计标准化实施，用先进标准引领中国建筑设计发展。要加强基础设计研究，将绿色建筑、数字建筑、建筑工业化建筑为主导方向。以 BIM 技术应用研究为基础，以智慧建造为引领，全面提升中国建筑设计行业质量水平，用科技创新引领发展，用创新驱动实现效益倍增。要加大投入，要做系统研究，要培养创新队伍，宣传领军人物，做品牌、创品牌、出成果，让智慧为中国建筑设计行业腾飞插上新翅膀。

5）改革体制机制、坚持创新引领

坚持创新发展，把创新摆在中国建筑设计行业发展全局的核心位置。不断推进改革创新、制度创新、科技创新、文化创新，让创新贯穿在一切工作之中，让创新在中国建筑设计行业蔚然成风。要以深化改革精神，培育发展新动力，优化资源配置要素，释放新需求，创造新业务，激发创作热情，推动新业务、新技术、新业态迅猛发展。要改革传统固化思维模式，摒弃"乙方"思维，充分调动广大员工积极性，进一步给设计生产单位，简政放权，发挥各部门积极性，研究新的分配激励制度等。协调各方关系，加快新兴业务发展步伐，真正让创新驱动成为中国建筑设计行业新的生产力。

6）关注生态建设、争当绿建先锋

坚持绿色发展，坚持节约资源和保护环境基本国策，坚持可持续发展，坚定走生产发展、生活富裕、生态良好的文明发展之路。要加快中国建筑设计行业绿色建筑集成研究工作，积极参与绿色建筑攻关实验，拓展绿色建筑评估、咨询业务，充分掌握绿色建筑新技术、新材料、新工艺，加快近零低碳建筑研发，结合建筑工业化发展，结合建筑 BIM 技术应用，整合资源，统筹研发，尽快形成体系化成果。要以建设资源节约型、环境友好型社会为目标，形成中国建筑设计行业新的建设风格体系，为建设美丽中国做出贡献。

4. 结语

聚焦"十三五"，中国建筑设计行业又一次处在深化改革，创新驱动的新历史时期。我们要按照国家及行业"十三五"规划纲要，以"四个全面"为指针，遵循"创新、协调、绿色、开放、共享"发展理念，全面贯彻实施"适用、经济、绿色、美观"建筑方针，解放思想，创新思维，不断改革创新。要直面问题导向，抓住改革、融合、提质、增效、拓展新举措，通力合作，努力进取，为全面建成小康社会，建设美丽中国而不懈努力！

祝波善
上海天强管理咨询有限公司总经理

以变革转型应对重整颠覆

Coping with Change by Transformation

"十三五"期间,工程勘察设计行业的发展面临很多新情况、新挑战,同时也有很多的新机遇、新空间。在未来几年里,传统的业务模式、价值创造模式必然终结、新的模式将孕育诞生。有理由相信,在"十三五"期间,工程勘察设计行业必然会经历剧烈的重整分化,一部分单位通过自身的调整转型,实现重生;还有一部分单位将会在这个过程中失去市场竞争力、甚至淘汰出局。

在产业革命、技术革命双重力量的叠加下,整个商业生态环境已由过去的静态、有边界的向动态的、行业交融的转变,新业务、新业态、新模式在接下来几年里将层出不穷,有些将成为新商业生态下的主导力量。工程勘察设计行业的发展规律也概莫能外,过多地从行业监管角度来探讨设计行业的发展是危险的,因为行业的成功要素将会发生巨大的变化。有迹象表明,"十三五"上半期将是行业内单位的变革转型窗口期,紧紧抓住这个窗口,切实推进自身的变革转型升级,才能实现自身的持续发展,从而在行业的巨变中再创生机、甚至是奠定跃升发展的基础。

行业内单位发展面临的问题,不是行业发展的周期性问题,而是结构性问题。目前业内相当一部分单位遭遇的收入下滑、利润下滑等经营困难,绝不仅仅是市场的周期性调整带来的结果,而是传统业务模式、传统盈利模式、传统运作模式运作效果衰减的体现。经过过去十多年的快速发展,行业内单位的营业规模、人员规模都有很大的提升,但是由于种种原因,行业内相当一部分的发展是一种粗放式的、"外部机会拉动型"的发展。从行业监管的角度,行业分段管理、资质双轨制、市场分割等问题一直没有得到有效地解决,客观上让行业陷入一个较为封闭的系统之中,对于市场需求深刻变化的响应迟钝,或是感知到变化、但改变的动力、压力不足。

转型升级依然停留在口号上,是目前相当一部分设计单位最大的危险。对于勘察设计行业而言,转型升级不是一个新的概念,在行业内,已经被提及了很多年,有些单位也在努力推进,但是面对新的市场形势,似乎过去几年转型的效果依然不是那么理想,相关的准备似乎依然不是那么充足。究其深层次原因,业内相当一部分单位仅仅是把转型升级停留在口号层面,并没有实质性推动的战略视野与领导力,当然相当一部分推动真正变革转型的"土壤"亦是"贫瘠"的。企业转型升级本质上是企业的基因重组与再融合,需要科学的顶层设计及相应的战略谋划。对于设计单位而言,转型升级的根本力量指向是以设计单位服务的价值可感知、可衡量、可传递。

用产业链思维替代简单的业务延伸思维,是设计单位业务转型的内在动力。过去业内单位的业务转型本质上是一种延伸思路主导下的转型,立足于做大做强勘察设计主业,然后向两端延伸,与此同时推进区域拓展、跨行业拓展,都还是典型的"延伸思维"。在整个市场形势大好的情况下,延伸模式有一定的发展机会,但是当市场格局发生深层次变化的情况下,简单的延伸则显得被动!面对新形势的要求,必须要确立产业链思维,进而在产业链思维下,面向建设全生命周期定位自身的业务体系,进而激发创新能力,聚焦于自身整合、集成能力的提高。只有如此,才能有效地呼应国家大的改革背景、适应产业革命与技术革命叠加时代的要求、适应互联网时代的要求、适应"双创"时代的内在要求。

变革是一种战略态度,也更是一种全新的发展逻辑。过去十多年,在外部良好市场形势的驱动下,相当多勘察设计行业内单位的管理导向在很大程度上体现为简单的"任务导向"——绝大多数工作围绕项目的争取、完成展开,并且为了回避管理的难题,进行任务目标的简单分解与评价。这种导向往往弱化了勘察设计企业单位自身竞争力的培育、肢解了企业的整体性。在外部市场形势变化的情况,则显得缺乏必要的环境适应能力。面临业务转型的要求时,往往会陷入"先有鸡,还是先有蛋"的逻辑漩涡中!为此,工程勘察设计单位必须要转变过去简单的"任务导向",确立能力导向、业务导向,用能力导向去构建自身的核心竞争优势,用业务导向去培育产业链优势。相应的,业内单位需要对于自身的资源要素进行重构,从某种意义上,业务转型的本质是能力的转型,是资源的重新定义,是服务价值的重新定义。资源要素的重构很大程度上体现在对于人才、技术、数据、客户关系等方面重新审视与优化革新。

行业面临新的商业生态,商业新生态对于行业内单位而言预示着新的游戏规则、新的生存法则。业内单位必须要积极调整自身,以变应变,通过变革转型促使自身提升环境的适应性。

陈轸
中国勘察设计协会建筑设计分会秘书长

新常态，新思维，新市场，新起点
"十三五"建筑设计行业发展面面观
New Normal, New Thinking, New Market, New Start

建筑设计行业经历了改革开放 30 多年的高速发展，成为专业齐全、装备精良、技术先进的科研设计咨询行业。从业人员也数倍增长，到 2014 年末已达至 160 多万人，占全国勘察设计行业从业人员总数的 64.7%。在新常态下，出现了十分严重的产能过剩问题。建筑设计行业用传统的思维、传统的设计和经营手段，在传统的建筑市场上打拼了几十年，但现在进入新常态，国家进行供给侧结构性改革时，全行业遇到了很大的困难，出现设计任务和收入大幅度下滑的局面。

"十三五"期间对建筑设计行业而言将是困难与机遇并存的局面：严重过剩的产能伴随传统建筑设计市场不断萎缩的困难；行业洗牌，优化重组与新兴建筑市场商机巨大的机遇。这就是建筑设计行业不同企业感受不同的冬天与春天。

建筑设计企业对新常态和供给侧结构性改革的认识普遍不足，应对措施普遍不力。许多企业仍认为新常态是市场规模周期性的变化，是老常态，在这种思维下，新思维、新举措难以产生，新市场难以开拓，将面临出局的困难。

"十三五"是我国全面建成小康社会的决胜阶段，供给侧结构性改革困难重重，任务艰巨，但是正因为决胜阶段，建设量巨大，商机同样巨大。建筑设计行业首先要从思想上认识新常态，行动上融入新常态，转型中引领新常态。供给侧改革要根据全球和中国的政治、经济、民生现状不断调整、修正、充实、完善。"三去一降一补"将是一个长期的艰巨任务，不可能一蹴而就。建筑设计行业在供给侧改革过程中也要不断改革、调整、创新、转型，紧紧跟上时代的前进步伐。

在新常态下，迅速、准确、灵活地调整市场布局，是当前建筑设计企业的一个十分重要的工作。建筑设计行业在传统的楼堂馆所、别墅住宅等产品市场运营了数十年，虽然轻车熟路，但产品同质化问题严重。供给侧改革过程中，建设的投资大量转向新型城镇化建设、保障房和棚户区改造、老年保障性工程、一路一带建设、既有建筑功能提升和节能改造、市政工程、城市综合管廊建设、海绵城市、文化卫生民生工程建设等方面。建筑设计企业应面对市场变化，加大加快调整经营布局，从组织上、技术上、力量上、资金上迅速准确转型升级，占领新兴建筑市场。

在新常态下，建筑设计行业要全面贯彻中央城市工作会议精神，树立建筑师的责任感、荣誉感和文化自信，提倡讲责任、讲创新、讲创作。中央《关于进一步加强城市规划建设管理工作的若干意见》明确指出，"进一步明确建筑师的权力和责任，提高建筑师的地位"。这就建国 66 年以来党中央文件首次提出"要提高建筑师的地位"。建筑师负责制已开启建筑业管理的顶层设计，将树立和确保建筑师在整个项目建设过程中的主导作用，彻底改革责任缺位现象。

面对城市规划建设的诸多问题，建筑师必须强化责任意识和精品意识，用精益求精的工匠精神从事建筑创作，力求为社会提供更多的优秀作品。

党的十八届五中全会提出的"五大新发展理念"，预计也将给我国带来又一个 35 年左右新型发展的奇迹，建筑设计行业的前景是光明的，改革、创新、创作是建筑设计行业永恒的主题。

李武英
《建筑时报/设计》主编
中国勘察设计协会民营分会秘书长

作为"供给侧"的设计行业如何结构改革
How to Reform the Structure of the Design Industry as the "Supply Side"

自 2015 年 11 月在中央财经领导小组会议上被提出以来，以"去产能、去库存、去杠杆、降成本、补短板"为重点的"供给侧结构性改革"，立刻变为当年最热的词语，今年的全国两会无疑更使其成为最热门的话题之一。那么"供给侧改革"与我们设计行业有没有什么关系呢？当然有。

我们首先来明确一下所谓"供给侧结构性改革"是什么意思。

习总书记的原话是"在适度扩大总需求和调整需求结构的同时，着力加强供给侧结构性改革"。不谈复杂的经济学概念，简单而言，"供给测"是针对"需求侧"提出来的，供给侧就是指生产端，需求侧就是指使用端，设计单位作为生产端，所以是供给侧。在中国的宏观调控实践中，一直倾向于总需求管理。过去很多年一直在提"拉动内需"，多年下来总体上是中低端产品过剩，高端产品供给不足，要从生产、供给端入手，调整供给结构。

1. 设计行业的"产能过剩"

以建筑设计为例，2008~2014 年期间，建筑设计行业从业人员由 60 万人增加至 162 万人，企业数量由 8 517 家增加至 12 174 家，甲级资质从 1 413 个增加至 3 249 个。2014 年，全国建筑设计行业新签合同额同比下降 67.68%；再看固定资产投资，2013 年 1 月份到 2015 年 8 月份，整个国家的固定资产投资额增长率同比下降 50%。钢铁、煤炭、水泥、玻璃、石油、石化、铁矿石、有色金属等几大行业，亏损面已经达到 80%，作为以上行业下游的工程设计行业必遭受重创。经历了二十年的高速增长，工程勘察设计行业的队伍不断壮大，"产能"持续增长，在新常态的背景下，面对近两年"断崖式"的下跌，"产能过剩"问题突显。面对市场化形势下，新的管理模式、新的增长方式以及新的市场需求，如何"去产能"，如何扩大"有效供给"，这就是"十三五"期间"设计行业供给侧结构性改革"的两大重任。

去产能，那么如何去产能呢？不外乎如下几方面。

政策手段。过去，管理部门通过提高准入门槛把一部分企业挡在门外是最简单有效的方法。不过当下的政策环境已今非昔比，国务院一批批共取消了约 80% 以上的行政审批事项，加上负面清单制、告知承诺制等的推出，管理部门被不断地削权，各项准入门槛也被要求不断降低。不过，在降低准入门槛的同时，加强事中事后的监管，加强诚信体系建设，强化清出制度、终身责任制、建筑师负责制等新的体系和监管方式的实施将比传统的升门槛更为有效。通过网络技术手段、加强监管完善清出制度，违法违规、不诚信企业将会被清理出场。近期将有第一家上市公司退市，相信设计行业也一样。

市场竞争。多年未曾被提及的"狼多肉少"、"僧多粥少"重出江湖，可见竞争加剧。当下，设计企业的竞争越来越从关系和价格的竞争，向创新和品牌竞争力方向转型和发展。最终资源和业务必然会往品牌、技术、管理等各方面占优的设计公司聚集，挤出同质化、低水平的设计企业，所谓"马太效应"。

技术门槛。设计技术不断更新换代，国家对绿色节能的严要求，工业化建造方式的普及推广，BIM 技术的推广应用以及业主在项目量减质增的情况下，对于精细化、高完成度的要求，都是进入市场的技术门槛。只有那些有"金刚钻"的企业才能揽到"瓷器活"。

平台整合。市场下行期必然会有一波兼并重组整合的高潮，具有资源整合能力的企业将通过建设平台型企业合纵连横，完成上市的企业借助资本的力量通过并购、股权重组等形成集团军和航母型企业，而那些具有技术优势的小公司也可以通过技术入股、人脉合伙等方式整合"散兵游勇"，所有这些行为都将大大提升行业集中度。

"互联网+"。"互联网+"作为工具，将是"去产能"的最有效手段之一。淘宝、京东一号店直接摧毁了零售企业，滴滴、优步整垮出租车公司的事实，在设计行业对大小设计公司的影响虽然目前还未有如此之迅猛，但冲击将逐步显现。尤其各种信息化工具结合互联网的应用，一定会成为减员增效、降低成本提升效率的捷径，因此"互联网+"将会成为行业"去产能"的急先锋。

2. 如何增加有效供给

所谓"增加有效供给"可以理解为外部和内部两个方面。外部环境是指中国经济和社会为行业发展所提供的新机会，比如财政刺激计划，增加投资，以铁、公、基以及城市改造、水利工程等为主的基础设施建设，以及新型城镇化等带动相应行业的发展。更重要的是内部改革，简而言之就是减少中低端产品，提供更多的高端产品，一是企业要作合格的市场主体，提供优质的服务。二是作职业素质达标的设计人员提供高品质的设计。企业和技术人员要提升自身适应新常态的能力，同时转变"乙方心态"，积极主动开发市场，引领市场。

作为企业，首先是把握"十三五"国家投资动向，了解新生市场机会。其次是把握中国的建设从大规模全方位进入市场分级，业务分类，业主分工的精耕细作时代，市场的需求分化，既需要综合实力强的具有总承包交钥匙能力的企业，也正适合有专业特长的"小而美"的公司大行其道，各自找出适合自己的市场，扬长避短。其三是要把握行业政策趋向，正在推进的建筑师负责制、质量终身责任制、PPP 模式等都对设计行业有深刻的影响，要闻风而动，蓄势而谋，届时才有可以提供优质的服务。其四是加强前期咨询策划能力，从乙方前置到代甲方去主动开发市场，携技术和设计优势进入产业链上游，寻求更大的附加值。最关键也是终极的任务就是提升技术能力，强化管理水平，培养领先人才，掌握新技术、新工艺、新材料，完成从对市场普通服务商到王牌供应商的华丽转身。

作为设计技术人员，同样也要从以上几个方面识大局，把握行业走势，在管理政策从企业资质向个人资格转型的过程中不仅要提高设计能力，更要提升综合执业能力，正在推进的建筑师负责制、质量终身责任制等都对设计技术人员的传统业务能力形成挑战，只会设计画图在一定程度上将不能应对，同样需要从设计师到项目管理者的转型。

吴奕良
原建设部勘察设计司司长
原中国勘察设计协会理事长

建立大数据工程设计云的构想

Conception of Establishing Cloud in Big Data Engineering Design

创新驱动发展是当代世界的主题，也是当代中国的主题，更是工程设计行业的主题。"我有一个梦想"，已成为当今中国惊心动魄、催人奋进的时代最强音。而笔者的一个梦想，就是要在"十三五"期间，工程设计行业中进行大数据技术改革，加速建立大数据工程（或建筑）设计云的基础服务平台，加快工程设计网络化数字化信息化进程，实现几代设计人梦寐以求的世界设计强国的梦想。

众所周知，我国工程设计行业计算机辅助设计（CAD）的成功运作，改变了生产力要素，推动了工程设计方法的大变革，从而"甩掉了图版"，提高了几十倍、甚至上百倍的设计效益，实现了从手工绘图向电脑化绘图的第一次革命，从而大大缩短了与发达国家的差距，提升了工程设计的质量与水平。

随着全球信息化的迅速发展，大网络大数据的时代已经到来，互联网、云计算、云服务器、三维协同设计、模拟仿真和BIM三维模型以及EPC集成系统等技术已在许多设计院内开始运用，获得了显著成效和丰富的经验。在"十三五"规划期间，我们改革的目标就是：在现有实践的基础上，加快生产要素向网络化数字化发展，逐步建立从院内到地区和全行业的大数据工程设计云的基础服务平台，完善集成、协同、服务等标准，再次改革设计手段和设计方法，形成资源共享机制，减少重复劳动和资源的浪费，大幅提升设计能力和管理效能。在未来五年的改革中，大数据技术改革应是工程设计行业改革的重中之重，因为大数据工程设计云的建立，是行业现代化发展的要求，它必将带动生产关系的重大变革，这对行业进行全面深化改革和创新驱动，不但具有现实意义，而且具有长远战略意义。

实施大数据工程设计云的改革，是我国工程设计行业前所未有的大变革，必需政府引航、全面规划、统筹安排，市场运作。因为它是"一把手"工程，由于生产力要素的变革，必将带来生产关系的不适应，比如：设计程序、设计方法、设计体制和组织体系以及管理方式的不适应、不协调，只有"一把手"出面引领和组织全院力量，才能进行调整和变革旧的生产关系，从而使改革能顺利进行；它是一项系统工程，必须从立项规划、勘察设计、工程施工、项目运营、项目验收以及工程承包等各个环节都需要大量的基础数据收集和计算，上环节要为下环节提供大量数据。要实现大网络大数据平台上的云设计，这就需要认真做好顶层设计，进行周密的规划和组织，还要有符合规律的和可操作的多层设计谋划，这项改革才能顺利开展；它是一项协调作战的工程，这项改革涉

及方方面面，直至每一个人，没有规矩就不成方圆，因此制定必要标准规范并逐步完善，特别是集成标准、协调标准、服务标准等就显得十分重要；它是一项由点到面的工程，由院到地区再到行业，逐步建立安全稳定的大数据工程设计云的基础服务平台，也就是说要由行业的带头院为基础，增加行业内其他院在项目完成过程收集到的基础资料和全生命周期内产生的数据，最后形成一个行业内相对完整的大数据，提供院内、地区同行和全行业的互联网平台上运用，也可供其他行业的相关专专业采用。

改革开放以来，工程设计行业的执业范围不断扩大，各行业的发展也不平衡，特别是EPC工程总承包的迅速发展，大数据工程设计云的建立，就只能在各个行业范围内率先进行。期盼各个行业中都能推举一个大院为带头单位，进行由一个院的改革到地区，再到行业内的改革，逐步扩大实施范围。

袁建华
中设协民营分会会长
华汇工程设计集团董事长

链接——我们共同拥有未来

Link—— Share a Common Future

工程设计行业经过几年的高速发展，现在已经到了一个转型的关键"路口"：2014年出现了工程设计完成合同额3 555亿元低于营业收入5 398亿元的"倒挂"；2015年，民营分会调查的情况普遍是建筑设计企业营业收入同比下降10%~30%，新签合同同比下降30%~50%；20%以上的企业采取了裁员减薪、半停产等应对措施，更有企业裁员高达1/2。

1. 危、机并存

笔者用八个字概括行业的感受和反应：首先两个字是"寒冬"。2014年寒意初现，2015年严冬来临。对此的反应是"困惑"，面对下行趋势何去何从？路在何方？2015年整个市场下跌30%、50%甚至

更高，完全可以用"断崖"两个字来描述。经济下行何时是底？何时反弹？这种没底的感觉带来生存焦虑。如何寻找对策？瘦身、裁员很多企业已经在做，转行或退出是否也是一种选择？

面对行业寒冬，还有人在想是否会像 2008 年那样寒意乍袭，马上推出 4 万亿元的经济刺激让行业很快回暖的景象？笔者判断即使熬过这个冬天，春天也不再如以往。

未来有没有机会？新常态意味着增速放缓，但增长会更理性。我们设计行业集中度还是很低，规模最大的企业营业收入占行业总收入仅为 1% 左右，对大型设计集团来说，逆市不一定就意味着萎缩，也有可能出现"逆袭"。理性增长也会给专业优势企业和优秀设计师提供更多的项目机会。

2. 企业互联网转型的三大变化和三大突破

"互联网 +"设计让我们机遇和挑战并存，互联网不是技术，而是一个时代的改变，我们要做的是顺势而为。

传统企业互联网转型有三大变化：一是商业民主化，以前是以公司为中心，现在对设计企业来说是以用户和设计师为中心，也要以用户、设计师为中心来重建我们的商业模式；二是运营数据化，通过数据驱动、流程再造，从原来传统企业的信息化、ERP 到实现企业运营大数据化的运营模式重构；三是组织社群化，企业的组织模式不再是传统的"科层组织架构"，企业组织将扁平化，重构为更利于资源整合和生态协同的社群化组织模式。

在"互联网 +"时代背景下，我们如何实现转型，必须做到三个去"jie"：一是去"界"，行业的边界，比如设计行业、施工行业，但现在设计施工开始融合、开始推行设计施工总承包，有设计资质或施工资质的企业都可以承担其资质范围的工程项目总承包，行业边界开始模糊，以前讲行业一体化发展，现在要谈从行业思维到产业思维，企业也有企业的能力边界和资源边界，数据化和在线化使得企业资源的边界被打破，资源通过社会化的配置产生更大的效率，一切过去用不了的资源，现在能用了；二是去"介"，互联网时代平台化，使得许多要依赖中介、中间环节直接通过互联网协同完成，同样企业内部许多职能部门本质上是一个中介部门，一切过去要依赖的中介，现在去掉了；三是去"戒"，原来我们企业内部所有的制度都在界定、管控，就是立规矩、定边界，现在边界去了，这些与时代不相符的陈规戒律也要相应改变，要开始以设计师、以用户为中心，个性化地用人、个性化地生产，以前繁复的内部 KPI 评价要变成直观的用户评价，同时很多内外部资源必须是共享化的。

3. 四大行业特性决定企业体制和商业模式的选择

环境在变，行业在变，企业内部经营模式也在变，那么不变的规律是什么？我们始终面临着守道与求变的命题：什么是该坚守的？什么是该顺势求变的？四大行业特性：一是人本性，轻资产性始终是这个行业的最本质特征，设计企业走上市这条路，利用资本优势做企业并购，期望实现规模扩张，利用资本优势做总承包、投资，是从人本经营向资本经营转型，是否是企业性质的改变？我们有很多民营企业，是国有体制改制走过来的，经过 10 多年良好发展，企业有了较大的资产积累，回过头来看，是否真正处理好人本和资本的关系？对人本性的理解会决定我们企业的体制，根本是要解决好人本价值和资本价值的矛盾；二是专业性，行业提供的是专业服务，市场竞争、项目竞争，归根结底还是体现在企业的专业领域和服务能力的竞争上，清晰的专业定位，专注产品细分领域，不断积累形成专长品牌是提高市场竞争力的关键；三是地域性，由于工程设计所服务的对象——建筑物是固定的，使得建筑设计客观上具有较强的地域性，这个特性不仅体现在对服务的要求，也体现在对设计技术和文化理解上的要求，企业的全国化必定伴随着本土化，虽然人脉沟通和服务竞争优势不可替代；四是整体性，整体性和连续性对以设计为龙头的工程项目总承包发展提出要求，企业技术 + 管理 + 资本的资源整合能力建设是综合竞争力的体现，对专业性、地域性、整体性的不同解读，会做出设计企业商业模式的不同选择。

对于民营设计企业选择企业定位，企业经营者首先是要思考个人如何规划人生，是期望做个专业人士、老板，还是产品经理、项目经理，抑或有更高的企业家追求？个人的选择一定程度上决定了企业的定位。

关于企业定位，笔者认为要从对行业特性去思考，结合环境的变化、企业自身条件、个人的理想追求做出相应的选择。在当前的经济形势下，设计行业必将进入"洗牌"期，企业生存是第一要务。设计企业的人员是占比最大的成本，在行业下行期瘦身、裁员以降低企业财务风险是第一选择。一些同行考虑在高点或下行趋势来临时急流勇退，保住前面十几年的"胜利果实"，此时此地也不失为明智的选择。未来活下来的可能只有平台化和产品化两种类型企业。大企业的大而全不再是竞争优势，期望向平台化转型的企业，核心竞争力是资源整合能力，剥离非核心业务团队，展开社会化协作是大企业必然选择。小而专才是最美的，互联网时代是一切产品化。作品是从专业设计师角度来谈，产品是从客户角度来谈，必须从专业思维转向产品思维。大众创业、万众创新时代，设计事务所发展的春天来了。事业合伙人的体制，人员规模小，生存压力轻，专业优势明显，多年的市场历练已有清晰的产品化转型选择。小规模、合伙制、专精化、产品型的企业将是我们行业最量大面广的企业形式。平台型企业与产品型企业合作将成为新常态。

4. 联接？连接？链接！

中国的文字博大精深，说到"lian"，有三个字，一个是联系的联；二是连；三是链，这三个"lian"的紧密度是不一样的。联是用耳朵建立关系；连是用走用车建立关系；链是金字旁，有更紧密的利益关系。怎么把大家共同的利益链接在一起？互联网时代的开放、共享、共赢理念，平台型企业和产品型企业的不同定位，就需要如何链接？企业发展需要资源，但企业的发展不在于占有多少资源，而在于能链接多少资源。有资源维护的代价就相应比较大。链接包括两方面；一是人的链接，沟通交流合作都是人，所有的根源都在于人，未来最有价值的人就是会做资源链接与整合的人，这些人也是企业要为我所有的人，企业人力资源管理思维需要转变为我所有和为我所用两类人的管理；二是资金的链接，资金的链接包括并购重组、资产证券化、IPO上市融资、项目股份、项目众筹，资金的链接本质是为了加固人的连接，体现为责、权、利的更一致性，而链接需要内求自身，而后外连，是价值交换，是不断强化自己的优势资源。

5. 互联网+设计，它们已经在路上

猪八戒网推出了全国最大的工程师外包平台——八戒工程频道，理念是天下工程师为你所用；专业软件服务企业浩辰在做阿客网，定位是勘察设计行业云服务公共平台；房地产企业万科跨界做建筑师3P平台；行业媒体UED，也要做"全球第一个"建筑设计行业互联网平台；业内设计师也纷纷触网：第一个建筑设计方案生产交易平台——设计群网、TOPDESING——互联网+时代的建筑师创业孵化器、尖叫设计、柠檬树等。从我们了解的信息，大约有30~50家企业已经在做或正在做这方面的尝试。真正互联网企业在一个领域里能成功的有几家？这是否又是一个红海？

如何看待互联网时代的"跨界打劫"？诸多已经发生或正在发生的案例让我们清晰地看到，传统商业模式下构建起来的企业优势正在被互联网的去中心化稀释。既然优势抵不过趋势，既然互联网是一个趋势，我认为我们要做的不是固守藩篱消极对抗，而是以积极开放的心态顺势而为，去拥抱、去融入互联网。我们可以通过和互联网企业的优势链接，尽快形成线上线下结合的新的产业格局，共享共赢互联网时代给大家带来的机会。

6. 华汇的互联网探索

华汇这几年一直在做管理提升、信息化改造、平台搭建。华汇改制15年发展很快，自我分析有两大问题需要突破：一是产品品牌高度；二是内部的项目协作机制。

在管理平台架构基础上，我们提出既有组织和自组织混合共生的概念，既有组织为华汇基于产权体制的母子公司架构及业务市场拓展的分公司架构；自组织包括以产品事业部为载体的专业组织和以项目团队为载体的项目组织，是华汇产品和项目品牌的孵化平台。

我们建立了产品事业部以解决产品品牌高度问题，推出了华汇第一部基于互联网思维的产品事业部社群组织制度。产品事业部的设立首先采用注册制，无边界，员工、合作伙伴、同行、客户都可加入。一是政策引导而不是管控；二是采用自组织、汇客模式；三是经费支持；四是业务优先；五是市场检验。项目组织采用项目事业合伙为特征的项目内公司制，责、权、利，实施人力资本化，通过开放的合作机制，形成生态圈。

最后，笔者引用一句话："资源不在于你拥有什么，而在于链接什么！"期望"链接——让我们共同拥有未来"。

从华建集团转型看行业

Industry Development from the View of Huajian Group's Transformation

1. 行业发展的机遇

1）"一带一路"战略的实施

"一带一路"沿线总人口约44亿，经济总量约21万亿美元，分别约占全球的63%和29%。"十三五"期间，"一带一路"战略将进入全面实施阶段，将直接带动能源、铁路、公路等基础设施的投资和建设。

2）新型城镇化将加速

2014年我国城镇化率仅为54.77%，距离发达国家的80%以上，还有较大的发展空间。《十三五规划建议》指出将促进农业人口向城镇转移，将进一步加速新型城镇化的推进。

3）棚户区改造规模巨大

"十三五"期间，政府将继续加大棚户区改造的规模和力度。仅棚户区改造三年计划（2015年至2017年）将改造包括城市危房、城中村在内的各类棚户区1 800万套，农村危房1 060万户。

4）海绵城市建设力度超前

从2014年《海绵城市建设试行指南》标准出台，到2015年4月财政部评选出首批试点城市，海绵城市建设政策不断超预期，体现政府推进海绵城市建设决心。据专家初步预测，十三五期间，我国目前330个地级行政区海绵城市建设市场需求约3万亿元。

5）地下管廊建设前景广阔

根据专家测算，综合管廊建设每公里造价1.2亿元。按照目前城镇化速度，十三五期间，预计每年可产生约一万亿元的投资。

6）国家力推PPP项目模式

2015年6月1日国家发展改革委、财政部等六部委发布《基础设施和公用事业特许经营管理办法》后，PPP项目已成为国家开展基础设施投资的一个重要方式，在全国各省市大力推行。

7）城市工作会议精神给建筑设计行业带来新机遇

2015 年 12 月召开的中央城市工作会议和 2016 年 2 月出台的《中共中央国务院关于进一步加强城市规划建设管理工作的若干意见》，指出今后一段时间内，要提高城市设计水平，完善城市公共服务，加强市政基础设施建设，优化街区路网结构，营造城市宜居环境。

2. 行业发展的挑战

1）宏观经济下行压力给建筑设计业带来的挑战

2015 年,我国 GDP 增速 6.9%,创 25 年来的新低。根据专家预测，在世界经济周期、中国的债务周期、新产业培育周期以及宏观经济政策再定位等因素的作用下，中国宏观经济将在 2016 年继续下滑探底，房地产、商业地产等传统产业将继续下行。

2）经济增长方式调整给建筑设计业带来的挑战

国家过去 30 年以投资拉动经济的粗放式增长方式，给建筑设计行业带来了较大的发展机遇；但随着国家宏观经济发展方式的转变，粗放式的以投资拉动经济发展的模式已不可持续，经济增长方式将逐步向依靠战略新兴产业诸如"互联网＋"、智能制造、新能源、新技术等行业拉动转变。

3）房地产行业去存库给建筑设计业带来的挑战

"十二五"到"十三五"，建筑业从黄金时代步入白银时代，行业出现拐点进入减速增长时期。"十三五"期间，行业供需情况发生转变，未来几年行业整体的去库存压力依然严峻，尤其是三四线城市房地产市场将受到较大考验。作为建筑业的前端，国内一些中小型建筑设计企业在房地产设计业务承接上已经碰到较大困难。

4）人口红利消失对建筑设计业上游带来的挑战

2015 年后，中国 20~64 岁的劳动力开始负增长。劳动力是驱动经济增长的引擎，日本和欧洲部分国家和地区在"人口拐点"到来后，经济危机随之而来，首当其冲是对房地产业的冲击——房地产行业劳动力成本上升，购房有效需求缩小，即使执行了单独二胎政策，短期内也无法从根本上改变这一趋势。

3. 华建集团的优势与劣势

"十三五"期间，华建集团转型发展过程中,同样面临着机遇和挑战。

优势一是具有悠久的历史，作为 1952 年成立，具有 60 多年悠久历史的传统老牌设计企业，在业界具有良好的口碑；二是国资委全资控股背景，华建集团是上海市国有资产监督管理委员会直管的 42 家大型国有企业之一，具有较强的社会影响力；三是设计行业知名品牌，集团在设计行业国内排名前三，2014 年排名全球第 64 位，并且在 2014 年收购了著名的美国威尔逊公司，在业内具有较强的品牌影响力；四是沪市主板公众公司，公司 2015 年 10 月整体上市后，将按照上市公司规范运营，健全现代企业管理制度，具有较强的社会公信力和良好的融资能力。

从集团自身来看，近年经营收入、新签合同总额同时下调、应收款保持高位，反映出当前严峻形势不容乐观。劣势主要是：一是市场化程度不够，目前集团在企业发展的价值取向以及管理、运行等方面，行政化痕迹仍然较浓；二是集团资产体量较小，集团作为传统轻资产类公司，自有资金规模不大，现在一些 PPP 项目动辄几十亿、上百亿的体量，以现有资金规模很难匹配相关业务的承接；三是主营业务比较单一，当前集团业务构成情况为一业独大、多业为辅，设计、咨询占了营业收入绝大部分比例；以目前较单一的业态构成，抵御经济下行等系统性风险

的能力不强；四是产研融合程度不够理想，集团科研投入与产出存在"两张皮"现象，一定程度上造成企业发展后续动力不足，科技成果实现商业化、市场化的能力有待提高。

4. 转型的思考

在行业发展的大背景下，诸多传统设计行业纷纷借"机"、借"势"谋求转型，路径主要有以下几种：一是一业为主，两端延伸，从只做设计主业，向产业链上下游延伸，如上海市政院、苏交科等；二是合纵连横，对接资本，通过引入战略投资者、并购重组等重构行业格局，以资本为推手实现转型。如中国建筑设计研究院；三是借助"互联网＋"，实现自我颠覆，许多设计公司通过网上设计院承接业务，对原有线下接单模式进行颠覆，设计单位作为媒介的优势大大降低，如金螳螂、八戒工程网等。借鉴设计行业转型单位一些经验和做法，对华建集团"十三五"期间转型发展提出如下几点思考。

1）强化两种意识

一是市场意识，要摒弃传统设计单位行政化的倾向，经营行为以市场为导向，以产值和利润率说话，在市场经济中做强做大；二是创新意识，创新是国家《十三五规划建议》的重要基调，要能摆脱传统设计科研单位的习惯思维，敢闯敢拼，冲破设计、咨询主业这"一亩三分地"的框架束缚，积极培育跨界业务经济增长点。

2）做大自身体量

大型设计集团的转型，首先要有较大体量的资金来支撑其转型发展。我们可以利用好上市平台，通过定增、资产注入、募投项目等多种形式做大体量，为转型发展储备"弹药"。

3）培育业务蓝海

向产业链上下游延伸，上游通过多种形式的投资，实现跨界融合；向下游即是通过 EPC 项目、运营维护、能源管理等方式，往建筑全生命周期发展，形成各种业务互为补充、相辅相成的良性互动格局。

4）促进"两化"融合

促进建筑工业化与建筑设计信息化融合，随着技术的稳定成熟、经济发展理念的进一步转变，建筑工业化是建筑业发展的必然选择。借助互联网＋技术,促进建筑信息化（BIM 应用）与建筑工业化有效融合发展，占领技术制高点，实现行业变革下的"弯道超车"，催生新的经济增长点。

5）增强成果转化

只有将科研成果与市场应用对接，实现市场化生产，才能产生经济效益。要积极探索增强科技成果转化的机制，鼓励创新，营造创新氛围，通过投资平台设立科技成果转化基金，搭建科技成果转化平台，逐步培育设计行业的"科技投行"。

6）引入战略投资者

为拓展业务来源渠道、增大资金体量，同时引入先进管理理念和提高市场化决策水平，适时可引入战略投资者，强强联合、资源共享，以实现共赢发展。

5. 结语

转型路上，只有起点，没有终点。在建筑设计行业大变局的背景下，谁能找准方向华丽转身，谁就能走得更高更远。

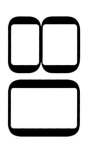

朱倩
华建集团董事会办公室副主任

"十三五"行业发展面临的挑战与机会分析

Analysis of the Challenge and Opportunity Faced by the Industry Development

1. "十三五"面临的挑战

1）经济下行压力的挑战

我国发展正处于重要的战略调整期，经济发展进入"新常态"，经济增速将进一步下降，从高速增长转为中高速增长。受整个国民经济增长速度放缓的影响，工程设计行业发展速度也会进一步下降，不少中小企业面临生存危机。

2）"野蛮人"入侵的挑战

2015 年网上一则"Uber 将进入工程设计行业"的消息，让行业内人士惊出一身冷汗。尽管该消息一直未被证实，但可以肯定的是，"十三五"期间，将有一些行业外的企业，跨界进入工程设计行业，对设计行业的原有"生态圈"带来无法想象的冲击。

3）行业内部整合的挑战

"十二五"末，工程设计行业内部投资并购的趋势日益明显，部分企业开始借助并购来增强实力，提升发展速度。"十三五"期间，随着登陆资本市场的设计企业越来越多，以及行业内部竞争压力的加剧，预计行业内兼并重组案例会进一步增加，行业内部整合进入加速期，行业将面临重新洗牌。

4）新发展思维与模式的挑战

跨界与整合思维逐步被行业所重视，很多设计企业开始改变过去"单打独斗"的局面，尝试通过战略合作、战略联盟的形式，与上下游企业一起参与市场竞争，例如采用联合体投标、共同发起成立产业基金等。整合与集成能力将成为当前企业立足市场的关键能力之一；整合市场资源，"不求所有，但求所用"也逐渐成为企业运营法则之一。

2. "十三五"面临的机会

1）城市发展理念带来的市场机遇

绿色低碳、节能环保等理念是当前经济转型中的热点，"十三五"期间我国对节能减排、建设低碳城市的要求将不断提高，环境评估和设计优化、建筑节能综合设计、建筑工业化、历史建筑保护和地下空间开发、城市垃圾处理和循环利用、海绵城市和地下综合管廊建设等，有些已经形成一定的产业规模，成为企业发展的新经济增长点。这些新行业的崛起，为工程设计行业的发展开辟了新的市场空间，也促进了多行业的融合。

2）资本市场带来的发展机遇

国家正在大力推进资本市场建设，建立多层次的资本市场体系，除了目前的主板、中小板、创业板、新三板市场以外，"十三五"期间还将推出战略新兴板。配合注册制的推出，企业上市的条件会进一步放宽，会有越来越多的工程设计企业登陆资本市场，通过资本的投入与运作，工程设计企业将找到更多的创新发展路径。

3）PPP 带来的市场机遇

在政府大力推行 PPP 模式的背景下，不少工程设计企业已经开始尝试通过 PPP 模式拓展相关业务，拉长服务链条，创新盈利模式。"十三五"期间，PPP 模式将会为工程设计企业带来广阔的市场机会。

4）国际化带来的市场机遇

"一带一路"战略的实施，不仅会带动国内相关区域工程建设，还将为广大工程设计企业拓展国际市场提供契机。部分企业不但在国外设立分支机构、拓展市场项目，还积极参与海外市场的并购，提升自身的国际化水平。

3. 结语

"这是最好的时代，这是最坏的时代；这是智慧的时代，这是愚蠢的时代；这是信仰的时期，这是怀疑的时期；这是光明的季节，这是黑暗的季节……"面对"十三五"工程设计行业的挑战，不少企业已经在创新转型的路上，砥砺前行。对于企业而言，要寻求市场机会与自身优势的有效结合，培育自身特色业务，提升核心竞争力，方能立于不败之地。

李嘉军
华建集团信息中心主任

建筑设计的互联网 Uber 时代
Uber Times of Architecture Design

在国务院《关于积极推进"互联网+"行动的指导意见》引领下，"互联网+"已经改造影响了多个行业如电子商务、互联网金融（ITFIN）、在线旅游、在线影视等。互联网选择进入的行业，往往具备三大特点：市场巨大、具有明显的长尾效应、传统落后，建设工程行业完全具备这些特质。这两年随着"八戒工程"、"3P平台"等"互联网+"设计产品雏形的陆续登场，我们依稀可以听到互联网在勘察设计行业门外的踢门声了。

让我们畅想一下，互联网会给建筑设计行业带来哪些巨变？

1. 互联网与建筑业融合的内容

为了实现建筑行业的互联网融合发展，必须大力发展基于云计算和大数据的新一代信息技术应用，开展在线建筑设计和管理咨询，培育新业态和新产业。互联网与建筑业的融合应用内容包括云协同、云应用、知识大数据、网络众包、电子商务、建筑全生命周期管理（BIM）、工程招投标精准供应链、建筑工业化与敏捷定制等领域，存在广阔的市场空间。

2. 设计师的未来工作模式会是怎样

设计师将是互联网非常重要的用户群体，设计师作为建筑设计中非常重要的角色，会重新成为互联网时代重点关注的用户之一，行业内会出现类似天猫、京东的垂直行业平台，为整个行业提供生态圈服务，为设计师个体和项目团队提供全方位的服务，利用众包模式提供项目信息，供应设计师所需的一切资源包括各类专业技术咨询、团队成员、上下游供应商、金融服务等，平台将以设计师为中心关注设计师的体验。

未来设计师将更加突出专业化和碎片化，会出现大量的自由设计师群体，他们普遍采取SOHO办公的方式，未来设计师在家里边健身边上网寻找新的项目机会，在专业平台上发布个人的专业背景、案例、取费标准以及档期，等待项目经理的邀约，也可以通过平台上发布的项目信息寻找适合自己的项目机会；同时广大设计师将利用平台共享各类项目的文档内容真正实现协同工作，并在整个设计过程中整合各种专业资源，当然必要的当面沟通会通过视频会议或线下会议完成；通过平台，设计师还可以学习各类专业规范和标准，以及获取技术资源和工具；设计师会特别关注自己的业务能力和客户反馈评价，因为不同的等级和评价会直接影响到自己未来获得项目的机会和定价费率。

3. 互联网去中心化，设计院会消亡吗
1）传统设计院的商业模式将被颠覆

设计院会灭亡吗？首先传统的，以收管理费的商业模式存在的设计院肯定会收到巨大的冲击，相信互联网一定会出现网上设计院不收管理费，因为互联网企业会利用前段免费的模式砸钱积聚用户，然后利用长尾效应赚取后端的钱，并不是它们和设计院有仇，而是"消灭你，与你无关"，只是你身处历史车轮前进碾压的路上而已。

2）互联网背景下的设计企业分类

互联网斩掉了传递价值环节中繁复的线下渠道和内部管理流程，未来在互联网背景下的设计企业应该分为三大类：大量的是专业型提供专项化服务的企业；少量是拥有各项全面专业服务能力和大型项目综合管理能力的平台型大企业；极个别是生态型公司。这三类公司数量呈金字塔形，大批优质专业型小企业围绕少数生态型公司组成生态系，合力提供更好的用户体验，而用户则是为专业技术人员、设计企业和工程项目。

3）建筑设计企业未来的发展路径

未来的建筑设计企业发展转型只有两条路径：一条是走向平台型和生态型公司；另一条是成为专业化服务公司。

平台型和生态型公司是关注行业生态系的建设，生态型公司是由优质的平台公司进化而来。这两类公司承担整个生态系建设，利用互联网平台将专业化服务公司和行业服务产品实现互联互通，寻找未来行业发展的亮点，利用互联网的众包、众筹、众创的模式，整合行业各类资源，形成完整的生态系统，并建立公平透明的利益分配机制维持生态系统的平衡。

其他大量企业以专业化公司形式存在，将改变传统的大而全小而全的模式，而是转向高附加值的专项化业务，设计院的管理成本将大大降低，不必要的管理成本和外围资源将更方便获得和低价，不必招募大量的设计师团队，涉及企业将大量采取合伙人制保留核心的团队，找到自己的细分市场，打造良好的口碑和明星设计师团队和案例，其他资源：专业工程师、专项咨询、文印、档案、驻场工程师、会议室、软件工具和金融服务等都可以按需外部采购整合。通过透明的线上交易过程更加帮助行业进入高效、优质、优价的良性循环模式。

4. 互联网最终会引导建筑设计行业走向何方
1）万物互联是终极目标

互联网的前期价值主要体现在效率的提高，提倡用户为中心、去中心化、打造极致产品等。而互联网的终极目标则是万物互联，这也是互联网将带领建筑设计行业走向的共产主义。互联网的代表性核心技术如云计算、大数据、物联网、人工智能、VR和3D打印等，都是为万物互联所准备的。

2）行业内和行业间互联的两个阶段

建筑设计行业的万物互联将分为行业内互联和行业间互联两个阶段，我们现在已经迈入行业内互联阶段，以建筑信息模型BIM和建筑工业化、3D打印技术为代表的新技术革命都是要求工程行业的整合，要求所有工程参与方、工作流程和数据整合，特别是数据信息的全寿命期整合。

行业间互联阶段则将利用平台与其他行业的信息系统进行数据应用整合，诸如与地理信息系统GIS、物联网和物业运维的整合，利用大数据和物联网从智慧建造起步，逐步实现智慧家居、智慧社区、智慧城市的目标。

5. 结语

互联网+建筑设计还有诸多的难题需要克服，如服务产品的不可量化、互联网平台技术方案、线下服务的不可替代性等，但互联网前进的步伐是不可阻挡的，因为它代表了时代进步的大趋势，其实也给勘察设计行业通过"互联网+"自我救赎的机遇，传统设计企业应该尽早调整心态以积极开放姿态转型发展，拥抱迎接互联网到来。

中国建筑师的最好时代？
关于中国本土建筑师发展的讨论
The Best Time for Chinese Architects?
Discussion about the Development of Chinese Architects

对谈嘉宾：

曹嘉明，上海建筑学会理事长

李振宇，同济大学建筑与城市规划学院院长

编者按：我国城市化进程的加快和城市建设活动的蓬勃发展，给建筑师带来了前所未有的创作空间。本文邀请上海建筑学会曹嘉明理事长与同济大学建筑与城市规划学院李振宇院长，分析当前建筑市场所面临的机遇与挑战，分析了建筑师自身存在的问题，并提出了必要的应对策略。

1. 曹嘉明理事长和李振宇院长接受《H+A华建筑》采访

1.是不是中国建筑师最好的时代？

H+A：如何看待当下建筑设计行业的现状？对于本土设计师而言，能否说我们将迎来一个最好的时代？

曹嘉明（以下简称"曹"）：对中国经济发展而言可能至今为止是一个最好的时代，但是对建筑师来说是不是一个最好的时代，或者说今后还会有更好的时代？我觉得中国这几十年的经济快速发展带来一个非常好的机遇，但是我国建筑师是不是抓住了这个机遇，我觉得值得商榷。

由于国家经济的迅速发展，粗放型城市化发展模式带来"快餐式"的建设模式。设计机构深受影响，设计师追求产值的心态非常明显，很少能够静下心来，好好去做点学术或者是做点思考，真正出点好的作品。在经济的大浪潮之下，我觉得建筑师好像还没有完全驾驭这个机遇，所以会产生一些问题，比如说建筑师处在被动的地位，或者是话语权丧失等等。

这些年有好的作品出来，但是也有许多不被大家认可的作品，或者是有争议的作品，有城市建设也存在千城一面等问题。实际上建筑师在这方面也是有责任的，所以我个人并不认为现在这个时代对建筑师一定是最好的时代。但是总的来说市场还是给建筑师一个很大的发挥空间，而且业主、政府及建筑师也是逐渐成熟，这也是个客观的事实。

李振宇（以下简称"李"）：五六年前我写过一篇小文章，那是个卷首语，就叫《最好的年代》，联想到提出的这个问题，我想这么回答：对有些人来说，最好的年代已经结束了；而对有些人来说最好的年代刚刚开始。为什么呢？因为到底什么是建筑，什么是建筑师，什么是建筑设计？不同的人有不同的回答。如果讲大规模的市场机遇，那可能最好的时代已经结束了，而且估计再也不会回来。但是连锁店结束了，大商场结束了，在肯德基门口排队的时代结束了，不等于说精品店，或者有特色的小店、农家乐也结束了。对于有些人来说，可以多

2. 曹嘉明理事长向李振宇院长介绍上海建筑学会发展历史

一点时间来探索，尽管不见得探索多就有同样的经济回报，但是我做这个专业工作难道真是仅仅为了经济回报吗？我想，为的还是一种建筑精神。

美国的建筑教育协会会长 Ming-Fung 来访，她说根据统计，建筑设计在各个行业里面属于收入不高的行业，而且就业岗位也不充分，但在这个情况下学生的报录比还是非常高。在学生的问卷调查中，超过 50% 的回答是：这个专业对于世界建成环境（Built Environment）做出自己的贡献，这是第一点；第二点是这个工作非常的有趣；第三点这份工作可以自己创业，从开设一个小工作室开始，由于这三个原因报名的人特别多。这个时候我就想，可能好的时代开始了——由于我们大规模集团军作战开始慢慢地分解，所以小工作室、小事务所的时代可能来了。从个性化、对自己事业的关注、创新性以及对建成环境质量的贡献这些方面来说，也许就是好的时代真的开始了。

曹：我很赞同李院长这个说法，因为正是经过了我们前一阶段快速的建设之后，给建筑师带来了很多思考，所以就会有一个新的时代的开始。

H＋A：与国际上成熟市场包括欧美、日本等相比，本土设计师正经历一个怎样的发展阶段？未来将走向哪里？

李：我觉得建筑师能成为世界级的大师有个人的原因，也有环境的原因。但是中国的情况跟日本真的有点不一样，因为日本是一岛国，从古到今几乎所有的资源都是紧缺的。这造就了日本建筑简约、单纯、细腻的风格。陈从周先生曾被问及中国园林和日本园林的区别，他回答说"日本园林是自然中见人工，中国园林是人工中见自然"，精妙至极！而现在日本的极简风格正好符合现在的国际潮流，这是其中一个原因。

另外一个原因就是个人的追求，因为日本的现代化进程比我们早一些，而且他们受教育的程度、价值追求的多元化以及整体的艺术水平都相对高一些。而 20 世纪 80 年代的我们物质生活非常匮乏。由于当时的物质的匮乏，可能造成了在成长过程中我们片面地追求效率，在生活的价值取向这一方面是受了一定制约。

这样一来的话，我就觉得相比起日本建筑师来说，中国的这一代，特别是我们 50 后、

60 后有三大缺陷：一个是我们接受的现代艺术教育，或者说我们的现代艺术教育不充分。在我们读大学的时候，很多老师、政府的官员和我们非常尊敬的长者，都觉得现代艺术太抽象了，持排斥的态度。

第二就是到底建筑的核心价值在哪里，我觉得对这部分的认识和讨论不够充分。建筑是什么？也许你问五个人，五个人的回答都不一样，但是你要有自己的理解。我在柏林工大和老师讨论这个问题时，最后很多人说建筑如果不是艺术的话，那它什么都不是。但是建筑不是"造型艺术"，建筑就是叫"建筑艺术"。人家要一个设计，并不是说只要我们的功能，只要我们的效率，他要的是一个整体，是包含技术、功能、经济、社会背景的这个艺术，这个艺术当然不同于画，也不同于雕塑。而我们有一些建筑师呢，他会把这些对立起来，说我们又不是艺术家，又不追求虚的东西，那种东西造不起来的，在这个问题上过于现实。"造起来"只是说明你有这个机缘，但不等于你有才华。能造起来的东西多了，所有坏的东西都是造出来的东西，纸上的坏东西没人去造它。

第三就是我们的城市建设缺乏一个整体价值观。比如说我们要进行一个小区旧区的改造，为什么就觉得旧改造一定要和经济利益挂钩？音乐厅、博物馆、桥梁建设都是花公共资助的钱，那么为什么修一条里弄，不能用公共的钱？为什么修一条里弄就非要把这个里弄拆掉了以后，再造一栋高楼来补贴啊？我觉得这种画地为牢、化整为零的方式没有整体的价值观，包括政府的财政也是这样。《道德经》说："古有之以为利，以无之以为用"，但是不管是有利还是无用，我们的这个行业都过于现实，缺少一种空灵的追求。

曹：我觉得在中国出现国际市场和国际级的大师，是有可能的。原因有几方面：一方面因为中国经济这几十年的发展带来了很多的机遇，现在我们到全世界各个地方去的话，实际上还是蛮骄傲的，因为我们做过的东西和积累的经验，人家都是看都没看到过的，这相比以前有了大的提升。但是我觉得要真正成为一个被大家所认可的国际大师的话，除了要有国际的视野，还要能有文化的积淀，特别是对自己民族的文化要有一个深入的研究。

另一方面建筑作为艺术与很多东西都是相通的。90年代中的时候我在上海做过一些公众性的建筑评论，或者建筑的竞选，也请了一些文化人过来，虽然这些文化人不是用建筑的术语，但是表达意思是一样的。所以我觉得我们首先要把建筑看作一个大文化的概念，而不能把建筑仅仅局限在作为一种技术。

原来在设计机构里面比较偏重技术，那我觉得对于新的一代建筑师在艺术上的追求实际上就显得更为重要。在拼命赶任务的时候，你很少去思考一些问题，所以现在应该要加强这方面的一些研究和学术的讨论，在这种氛围之下，我觉得是可以出来国际大师的。

H+A：请两位各用一句话来概括一下您认为什么是中国建筑师最好的时代，这个时代的特征是什么？

李：对于有些人来说，最好的时代已经结束了；对于有些人来说，最好的时代才刚刚开始。

曹：当建筑师获得社会认可，并回归到他应有的地位的时候，这才是一个最好的时代。

2.设计机制和土壤

H+A：您觉得建筑师现在应该具备怎样的素质，要做怎么样的准备，才能够屹立世界建筑之林？

曹：实际上建筑师除了应具备建筑师的一些技能之外，文化的修养也是很重要的，这是第一点。第二点可能是长久以来被忽视的，就是建筑师应该有一种社会的责任和公共的道德修养。我们现在承接任务的时候，可以做到对这个项目负责、对业主负责，但是对建筑周边的环境、对这个社会去负责，这一块实际上是被削弱的。回过头说在计划经济的阶段，建筑师倒是有这个义务，代表政府来控制建筑的规模、造价以及对周围环境的影响。但是在市场经济的大环境下，这块东西反而倒是削弱了，我觉得这一点还是要重提的。

H+A：要做到这一点，我们需要怎样的机制和土壤？

曹：上海建筑学会已经成立60多年了，主要也都是体制内大的院校和设计机构，但是在市场经济的背景下我们就不仅仅关注体制内的这些院校甚至机构，还要关注到体制外的事务所。

李：可能更需要去关注体制外的。

曹：对，更需要，因为它要寻找组织。所以我到学会工作以后，就强调一定要关注这一块。而且我刚刚谈到如果从数量上讲的话，这绝对是一个大数字了，可能占到百分之七八十了，这是一个方面的因素。第二个方面，在整个市场经济下已经涌现出很多非常积极的，而且创造性很强的建筑师，在学会的平台上面影响力会更大，真正实现学会体制内外的交融。

李：还有一点，我觉得可以成立一个国际部，因为我们现在有好多国外的事务所在上海，他们愿意花更多的时间来交流。

H+A：在两位看来我们目前创作氛围还存在哪些问题？需要克服哪些障碍？

李：首先还是要自我反省，为什么会出现这个问题。境外设计师能够漂洋过海来到中国，肯定克服了很多困难。你的追求才是一切，没有追求就没有一切，我觉得我们大多数的问题都是出在追求上面，我们现在都把责任推给别人，说这个市长不懂，这个甲方不懂，但你抗争了多少？或者你争取了多少？他们不懂是正常的，但你是不是也足够专业呢？难道说甲方说要弄一个红色大楼顶，你就只能设计红色大楼顶吗？你有没有尝试说服过？我曾经为了要不要去掉一片围合，飞了好多趟福州，最后终于说服甲方。求乎上得乎中，求乎中得乎下。建筑设计上建筑师要有自己独到的判断，要有坚持和追求，要肯付出额外的辛苦。很多国际设计单位在这方面做得比较好。

曹：如果分析这个原因的话，一方面我也觉我

3. 曹嘉明理事长

们还是要纠正自身的问题。作为一个建筑师来说，你要有职业精神，我和中外的很多建筑师交流了解到他们要拿到一个项目，做好一个项目，也是非常不容易的。另一方面，当然是外部环境，因为我们在改革的过程当中还有很多不尽如人意的地方，这些地方也在逐步改善。

李：最近有一个坏的现象，甚至于现在不光是开发商，连一些非常有名的机构，在方案评选阶段都有点偏方案偏想法了。这个怎么改变？这样做其实对双方都不利，就等于说买苹果正常的话应该是五块钱一斤，现在五毛钱一斤或者不要钱，今年苹果就会又多又便宜，明年你就没苹果吃了，因为大家都把苹果树砍掉烧柴了。这可能要在各方面来想办法。

还有就是收费标准的问题。现在比如说有些部门，或者上级机关没了，注册建筑师不考了，这个我觉得不是一个办法。就比如说我是院长，学生跟老师有矛盾我不管，那要我还干嘛呢？在其位就要某其职，有些东西还是要管起来的。在中国特定的情况下，有些光靠行政不行，离开了行政光靠行业协会也不行。把这个责任都放掉了，权力又没有在行业协会里。能不能说以后哪一家事务所能不能开，是由上海建筑学会说的算，能行吗？我看现在还不行。

曹：要发挥社会组织的作用，因为现在从政府的角度来说是简政放权，方向是对的，但是不能够放了没人管。所以我觉得我们学会作为行业的一个引领和推动学术的社会组织，我们还是主动地去做。虽然谈不上创造一个好的环境，但是呼吁还是可以的。

3.生态体系逐步走向成熟

H＋A：最近对建筑师负责制的讨论呼声四起，两位如何看待这一问题？

曹：建筑师要自始至终从设计一直到完工都参与在里面的话，是对这个项目品质的一种保证。

但是目前我们真的要实行建筑师负责制，也不是很容易的一件事情，这里面有很多的问题。首先第一点，现在什么叫建筑师负责制很多人还不明白。尽管媒体上有报道，但全都不是真正的建筑师负责制。建筑师负责制和我们传统做法的区别在哪里？原来建筑师负责协调各个工作，但现在在设计阶段里面，建筑师是一个主导地位，是第一责任人。我就突然想到那时候安德鲁在戴高乐机场倒下来以后，他马上急急忙忙赶过去，因为他是第一责任人，然后再转到第二责任人，接下去可能才是施工单位的事情了。所以设计阶段完全改变，原来是建筑设计，现在是项目设计。

第二个阶段是施工阶段，施工阶段原来我们一直在讲施工配合。施工配合只不过是解决施工过程当中有关设计的问题，包括设计交底、解决施工过程当中的问题等。但是现在提出来的建筑师负责制实际上是施工管理，它从编制施工单位的招标书开始，一直到整个过程当中的一个质量管理都参与了，并且是由建筑师签单以后，承包单位才能到业主那里去。

第三个阶段是质保跟踪的阶段，一年到三年内要追踪建成的建筑的质量，然后承包单位要去拿尾款的单子，这样一看的话，实际上建筑师的工作量比现在要大得多了。

李：说实在的我们现在有多少建筑师是百分之百的建筑师，还有现在上海还有多少房子没有得到规范化管理，有种种原因。这是我们的漏洞，这个漏洞还来不及补。还有就是说我一直觉得要权责相当，所以还是需要全面地看待这个问题。

另外建筑师他是什么，他是不是这个职务，责任建筑师他能不能做到这个项目，我现在觉得这应该是设计单位负责的事情，不应该是个人的责任。就比如说医院是开刀医生来负责，将来所有的问题都找这个医生，我觉得这个有

4. 李振宇院长和学生一起唱歌

问题。

曹：实际上还需要有一个大环境，否则的话是没有办法实行的。因为要按照建筑师负责制去执行的话，现在的建筑业管理的方法和法规，都要全部改掉。

H＋A：就您两位看来，我们行业是不是有这样一个新的生态体系在形成？未来会有怎么样的发展？

李：我觉得这个很难说,还是要通过实践来检验。因为过去我们都是设计院这样一个规模主体。现在开始慢慢分化，大中小设计机构应该各自发挥自己的特点。特别是大的，其实大院工作的单元跟小院也差不多，那么大院应该是有个梯形结构的。就是大院应该对技术创新、技术引领有自己的优势。而小的设计机构就是一招鲜，我是这么想。也可以收编一些好的东西，我免费来给你提供服务，给你提供管理，可能还是那句话，就是共同但有区别的责任，大的责任是一样，小的还是要大家帮助的。

曹：如果从设计院角度来谈这些，因为大院是在以前的计划经济时期形成，这几十年的发展，很难用一句话来说是大的好还是小的好，而在于你怎么去做。比如说要做到集团公司的话，那么就要发挥集团公司的资源聚集的优势，而绝对不能够是一个大院的牌子，下面再分割成小院一样的，那就没有意思了。所以曾经集团里面有一个院就提出了"举大院旗帜走事务所道路"，当时提出这个口号的时候一片掌声，只有我一个人反对，为什么？本质上大院一定要把资源聚集，进行有效的配置，而如果你把大院做成和小院一样，相互之间老死不相往来的话，实际吃亏了，大院成本变得更高。

H＋A：在当下的历史阶段，您们两位所代表的上海建筑学会和同济大学建筑与城市规划学

院，对于促进中国建筑事业的发展和地位的提升也正发挥着许多积极的作用，能给我们介绍一下么？

曹：协会与学会的区别在于，学会把引导和推动学术作为自己的一个宗旨。我们去年年底成立了一个幕墙专业学会，幕墙原来都是在协会里面的，什么建筑装饰协会啊，它们为什么要在我们学会里面成立一个木匠专业委员会呢，因为他们要寻找自己的学术地位。协会是一个企业，从企业的利益角度讲得比较多，而它没有学术和技术的一种地位。所以我们建筑学会不管是什么形式，始终就把握这么一个宗旨——提供大平台给大家交流。

还有一点，我们上海的设计院和北京的来比，学术氛围是比较弱了一点。我们中过很多的大项目，怎么去做当时当然有思想，但是没有记载也没有总结，上海这么多大项目做完后都没有留下来一些东西。那时候在 90 年代初，我看到很多境外建筑事务所做了几个小东西，就出了一本本的书。但近年来我觉得氛围好起来了，以同济为核心进行学术的研讨等等。所以建筑学会和学院的配合能够提升我们上海地区的学术氛围。

李：这个题目挺大，我试着回答。第一，对于建筑师的地位提升，同济大学建筑与城市规划学院在教学科研方面主要的四个努力方向就是生态城市、绿色建筑、数字设计、遗产更新；第二，为了达到这四个目标，大概我们要做三件事情：学术研讨、实验性设计、国际交流。这里要特别关注的就是强调艺术性，过去我们有意无意回避了这一点。比如总把经济、技术等放在艺术性的前面；第三，就是学校应该成为，或者我们同济大学就应该成为世界级的建筑、规划、园林的学术交流中心，这是我们给自己的目标。

标志性与建筑理性的共存
广东（潭州）国际会展中心方案设计
Coexistence of Landmark and Architecture Rationality
Guangdong (Tanzhou) International Exhibition Centre Design

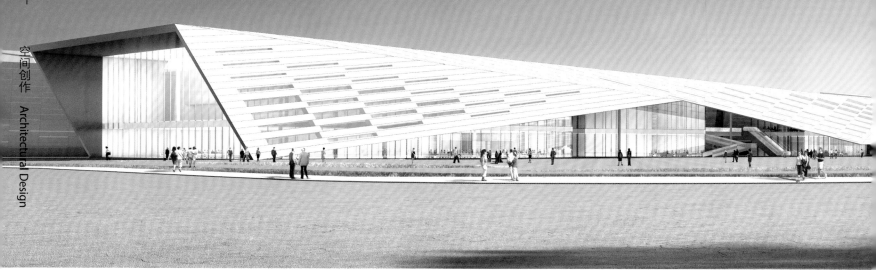

曾群，文小琴 / 文　ZENG Qun, WEN Xiaoqian

1.概况

　　潭州国际会展中心选址于顺德北部片区北滘镇上僚片区，潭州水道以南，佛山一环以西，荷岳路以北，总用地面积 30.9hm²。顺德地处珠江三角洲西岸，是"广佛一体"到"西岸共融"产业集群的关键点，也是广佛第二条城市发展轴上的重要节点城市。顺德北部片区作为广佛城市联系以及对外联系的重要交通联系节点，东侧紧邻广州南站，与周边的广佛高速、佛山环线及广州环城高速等道路连通成网，区域交通便捷；而广佛环线与佛山地铁 3 号线两条轨道交通穿过基地，局部交通条件良好。珠三角城市群产业的逐渐转型转移，将从劳动密集型的一般加工业，逐步向资本、技术、知识密集型的、先进制造业的高端产业演进，也包括金融、保险、法律、咨询等专业服务为代表的现代服务业。在这样的背景下，顺德也面临产业转型升级趋势。因此，产业性的会展中心将是珠三角西岸共融的触媒点，其所在的会展新城，也将是顺德城市建设中新的发展引擎，打造华南地区最大的专业性产业会展中心是本项目的基本定位。由此可见，潭州国际会展中心诞生之初，便注定将是一个标志性建筑，需要具有

独特的建筑形态。

　　而另一方面，会展中心不同于一般的文化建筑，它有非常理性的功能诉求，包括单一重复的大跨度平面、标准化的展位，加之合理的结构形式，才能适应多样、灵活、高效的展示功能要求。因此，会展中心展馆平面形态应尽可能方正，形体高度变化不宜过大，结构形式须简单……这些都与标志性诉求在某种程度上形成对立，建筑设计的过程就是平衡彼此的过程。

2.总体布局

　　基地从北至南依次被分为三个地块，1 号、2 号地块之间被广佛环线城际轨道割裂，需考虑地块间的功能布局及联系问题。其中 2 号地块北面紧邻潭州水道，其景观可以纳入设计整体考虑的范围。基地东侧为城市主干道佛山东一环，毗邻大片公共绿地，裕和路和佛山东一环这两条主干路可提供连续的会展城市界面。

　　因此，在初步分析基地的各种外部条件后，在总体布局上把 2 号地块设计为会展景观酒店及配套服务功能，展馆则在 1 号、3 号地块上沿裕和路、佛山东一环这两条主干道布置。3

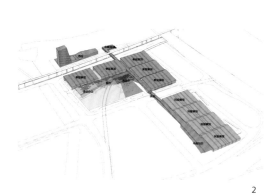

2

3

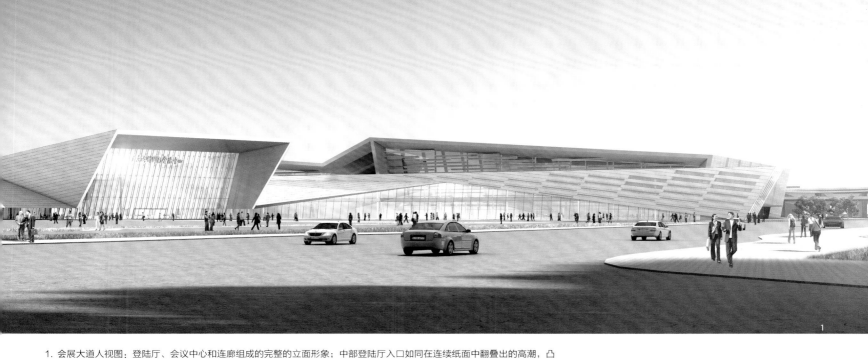

1. 会展大道人视图：登陆厅、会议中心和连廊组成的完整的立面形象；中部登陆厅入口如同在连续纸面中翻叠出的高潮，凸出了主登陆厅的形象，也引导了观展人流；西侧是连续折纸的第二个高点，凸显了会展的重要功能区——会议中心
2. 总体布局：通过一条南北穿通的连廊，联系三个地块所有展馆和公共配套服务功能
3. 区位图：会展中心轨道环绕，路网交汇，拥有良好的交通条件
4. 展厅透视图：沿佛山一环排布展厅，形成转折连续的屋面形态
5. 总体规划鸟瞰图

号线上僚站将建设在基地的西南面，并结合站厅留出入口广场，再通过一条6m高的南北联系轴，将被道路、城际轨道割裂的北侧配套酒店与所有展馆进行串联。

在建筑层数选择上，单层展馆较双层展馆有使用效率高、地面承载大、建设周期短等优点，因此会展中心以单层为主。虽因基地面积及容积率的限制，无法全部设计为单层展馆，但在满足容积率及建设要求的情况下，尽量少布置双层展馆。一期项目布置在1号地块，要求总建筑面积9.8万m²，净展示面积4.8万m²。由于建设周期紧张，一期建筑全部设计为单层展馆。在具体设计中，一期会展中心呈L形布局，平面共5个展馆、3个连接厅、1个登陆厅，采用重复式方案，体量组合构图匀质，尺度适中，结构逻辑清晰。

3.折纸与剪纸

在设计构思理念上，结合地域文化的特征，潭州国际会展中心以折纸及剪纸艺术为设计灵感。

折纸艺术起源于中国，通过纸的变形，塑造多种多样的形象。广东潭州会展中心是一个复合的会展综合体，包含展览、登陆、会议、餐饮等多种功能，这些功能需要整合在一个具有整体性的框架之下，并形成富有冲击力的标志性会展建筑形象。建筑整体以"纸"为外衣，通过翻折的手法，构成高低起伏的建筑整体，暗合了建筑的不同功能，形象自然而有力量。

剪纸为古老的汉族民间艺术，在宋代已有流传,盛于明清两代，在岭南一带有悠久的历史，其中最有代表性的是佛山剪纸。设计将建筑群南侧包含连廊的公共配套区屋面及翻折下来的立面进行一体化处理，综合利用抽象剪纸艺术中的剪、刻手法，赋予其渐变的长条形立面肌理。而参数化设计的天窗及立面百叶丰富了整个建筑，暗合了岭南剪纸文化，以期打造顺德乃至广东地区的标志性建筑。

4.标志性与理性的平衡

从设计策略方面，主要考虑以标准化的展馆来保证会展建筑的核心功能，以公共配套区丰富的形体变化来实现建筑群体的标志性。

针对项目会展建筑功能性强的需求，设计将建筑单体细分为公共配套服务区与展馆区两大部分。其中前者包括登录厅、会议中心、餐饮配套、公共连廊等功能空间，而展馆区则包括标准展馆及连接厅。展馆设计以标准化、结构合理为设计出发点，避免出现夸张的建筑造型。在结构设计方面，单层展馆为无柱大空间，跨度大，以重复的倾斜三角桁架为主要构件，每一品桁架的构件尺寸相同，以标准化实现快速建造的目的。同时，展馆造型通过展厅外立面的简单重复，形成韵律感，可同样兼顾美观。

由于公共配套服务建筑功能相对灵活，结构跨度小，建造简单，因此形态的变化不会增

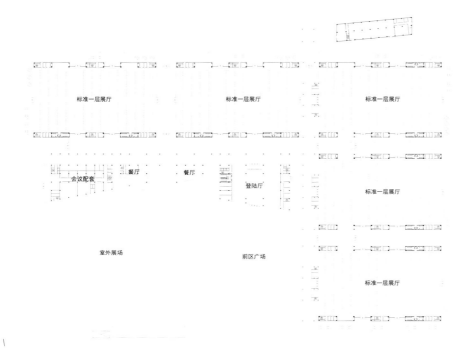

6. 一层平面
7.8. 折纸：建筑整体以"纸"为外衣，通过翻折的手法，构
   成高低起伏的建筑整体
9.10. 剪纸：综合利用抽象剪纸艺术中的剪、刻手法，赋予
   建筑表皮渐变的长条形立面肌理
11. 展厅室内透视图：桁架在跨度方向的转折，不仅增加了
   室内净高，也同时与屋面的转折一脉相承
12. 结构示意图：标准单层展厅中间部无柱大空间柱网尺寸
   为72m×126m，采用三角桁架结构
13. 实体模型照片

一层平面图标注：
标准一层展厅　标准一层展厅　标准一层展厅
会议配套　餐厅　餐厅　登陆厅　标准一层展厅
室外展场　前区广场　标准一层展厅
标准一层展厅

6

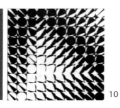

7　8　9　10

加太多的造价及带来建构的难度，可更强化总体建筑的标志性特征。

公共配套区的空间设计以开放性为主，将不同功能的形体打散，置于高低起伏的屋面体系下，形成对外开放的灰空间，符合南方地区的气候环境。来到会展中心的观众，首先看到的是登陆厅、会议中心和连廊所组成的完整立面形象——这第一印象即是如同折纸般的起伏、具有很大变化形态的造型。而这个建筑造型设计与各类功能也有很好地结合——登陆厅处折板自然高起，成为在连续纸面中翻迭出的高潮，凸出了主登陆厅的形象，也引导观展人流；折板西侧为第二个高点，与多功能厅相结合；折板中部形成的折纸自然下垂板面，是引导人流活动的暗示，在炎热的南方地区，也起到了遮阳的作用；折板侧面及顶面的采光天窗设计，让室内及架空区拥有自然光线，富有活力……所有的这些布局，将标志性特征与功能进行了理性的融合。

相对于公共配套服务区非常具有视觉冲击力标志性形象，展厅设计则着重考虑其功能需求，更趋理性。展馆考虑辅助空间的经济性，

结合南北设备层空间的不同需求，北高南低。东侧连续排布展厅，形成转折连续的屋面形态。同时，面对基地东侧非常重要的交通要道佛山一环，展馆屋面连续起伏的折线，也形成了高速路上独特的韵律感，呼应总体的标志性特征。

5. 展馆设计

在展馆具体的功能设计方面，更体现出设计的理性。

从分析比较看，综合国内外大量展览中心展厅规模及展览需求，除了少数超大型博览中心的单个展厅面积可达3万m²外，大多数展厅面积都在1万m²左右。同时，国内市场70%的展览所需总面积均在3万m²以下，因此单个展厅在1万m²左右的会展中心最适合举办这种展览，并且避免了更大型展厅所存在的疏散等方面的劣势。综合考虑上述原因，作为产业型会展中心，根据当地的产业特色，单个展厅以中小型为主，规模不宜过大，同时结合相关消防规范，确定单个展厅规模在1万m²以内。这样成组布置的中小型展厅，相比大型展厅建设工期快、使用灵活等优势。并且，通

项目名称：广东（潭州）国际会展中心
建设单位：佛山市新城开发建设有限公司
建设地点：广东佛山市顺德区
建筑类型：会展建筑
设计／建成：2015/在建
总建筑面积：380 000m²（规划），98 102m²（一期）
建筑高度／层数：25m／2层
容积率：0.62（一期）
设计单位：同济大学建筑设计研究院（集团）有限公司
项目团队：曾群、文小琴、刘健、杨灵运、吕俊超

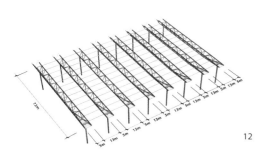

12

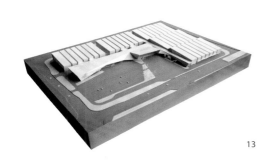

13

过就近展厅之间的连接厅，使展厅实现彼此串联，可灵活组合，使展览规模扩大至 3 万 m² 左右。而连接厅平时可作为货车通道及展厅的卸货区，举行大型展览时则封闭起来，空间灵活。

展厅内部空间皆为标准单层展厅，柱网尺寸为 81m×126m。其中间部分为无柱大空间，有 72m×126m 的净展览面积，而辅助用房沿展馆两侧长边设置，进深 4.5m。考虑非常短的计划建设周期，结构采用经济性好且建设周期快的桁架。每个展厅由 8 品桁架组成，均与外立面折线造型相呼应。桁架截面采用三角形，而采光天窗位于每品桁架上方，桁架下的遮阳膜避免阳光直射入展厅，满足展示的实用性功能要求。桁架在跨度方向的转折不仅增加了室内净高，也同时与屋面的转折一脉相承，使大气而简洁的折线线条贯穿展馆内外，很好地平衡了建筑的形态与功能需求。

6.结语

功能理性是现代建筑的灵魂，而地域性特征又是当代建筑文化的一个重要诉求，同时，某些特定建筑的标志性也是城市设计和城市建设等方面需要考虑的问题。本项目在设计过程中，综合考虑了这些内容，最终实现了特定会展建筑的标志性特征与其理性功能的结合，是一次积极有效的尝试。

作者简介

曾群，男，同济大学建筑设计研究院（集团）有限公司副总裁，集团副总建筑师，教授级高级建筑师，国家一级注册建筑师，同济大学建筑城规学院 硕士生导师及客座评委，中国建筑学会资深会员

文小琴，女，同济大学建筑设计研究院（集团）有限公司设计一院 副所长，设计一院副总建筑师，高级工程师，国家一级注册建筑师

孙晓恒/文 SUN Xiaoheng

重塑自然
探寻地域性可持续发展的"轻绿"建筑
Reinventing Nature
Exploration on Regional and Sustainable Architecture of "Light Greenness"

宜昌规划展览馆位于宜昌新区核心区，用地面积约 3 万 m²，地上建筑面积约 1.5 万 m²，建筑主体高度 23.6 米。建筑主体地上 2 层，局部 3 层，地下局部 1 层。

建筑设计实施方案于 2013 年从国际方案征集中脱颖而出，2014 年开始施工，2015 年底落成，目前部分展馆已经开始试运行。

在美丽的环境中选择场地开始设计，设计完成时，还环境一片绿色。

1.问题——在自然和山水之间

初到宜昌时，就被起伏的群山和蜿蜒的江水所呈现出的自然山水画卷所吸引。现场踏勘时看到的是清新自然的环境：周围几座起伏的绿色山丘，山上种满了桔子树，生发出绿色的新芽，与场地连接的道路还是刚拓宽的泥土路。在欣赏美景的同时，设计师不禁自问：如何小心翼翼的在这片自然条件优越的土地上设计出一个体量适宜、功能实用，同时又具有标志性的新建筑？

1. 主入口立面
2. 总平面图
3. 西立面图
4. 东立面图
5. 南立面图
6. 北立面图
7.8. 剖面图

项目名称：宜昌规划展览馆
建设单位：宜昌市城市建设投资开发有限公司
建设地点：宜昌新区核心区，地块南临柏临河路、
东临新区规划道路
建筑类型：展览建筑
设计/建成：2013/2015
总建筑面积：20 960.2m²
建筑高度/层数：23.6m/地上3层，地下1层
容积率：0.5
设计单位：华建集团华东都市建筑设计研究总院
设计团队：郑兵，孙晓恒，丁蓉，李斌，张冉，陈思力，
刘小丽，周雪松

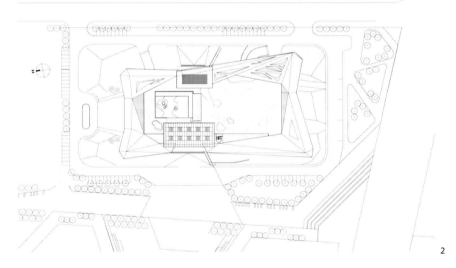

2

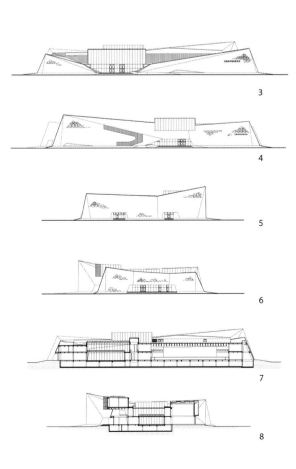

3

4

5

6

7

8

2.关键——在建筑和花园之间

面对周边限定较少，用地红线自己划定的"无限制"条件，经历方案草图阶段的种种比选、纠结，不可避免地陷入了造型的黑洞，各种凹造型，扭曲，甚至一度让我们失去了方向。然而，冷静思考之后，"环境"这两个字重新被我们提到了首位，面对周边限制条件较少的情况，我们应该通过怎样的逻辑进行设计？——没有限制，就应该充分利用建筑本身，屋顶不是参观的终点，而是可以停留的绿色花园。有了这个出发点，建筑形体的生成也就是顺理成章：将建筑占地面积最大化，创造出最大面积的屋顶花园；建筑形式与周边山形相互呼应，起伏变化，屋顶花园犹如嵌入群山的绿谷存在。而事实也证明，这最终成为业主选中我们方案的关键因素。

3.手段——在技术和绿色之间

规划馆的设计目标为绿色三星建筑，在节水、节材、节能等方面全面运用可持续发展的先进的建筑技术和材料。这本身与"屋顶花园"的设计出发点不谋而合，而绿色三星的评判标准有一

些硬性规定，我们在深化设计的同时，不是为了满足这些硬性规定而通过高耗能或者复杂的技术手段去实现，而是希望通过建筑本身的特点功能与这些条件相互结合，从而实现"轻绿"的建筑效果。

9. 规划主入口立面
10. 规划馆主入口侧面
11. 南立面和东立面采用双层穿孔板，以满足采光通风的需求

1）窗墙比

建筑外窗可开启面积不小于外窗总面积的30%，建筑幕墙具有可开启部分或设有通风换气装置。规划馆本身由于展馆性质，需要室外直接采光的房间较少，因此充分利用建筑内部空间，结合室外庭院设置采光天窗，并设置地下室下沉庭院，有利于自然采光、通风，降低能耗。

2）遮阳措施

规划馆的主入口立面位于西侧，且门厅以大玻璃盒子的形态呈现，主立面的造型与遮阳措施很好地结合起来。玻璃幕墙采用断热铝合金型材低辐射中空玻璃，西侧入口两侧的玻璃幕墙采用电动遮阳百叶，西入口门厅上方挑空部分采用双层呼吸式幕墙，门厅屋顶上的玻璃天窗设置遮阳格栅并配合电动内遮阳帘，环保节能。同时，这种双层幕墙的设计很好地将建筑门厅玻璃体造型的层次感展示出来，突出"行走宜昌，夷陵拾玉"的设计主题。

3）景观设计

从形式设计的角度看，景观方案同样借用了建筑主体立面个性鲜明的三角形母题，在平面上将绿地划分为多个三角形及多边形的拼接，竖向上形成不同倾角的大面积草坡。草坡局部与灌木、乔木相结合，形成复层植被景观，丰富室外景观界面。屋顶花园的设计也别具匠心，在金属屋罩的倾斜面和上人屋面等多个标高上均设计有种植屋面，在形成立体绿化的同时，和室外展场、东侧玻璃盒子、扶梯顶部出屋面透明构架、曲线廊架、景观小品一起，形成饶有趣味的屋顶空间，兼作为户外展示和交流的场所。在西向主入口两侧，分别设计线型景观水池，以柔化建筑与广场之间的过渡。通过这些柔性元素的添加，活跃了建筑俊朗金属立面外部的空间氛围，同时避免近距离参观建筑时产生冗长之感。此外，室外停车采用生态停车位设计，每个车位间隔处设置草皮，尽量减少不透水地面的比例。

4.材料——在数字化与合理性之间

在设计之初，希望选用一种当地的、独特的材料作为外立面墙材，它或许是有力的、甚至可以是粗糙的，类似于江边厚重的崖壁，同时攀爬植物能够沿着立面自然生长。因此曾考虑用石材

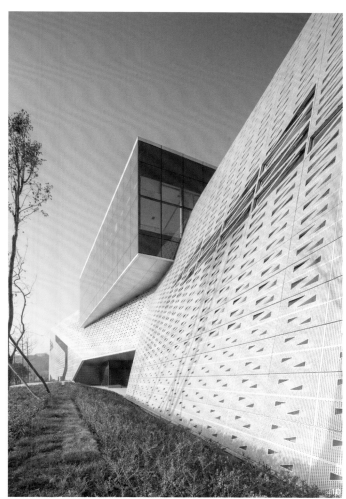
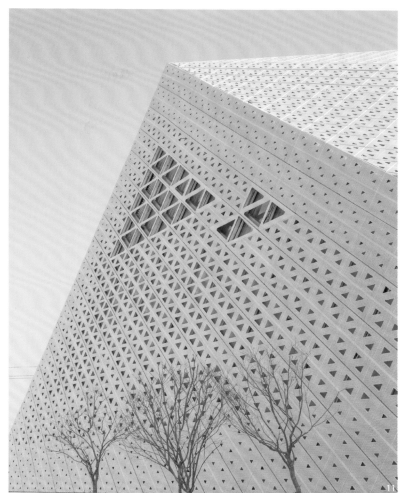

或 GRC 挂板，但经过大量材料样板考察，这种方向带来以下疑难：1）这样大尺度的建筑如果完全采用粗犷或原生态的立面处理方式，外观是否会显得过于沉闷？2）如果采用石材，会不会给绿色建筑评价增加难度？色差如何控制？不规则建筑外形在转角处该如何交接？3）如果采用浅色 GRC，立面是否会随着时间推移容易变脏变旧？维护难度是否偏高？4）外立面是否应该采用更具现代感的材料，以匹配规划馆的功能和气质？

带着这些疑问与业主共同研究，最终舍弃原来的立面选材，大胆采用双层铝板作为建筑表皮。各立面有采光需求的房间开三角形窗洞，在金属幕墙上对应位置形成深色块组合，如同银白色表皮上剪出的窗花。双层铝板由于其优良的热反射性能及空气间层的作用，在夏季受日晒比较强烈的立面能够增加遮阳和隔热效果。经过氟碳漆喷涂的铝板耐久性较好，易于清洁，而且每组单元板可以单独拆装，维护更新较为方便。这样，双层铝板表皮不光具有装饰性，还有合理的功能性。

5.探寻一种地域性可持续发展的"轻绿"建筑

2015 年年底，我们一行几人在一个难得晴朗的天气里来到了现场，与 2013 年初看现场相比，这里的绿化和道路已经初具雏形，然而最重要的是看到了一个充满科技和未来感的现代建筑。看着建筑的天际线和周边的山形能够形成起伏的轮廓线，屋顶上微微的绿色显得自然而不刻意，重要的是还有几只不知名的小鸟把穿孔板和屋顶当成了自己的新家……看到这里，一切过于人工和刻意的设计手段都显得格格不入，在美丽的环境中选择场地开始做设计，设计完成时，还环境一片轻巧的绿色，这不正是环境对设计师的呼声吗？

作者简介

孙晓恒，男，华建集团华东都市建筑设计研究总院高级主创建筑师，东南大学硕士

材料与自然的时空对话
重庆沙坪坝凤鸣山社区活动中心图书馆
Trans-dimensional Dialogue between Material and Nature
ShapingbaFengming Mountain Community Centre Library in Chongqing

宋皓 / 文　SONG Hao

项目名称：重庆沙坪坝凤鸣山社区活动中心图书馆

建设单位：重庆万卓置业有限公司

建设地点：重庆沙坪坝凤鸣山 300 号

建筑类型：图书馆

设计 / 建成：2012 /2013

总建筑面积：852.4m²

建筑高度 / 层数：12m/ 地上 2 层 地下 1 层（局部）

容积率：0.34

1.2. 社区图书馆成为一个重要的活动中心，实现了景观建筑
　　一体化

3.4. 巨大的玻璃幕墙实现了图书馆的通透和开放

作为重庆沙坪坝凤鸣山地区一个 70 万 m² 全配套综合社区，建筑种类繁多——高层住宅、多层住宅、办公楼、社区型商业、综合体型商业、教育型建筑、配套型设施一应俱全。该图书馆位于这样一个山地公园中：周边有未来可预见的大型居住社区和商业综合体；基地地形复杂，其高程由东南向西、北逐渐降低，最大的高程差有 50m 左右。由于现场环境东高西低地形起伏过大，所以处理这样的高差，将人与活动引入到公园中，并以社区配套图书馆作为其中一个重要活动中心，成为该设计重点要解决的问题。最终一个景观建筑一体化，并将人从高至低无障碍且充满体验感的引至社区图书馆的方案应运而生。从整体规划上来讲，布局具有一定可持续性、整体流线自然通畅、功能复杂但是没有枯燥之感。

1. 一座通透开放的社区图书馆

　　传统图书馆的阅读、浏览、查阅环境和方式已经很难满足现代人获取信息的需求，设计

5.以舒展的方式成为自然环境的一部分
6.一层平面图
7.二层平面图
8.立面图

9.剖面图
10.11. 通透的玻璃、温暖的木材、白色素雅的洞石、深
　　色沉静的洞石组合成室内丰富的空间形式

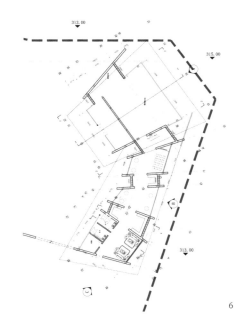

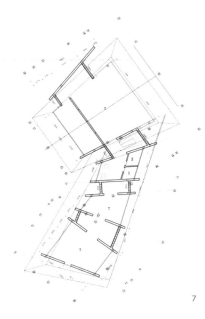

力图从精神层面上规避传统图书馆封闭保守的空间形式与 21 世纪互联网时代的轻阅读形成强烈的失衡。这使得新时代的图书馆必须具有极高的可达性、标志性和开放性。阻碍人们进入图书馆的壁垒包括行为、视觉、精神这三个层次，这三者在本案的设计中都应该被打破消解。

2. 一座静谧雅致的社区图书馆

有别于城市型图书馆的拥挤不堪，本案位于一个远离城市嘈杂喧嚣的幽静之地，景观雅致，绿树成荫。因此与其作为一栋自然中封闭的社区图书馆，不如用一种舒展的方式成为自然环境的一部分，让自然更有生机，让阅读更有趣味，成为社区市民阅读、休憩、交流的理想场所。

3. 一座材料与自然时空对话的社区图书馆

通透的玻璃、温暖的木材、白色素雅的洞石、深色沉静的洞石，这四种不同特性的材料通过不同维度的穿插排列组合，形成理性的空间序列和丰富的空间形式。在继承中国传统建筑语汇的同时，通过材料在空间上的延续，形

5

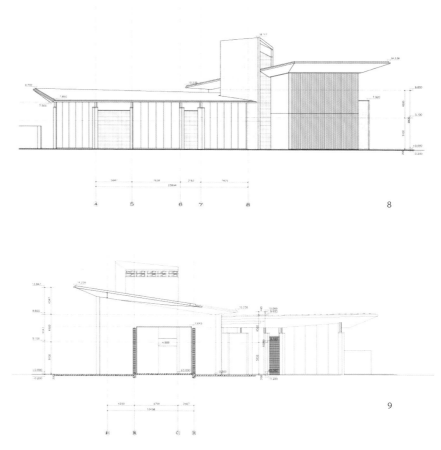

8

9

10

11

成建筑的内与外在视觉上的统一，力图使这座社区图书馆有趣而不花哨，素雅而不刻板。

虽然是建筑、景观、室内是三家设计单位，但是设计采用整体考虑的办法，效果非常统一。主要建筑平面延续了大景观流线和周边环境因素呼应，将自然环境空间延续到室内环境空间，建筑平面也是单流线递进式将景观引入室内再流动慢慢渗透到室外，回归景观。同时每个空间相对独立，在平面上都是变化的，大小空间之间都有一个过渡空间，开敞空间用长墙划分与室外采用软隔断立面结合到一起。同时立面设计也是相通的，和平面一样具有流动、漂浮、自然的特点，与环境相得益彰。在空间体验感方面，一则强调建筑空间的递进关系大小空间一步一景，一则强调室内外空间的交流，工整不乏灵动，材质选择偏重自然色彩，低调同时不乏现代建筑的精致，做到景观室内建筑立面材料一致统一。建筑设计简约现代，强调水平方向的材质与进深方向空间的对比，空间设计上强调内与外的对话与空间体验。（摄影：苏圣亮）

作者简介

宋皓，男，上海日清建筑设计有限公司 设计总监，德国斯图加特大学硕士，一级注册建筑师

环境友好型示范建筑
关西电力大厦的设计与使用后评估

A model of Environment-friendly Building
Design and Post-occupancy Evaluation of the KANDEN Building

[日] 牛尾智秋 / 文，胡睿 / 编译　USHIO Tomoaki, HU Rui (Translator)

1. 采用生态框架的关西电力大厦，照片左下角为堂岛河
2. 河水的取水排水位置与冷热供应范围：冷热源采用区域集中供冷供热(DHC)设施，与关西电力大厦（Ⅰ期）同时规划并同时开始运行，Ⅱ期：N写字楼、车站楼，Ⅲ期：D写字楼、M酒店，随供给范围扩大增设热源
3. 卫星图：大阪的中之岛区域

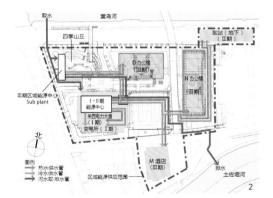

关西电力大厦通过生态框架、自然通风、河水源热泵、工位空调等措施实现了节能效果。从 2005 年投入使用到现在已超过 10 年，在此期间，建设单位、使用单位、设计单位与大学相关人士与施工单位紧密配合，对建筑综合性能进行了长期的运行调试和改善。本文介绍关西电力大厦采用的主要节能和环保技术及其运用结果。

1.简介

关西电力是负责整个关西地区电力供给的电力公司，作为其新的总部大楼，为展示其在环保节能领域的先进举措，同时促进节能技术的普及，关西电力大厦在项目规划时就被定位为环境友好型示范建筑。在项目设计过程中，建设单位、使用单位、设计单位与大学相关人士等经过反复讨论以完善设计内容，并与施工单位紧密配合，对建筑综合性能进行了长期的运行调试和改善。

环境友好型示范建筑的建造，最初研讨了建筑周边微气候特征与超高层建筑之间的关系，并在此基础上采用了充分利用区位优势的冷热源系统及今后有望普及的设备系统。关西电力大厦采用的节能和环保技术包含三大主题：适合周边环境的"建筑外形的追求"：追求适应大阪中之岛气候的建筑外形。对周边社会"影响的控制"：发挥建设地点的区位优势，因地制宜，采用利用河水热量的冷热源系统，减轻热岛效应。具有较高舒适性与经济性的"Top Engineering 的展开"：与迄今为止的均质性办公空间不同，该项目通过改变办公人员附近及其周边区域的环境，从而可以兼顾舒适性与节能性。

建筑设施以 7 ~ 18、27 ~ 38 层的办公室层为中心，由 4 ~ 6、39、40 层的会议室层、19 层和 20 层的员工食堂、21 ~ 26 层的机房层（服务器机房等）构成，并在地下 4、5 层设置了区域集中供冷供热系统（DHC）。

2.适合周边环境的"建筑外形的追求"

1）生态型框架

大阪由于夏季炎热而冬季温暖，自古以来就倾向于建造以夏季需求为主的建筑。此外，由于建筑所在地的中之岛地区在春秋两季会有风沿河而来，为该地区的建筑提供了自然通风的良好条件。该超高层建筑充分利用了当地的气候特征，将外周的柱梁由窗面向外突出 1.8m，巧妙的设计了与外部环境间的缓冲带——"生态框架"。

这一"生态框架"包含了这些功能：在盛夏用电高峰时段的上午 10 点 ~ 下午 2 点之间可以遮挡太阳直射（建筑遮阳）；在外墙面上通过室内吊顶的凹凸造型加大采光面的同时，采用由下向上攀升的电动百叶，百叶的叶片会根据太阳高度与照度自动调整，从而提升采光效果（自然采光）；巧妙地将自然通风口隐藏在生态型框架下方（自然通风）；南侧生态框架作为太阳能发电的设置位置（太阳能发电）。

2）自然通风

（1）自然通风口

利用沿河流方向的盛行风向，导入水平方向的自然通风。为防止高空的强风与降雨，将生态框架屋檐下部作为自然通风口，自然通风口设计成能够将风导入室内的形状（在排出侧，风的流向相反但路径相同）。将对建筑外观影响较小的屋檐下部作为取风口，大大提高了该超高层建筑的自然通风效果（实际取风口的有效面积达到各楼层面积的 1/137、约 10.4m²）。

室内自然通风口采用了飞机机翼般的形状，使得自然风沿着室内吊顶的顶棚面流动，并最终能够到达室内深处。这一做法避免了靠近窗周围的人直接感受自然冷风的侵袭而经常会主动关闭通风窗的情况。自然通风口风速1.7m/s、室外温度18℃时，风沿顶棚流动，自然风可吹到距离窗户约15m的地方（风

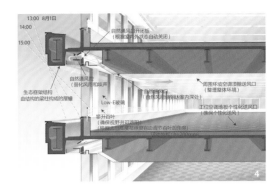

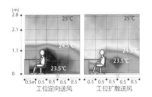

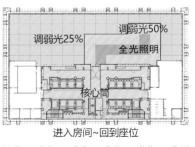
进入房间~回到座位

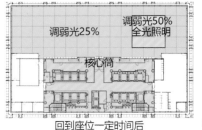
回到座位一定时间后

速 0.3m/s 左右）。

（2）自然通风的控制方法

为在避免受到强风、降雨影响的同时，有效利用自然通风实现室内制冷，自然通风口采用了根据室内外压力差、室外空气温度与湿度、室内外焓差、室内温度等条件而开关的全自动控制方式（包括定向关闭、半开、全开方式）。

（3）自然通风的换算制冷量

投入使用后，通过自然通风口的自动开关（一年约开放 400 ~ 1 400 小时），在 2005 ~ 2014 年间，自然通风平均减少了 19% 的制冷负荷。

3.对周边社会"影响的控制"

1）利用河水的水源热泵系统

冷热源系统没有采用常规的冷却塔散热，而是采用了较之室外空气温度更加稳定的河水作为冷却水与热源水。从北面的堂岛河汲取河水，在利用其热能后，再将河水排放到南面的土佐堀河。取水和排水互不掺混。冷热源系统由空间蓄能效率较高的冰蓄冷与冷凝热回收设备等高效机器组成。

2）冷热源效率（PLANT-COP）

由于河水的温度比室外空气稳定，所以根据 2005 年的实际数据可得出以下结论：使用河水的该冷热源系统与常规的冷热源系统相比可减少 15% 的能源消耗量。

随着使用中的不断调试和运行改善以及冷热源设备数量增加，系统能效 PLANT-COP（一次能源折算 COP）由使用开始年度（2005 年）的 0.82，到第 9 年（2013 年）升至 1.14，提高了 36%。

3）抑制热岛效应

包括区域集中供冷供热系统（DHC）在内的整个建筑与周围环境的热量平衡，无论是使用开始年度（2005 年）的供冷高峰日还是第 10 年（2014 年）的同一天，河水排热量都大于用电量（市政电力引入）。这一数据正说明了建筑物从大气吸收热量（维护结构的冷负荷）后，再向较易扩散的河流放热的事实。

4．具有较高舒适性与经济性的"Top Engineering的展开"

1）工位空调

所谓工位空调就是将办公人员附近划为工位区，将其周边划为周围环境区，分别独立控制的空调系统。工位区采用地板送风空调，可以通过地板出风口操作改变温热环境从而提高舒适性；周围环境区采用吊顶送风空调，通过缓和室内设定温度实现大幅度节能。

地板出风口可以调节风量（强／弱／停止）与风向（定向／扩散）。风向设为"定向"模式时，吹出气流会以办公人员背部为中心形成低温区；设为"扩散"模式时，吹出气流会在

项目名称：关西电力大厦

建设单位：关西电力（株）、关电不动产（株）、（株）关电能源 Solution（Kenes）

建设地点：日本，大阪市北区中之岛 3-6-16

建筑类型：办公、区域集中供冷供热 (DHC) 设施

设计 / 建成：2000/2004

总建筑面积：约 106 000m²

建筑高度 / 层数：195m/ 地下 5 层，地上 41 层，塔楼 1 层

设计单位：（株）日建设计、（株）NEWJEC

项目团队：堀川晋（机电总工程师），牛尾智秋（机电主要负责人）

获奖情况：

第 45 届日本空调·卫生工学会奖 技术奖，第 18 届日本电气设备学会奖 技术部门设施奖，第 2 届可持续建筑奖 建筑环境·节能机构理事长奖

10

4. 窗周剖面图

5. 将生态框架屋檐下部的自然通风口设计成能够将风导入室内的形状；工位区采用地板送风空调，通过地板出风口操作改变温热环境从而提高舒适性

6. 工位区的温度分布（实测结果）

7. 工位空调

8.9. 分段调光控制：当感知到有人存在时，按照该区域100%照度、其邻接区域50%照度、其周围区域25%照度自动开灯。当持续一定时间感知不到有人存在时，随即关灯（东日本大地震后变更了照度设定值）

10. 公共区域室内空间

11. 外墙面采用由下向上攀升的电动百叶，百叶的叶片会根据太阳高度与照度自动调整，从而提升采光效果

11

办公人员后部扩散，形成扩大的低温区。

2）利用人体感应传感器、照度传感器实现分段调光控制

为了在避免令人不适的辉度对比的同时削减照明用电，该项目利用人体感应传感器以 3.6m×3.6m 为面积单位感知是否有人存在，再按照感知区域、其邻接区域及其周围区域的划分实行分段调光控制。

2005 年的实测及问卷调查结果表明，通过这种控制方式减少了 52% 的照明用电，80% 以上的办公人员对此种控制下的视觉环境感到满意。

5.能源、环境性能的检证

1）能源消耗量

全年一次能源消耗（除数据机房层）在大楼使用开始年度时（2005 年）为 1 531MJ/m²·a（比同规模写字楼相比节能 29%），第 2 年之后持续改善，第 10 年（2014 年）为 1 043MJ/m²·a，相较于第一年约减少了 32%（比同规模写字楼相比节能 51%）。在节能环保技术初期优化调试完成后的 2007 年与东日本大地震后大规模运行改善与节电的 2011 年，能源消耗量都实现了大幅度降低。

2）环境综合性能（CASBEE）评估

在表示建筑环境性能的 CASBEE 新建建筑评估中，本项目在具备最新最高办公性能的

同时，通过采用生态框架、自然通风、河水源热泵、工位空调等措施实现了节能效果，最终获得 BEE = 4.0（Q = 76,L = 19）、最高等级的 S 级认证。

在表示热岛影响的 CASBEE-HI 评估中，本项目虽为地处市中心的超高层建筑，但通过利用河水源热泵，在未设置冷却塔的条件下实现了热岛负荷的大幅削减，最终获得 BEE = 2.2（Q = 64、L = 29）、仅次于 S 级的 A 级认证。

作者简介

牛尾智秋，男，日建设计 主管，日本设备设计一级建筑士·技术士（卫生工学部门），P.E.，LEED AP

胡睿，男，株式会社日建设计 设备设计部

胥一波 / 文　XU Yibo

地中海上的广场
地中海区域文化中心
Square beyond the Mediterranean Sea
Culture Centre in Mediterranean Region

我设计的这个建筑，期望其能穿越地中海，驶往更好的生活，并消失在大海的波浪之中。

——博埃里

1.引言

博埃里建筑事务所为法国普罗旺斯大区设计了位于法国马赛的地中海文化中心。项目位于马赛港口，包括了文化设施、研究机构和地中海档案馆。项目在 2013 年欧洲文化中心之年建成，并在之后被作为标志性建筑承接了许多大型活动。正如设计师博埃里希望的那样，建筑正在以新的面貌接纳来自全球的游客，以海纳百川的气质展现文化中心的独特面貌。

2.海上绿洲

在马赛海港边上，矗立这栋令人印象深刻的建筑，一个悬挑 40m 的博物馆。站在大楼前，许多参观者会抬头仰视。而在上部的悬挑空间中，通过玻璃地板，人们可以看到脚下的海水广场和水下剧场。博埃里是这栋建筑的设计师,希望通过这栋建筑,让马赛港成为海上游船的"欢迎绿洲",不仅向所有人开放,也向所有船开放。

项目名称：地中海区域文化中心
建设单位：Conseil Regional Provence Alpes, Cote d'Azur
建设地点：法国马赛
建筑类型：会展中心
设计／建成：2004/2013
总建筑面积：7 500m²
建筑层数：5层（地上3层、地下2层）
设计单位：博埃里建筑事务所（Boeri Studio, Stefano Boeri, Gianandrea Barreca, Giovanni La Varra）
合作单位：Ivan di Pol, Jean Pierre Manfredi, Alain Goetschy, AR&C；
项目团队：Mario Bastianelli, Davor Popovic, Marco Brega
方案团队：Alessandro Agosti, Marco Bernardini, Daniele Barillari, Marco Brega, Fabio Continanza, Massimo Cutini, Angela Parrozzani

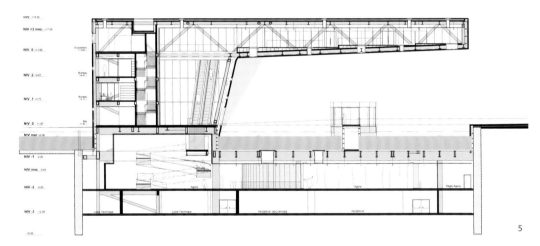

1. 北侧公园俯瞰
2.3. 广场视角
4. 建筑下海水广场
5. 南北剖面图

博埃里建筑事务所于 2004 年赢得了这个竞赛。其功能包括了文化设施、研究机构和地中海档案馆，主要承载文化活动和有关地中海文化研究活动的展览。

从 2010 年至 2013 年，媒体的注意力都集中在法国的马赛港——欧洲地中海的文化之都。其滨海艺术中心 J4 地块的两个项目并排诞生。一个是地中海文明博物馆（MuCEM），另一个就是博埃里设计的地中海文化艺术中心（CeReM）。

3.与景观对话

建筑被设计成可以与周围景观对话的地方，揭示了基地的价值和对于地中海的开放性。

此项目以地中海的气候变化作为切入点，旨在通过建筑向人们展示马赛城海纳百川的多元化的地中海文化特色。设计将多种认知和文化共同融合，设计巧妙地引入海水，使得建筑内外都毗邻大海。在功能上，它不仅仅被赋予了展示空间的功能，同时也是一座大剧院，承载各种类型的表演。

马赛地中海文化中心占地约 8 800m²，设计摒弃了地中海民俗文化，仅以简单的"C"形表达空间形态，旨在与海洋连接。海水通过人工码头被引入项目中，并被置于 36m 的悬挑空间和

6

7

8

9

10

11

6. 剧院旋转楼梯
7.8. 悬挑艺术馆内部
9.11. 水下剧场内部
10. 项目夜景

底层的会议中心之间，让海水成为中心区域及"C"形建筑中的一部分。

"水广场"被囊括进了建筑中，成为新的公共空间。地中海中心被划分为陆地和海洋。马赛港的海水渗透在建筑的两个水平楼层之间，创造出一个可以容纳各类船只的广场。海水变成了项目的中心元素，被海水封闭的室内却代表了整个建筑的公共空间。海水在建筑中扮演者重要的角色，它并不是脱离了建筑的装饰，而是将建筑与环境融汇在一起的黏合剂。

内部凸起的空间、室内与室外模糊的关系、不同尺寸的中庭产生出的不同路径、透过建筑的如针刺般的灯，等等，这些都强化了建筑的特色。然而建筑本身并没有强硬地融合地中海的概念，而是通过结构展现了综合复杂的地中海意义。

4.结语

项目由 PACA 地区（法国普罗旺斯大区）主持,建成的地中海文化中心被视为是转变的重点,这个文化项目旨在体现对于环境的应对而不仅仅是想象或是消极的避世态度。它以建筑本身积极的综合形态表达着在地缘问题上的正面观点。

这是一个包容的地方，灵活多变，并时刻产生着意想不到的事情。

作者简介

胥一波，男，博埃里建筑事务所中国合伙人，米兰理工大学城市学教授，国家一级注册建筑师

　　同济大学设计创意学院位于设计氛围浓厚的上海，由同济大学建筑与城市规划学院艺术设计系发展而来，其设计教育深受德国"包豪斯"学派影响。2009 年 5 月，同济大学借鉴世界设计与创新学科的最新理念与模式，在同济大学艺术设计系的基础上，成立了"同济大学设计创意学院"。

等等……再坐

Exploring Meaning beyond the Artifact

莫娇 / 文　MO Jiao　罗之颖 / 栏目主持　LUO Zhiying

　　凳子上不了大堂，却入得厢房、书房、闺房、厨房、庭院…… 平稳坚固又轻巧便捷，凳子在不同情景中露脸露得春风得意。王老爷子在《明式家具研究》中将椅凳分为六类，其中凳子就占了四类：杌凳、坐墩、交杌、长凳，另两类是：椅和宝座。凳子众多的种类，折射出的是民间日常生活百态。

　　坐具设计的基本要求是稳，不管是在座面的哪一点上用力，坐具都要稳如座钟，更要能满足人的各种动动。不能满足人扭扭腰，动动屁股，翘翘二郎腿的坐具就不是好坐具。正是这样看似简单的复杂性，才吸引了无数设计师前赴后继地投入到坐具的设计中。

　　纳入 D&I 二年级课程中的载人家具学习，以板凳设计为课题，要求明确：平稳、结实，尽少消耗材料。教学建立在设计基础的学习上，辅以人机工程、材料与加工方式和榫卯制作的教学，为学生提供一个较为完整的基础，更为重要的是鼓励学生以自身的体验设计一张让自己满意的凳子。

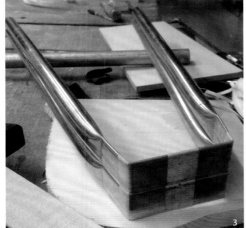

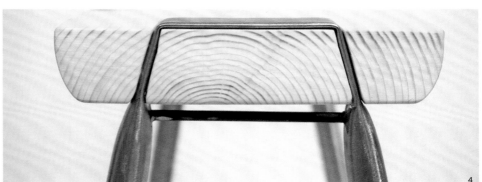

NO. 01

实验性是学生设计过程中最大的特点。没有商业的目的和产品开发的进度要求，每个人都可以尽兴探索自己的作品。在 D&I 的创意工场，健全的车间和加工设备，学生的动手实验就好比秀才配备了 AK47，战无不胜！

1. 不同方案比较
2. 钢管与实木部件
3. 精准的部件
4. 连接部位细节

姚初晴同学不安于木板凳的挑战，木材有它的优点，易加工，亲切，也有其缺点，比如实木的"各向易性"，使其无法在所有受力部件上表现一致，为何不试试其他材料。设计的历史是一部材料、技术与产品的共同进化史，金属管材的出现与著名的德国包豪斯交相辉映出欧洲现代设计的一片天。现学现用设计史和材料原理，姚初晴的板凳设计结合了木材的天然纹理的感官与钢管的强度。实践体验钢管的不同加工方式和表现性能，逐渐形成以钢管过渡到扁钢，与实木座面的链接，并将充分利用实木的天然缩胀，和坐人时的重力，扭力等因素紧固联结点。通过自己双手逐步打造的部件，虽无抢眼的造型，亦无耀眼的色泽，却闪烁着探索与创新的精神。

二年级的学生尚未接触过市场及品牌的课程，客户调研也多半来源于自己对生活的观察，故而鼓励学生设计师'自我'的需求。众多的设计作品中折叠和板式尤为突出，可见学生的特有的生活状态对产品功能的需求以及宜家对年轻一代设计理念的影响。

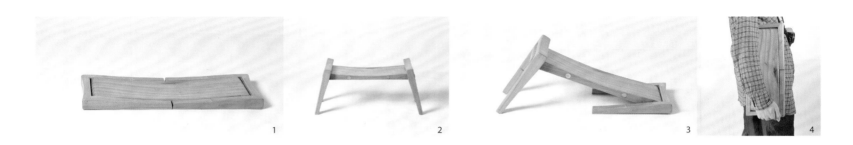

1   2   3   4

弹古琴、懂茶道，唐士弢的板凳设计反映出传统文化对他的熏陶。凳腿可以折叠与凳面形成一块板，靠磁铁锁定，方便携带及收纳。看似简单的功能却蕴含了紧密计算设计的金属配件，预埋在座板内部，才使得产品设计保持了简洁的外观。

1. 收纳为一体的板状
2. 榆木板凳线条温润，造型大气
3. 折叠的凳腿和凳板侧面预埋的磁铁
4. 便于携带

1   2

李轶萌来自汽车设计专业，以有一年机械设计专业的学习，在他的设计中表现的一览无遗。以'给换灯泡的女生设计一把站得稳的凳子'为目的，他的板凳设计通过一系列的齿轮和连接杆，让凳腿达到收缩和展开的两个状态，满足当凳子作为坐具时放腿的空间和作为供踩站家具时的稳定性。

1. 凳腿的错位排列
2. 暴露式的连接

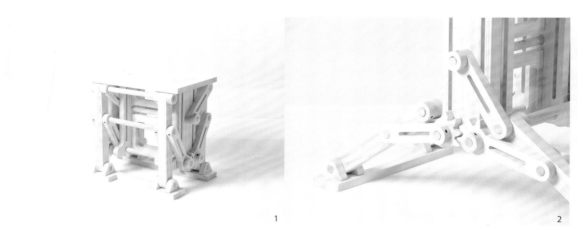

1   2   3

同样可以折叠的凳腿，廖海平的设计更显现代和工业感。四条凳腿的错位排列，使其折叠时都可以平贴于座面，更加紧凑有效。板材运用略有不当之处，但整体设计控制具有节奏，特别是凳腿底部的白色尼龙护套，使造型更加轻盈活泼，同时又显示出不亚于成熟设计师对细节控制的能力。

1. 理科生的凳子
2. 齿轮和连接杆的细节
3. 四平八稳的踩脚凳

在设计辅导中，D&I专门为此课题聘请来自家具设计行业的专业设计师以及从事古法家具制造的技术专家，学生可以通过课堂和微信与专家交流，以降低时间空间对学生思考的限制。在板凳设计中，多种连接方式就体现了学生对框架家具榫卯和板式家具五金连接的学习以及在他们精妙思维后产生的创新设计。

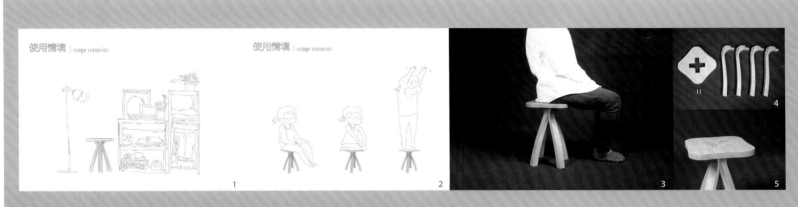

高亦馨的板凳造型现代，富有细节，曲线与曲面的运用恰到好处的点燃了板凳的生命活力。在制作方式上她采用了榫卯与木销相结合的方法连接，再以白胶固定。橡木的质感在精简的部件中体现得淋漓尽致。

1. 好的凳子要易于配合环境
2. 好的凳子要经得起使用的考验
3. 细节丰富的现代设计
4. 板凳的所有部件
5. 凳面的曲线与凳芯处的曲面相得益彰

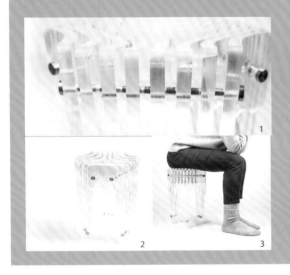

李婷婷设计的凳子具有超现实的感觉。压克力材料具有透明，色彩丰富的优点，又便于加工成型，同时表现能较为均一，是现代设计中常见的材料，也深受学生的喜爱，但是要设计出好的作品也不容易。李婷婷用热弯压克力板解决的支撑强度，同时热弯的截面又组成座面，还成为造型图案。

1. 板材与连接处的细节
2. 透明压克力与不锈钢连接件制作的凳子
3. 坐一下

胡媛媛的设计一反常见的凳腿与框架的连接方式，而是将凳腿分为左右两半，先与横档连接，再通过压克力座面侧边的收口锁在座板下方，凳脚处以尼龙配件收口，即可当作两条半的的紧固件也可以做脚垫。

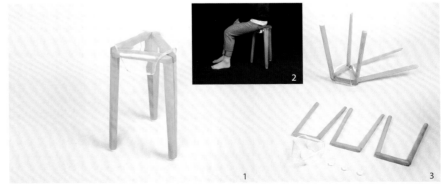

1. 压克力座面，桦木凳腿和尼龙脚垫
2. 三腿板凳
3. 先拆脚垫，再取下凳腿

姚馨怡的板凳设计由两块板材支撑座面，一块板材为透明压克力，让板凳有了"失衡"的感觉。吴孛贝的板凳是以一张压克力板材切割热弯一体成型，座面和底面的两条缝总让人有断片的错觉。

1

2

1. 独腿凳
2. 视觉的断片

D&I 的生源有理工科和艺术类两种，学习交流让大家取长补短。国际化的学院视野和各类专业活动，让学生很早就有自己的判断能力，学生的设计也不太拘泥于名族或是传统文化，而多以巧思妙想带动功能创新。但是偶尔也有充满着浪漫情怀的设计作品。

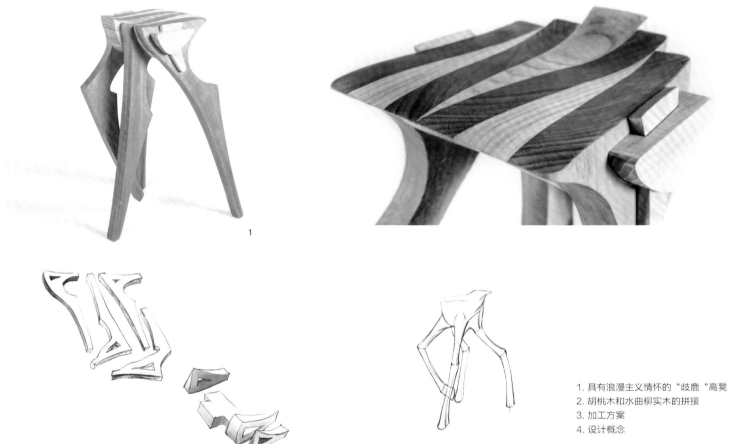

1
2
3
4

1. 具有浪漫主义情怀的"歧鹿"高凳
2. 胡桃木和水曲柳实木的拼接
3. 加工方案
4. 设计概念

周大维设计的"歧鹿"高凳造型灵感来源于鹿，稳重而空灵的姿态，拥有马的坐骑属性却又带有轻盈的灵性。离开地面的一条腿更是画龙点睛之笔，赋予整只凳子运动的姿态。在简化造型的同时保留了胫骨与趾骨之间的关节外形，增加了辨识度。

设计院校学生的家具作品常被业内人士笑称为"用口水粘的"，D&I 学生的凳子模型要先经过一周的展示，让参观者试坐体验，最后才评分。虽然也有被人一屁股坐塌的板凳，但大多数还是经过严苛的考验。当这一张张新颖凳子因其独特的造型愉悦了你的双眼，蕴藏的智慧又愉悦了你的大脑，这时连你的臀部都变得更为敏感和细腻了，当它们出现的时候，你愿意等等它们，再坐吗？

注：内容由同济大学设计创意学院提供

作者简介

莫娇，女，同济大学设计创意学院 讲师

书籍信息
书名：大上海都市计划
作者：上海市城市规划设计研究院
出版社：同济大学出版社
ISBN: 9787560853635
出版时间：2014年5月

作者简介
江岱，女，同济大学出版社
副总编

《大上海都市计划》说明书
窥见一座城市的抱负
Manual of *Greater Shanghai Plan*
The Ambition of a City

江岱 / 文　JIANG Dai

新中国成立前，上海在现代城市发展过程中，有过三轮都市计划。即① 1930 年以五角场为核心的建设计划——"大上海计划"；② 1937 年"大上海都市建设计画"与"上海新都市建设计画"；③ 1945—1950 年的"大上海都市计划"。

由于上述历史文献封藏在档案馆中，极少为人所见，许多人，乃至上海城市规划与建筑领域的专业人士，也无法厘清"大上海都市计划"与"大上海计划"的区别，经常在表述中混淆。

1927 年国民党政府确定上海为特别市后，市政当局就着手进行城市规划，经过两年的工作，提出一个以"大上海市中心区计划"为主的"大上海都市计划"。

……

1945 年，抗战胜利了……"大上海都市计划"是一个重新安排城市布局的规划。[1]

1927 年，国民党政府确定上海为特别市，并开始着手进行城市总体规划，试图改变由于公共租界、法租界和华界各自为政而支离破碎发展的面貌。1929 年，提出以"大上海市中心区计划"为主的"大上海都市计划"。

……

抗战胜利后，国民党政府于 1946 年重新制定了"大上海都市计划"，也未能付诸实施。[2]

在很多文献中谈及的"大上海都市计划"既是1929 年由"大上海计划"为主要组成的计划，也是

1946 年的都市计划。正是布满疑团的表述，让我们对历史充满了好奇心。

1."大上海都市计划"是什么？

"大上海都市计划"（以下简称"计划"）是抗日战争胜利后至新中国成立前，由上海市工务局组织编制的一部城市规划。从 1945 年 10 月"集思广益、奠立始基"，到 1949 年 6 月总图三稿说明书完成，整个规划编制工作历时近四年。其纸质档案文件保存在上海图书馆、上海社会科学院、上海市城市规划设计研究院三家单位。

这部刊行于近 70 年前的"计划"，由于历史的原因，没有得到很好的保藏，纸张泛黄，穿线脆断，

表1　　　　　　　　　　　　　　　**"大上海都市计划"内容组成**

名称	内容		简称		编写或完成时间	印制时间
《上海市都市计划委员会报告记录汇订本》	大上海都市计划总图草案报告书		总图初稿	初稿	1946 年 3—6 月	1946 年 12 月
			初稿报告书		1946 年 11—12 月	
	大上海都市计划总图草案报告书：二稿		总图二稿及报告书	二稿	1947 年 5 月	1948 年 2 月
	上海市建成区暂行区划	重建计划说明	专项计划说明 专题研究报告 法规草案		1948 年 2 月	1948 年 10 月
	上海市闸北西区					
	上海市区铁路计划	初步研究报告				1948 年 10 月
	上海市港口计划					
	上海市绿地系统					
	上海市建成区干路系统计划说明书					1948 年 6 月
	上海市工厂设址规则草案（附分区图）					
	上海市建成区营建区划规则草案（附分区界址表及图）					1948 年 3 月
	上海市处理建成区内工厂已设工厂办法草案					
	上海市处理建成区内非工厂已设工厂办法草案修正本					
	上海市建成区干道系统路线表					
	上海市都市计划委员会 会议记录初集 （24 次）	都市计划委员会（2 次）	会议记录 （68 次）		1946 年 8—11 月	1946 年 12 月
		秘书处处务（8 次）			1946 年 9—12 月	
		秘书处联席（3 次）			1946 年 9—12 月	
		土地组（1 次）			1946 年 10 月	
		交通组（3 次）			1946 年 10—11 月	
		区划组及分组（1 次）			1946 年 11 月	
		房屋组（2 次）			1946 年 10 月	
		卫生组（2 次）			1946 年 10—11 月	
		公用组（1 次）			1946 年 10 月	
		财务组（1 次）			1946 年 10 月	
	上海市都市计划委员会 会议记录二集 （44 次）	秘书处处务（17 次）			1946 年 12 月—1948 年 9 月	1948 年 9 月
		秘书处联席（5 次）			1947 年 5—12 月	
		秘书处技术委员会（11 次）			1947 年 8—12 月	
		闸北西区计划委员会（11 次）			1947 年 7 月—1948 年 6 月	
	《上海市都市计划总图三稿初期草案说明》		三稿		1946 年 3—5 月	1950 年 7 月

已入濒危之境，整理出版已变得异常紧迫。

2. "大上海都市计划"有什么？

同济大学出版社出版的《大上海都市计划》，依据的是目前保存最为完整的上海市城市规划设计研究院珍藏的两套历史资料：《上海市都市计划委员会报告记录汇订本》与《上海市都市计划总图三稿初期草案说明》。它们包括计划文本与计划委员会各类会议记录。其中计划文本包含初、二、三稿；会议记录则仅有初稿与二稿编制过程中、68 次各种会议的记录，具体内容组成详见表1。

3. 三轮"大上海都市计划"的脉络

对于初稿、二稿与三稿来说，每一轮都市计划都有其作为城市规划文本的完整性。但是，这三轮在四年时间里相继完成的都市计划，彼此之间又有延续与传承的脉络关系。仅顾及一般历史文献整理出版真实地反映原著的要求，就难以表达三轮计划的发展脉络。是故"大上海都市计划"有因其内容特质不同的出版要求。

因此，在《大上海都市计划》一书中，为了反映三轮计划的思想传承，编制了"整编版"。即综合三轮都市计划的目录，取其内容的"最小公倍数"，将相同内容置于同一章中接续排列（表2），利用侧栏标识某段落归属三轮计划中的哪一轮。借此版式布局方式的创新清晰地反映三轮计划编制过程中对内容的扬弃。

表2反映的仅仅是三轮计划内容组成的不同，不能代表篇幅的多寡。从篇幅角度说，初稿有 42 页；二稿有 150 页（其中包括 56 页的二稿，以及二稿中独有的 10 个专项计划说明、专题研究报告与法规草案）；三稿篇幅最少，仅有 27 页。从主持"大上海都市计划"编制工作的赵祖康的日记中，可以得知，知识分子编制三稿时，带着对上海城市发展的责任，以及对新中国、新政府的信任。

整编版在将三轮计划对照接续编排以外，还将原文中的竖排繁体字改为更适合现代人阅读的横排简体字。对原文中的错漏误排也做了细致地修订，并援引古代文献的整理方法，标识不同的文字处理方法。略显复杂的标识方式记录在明信片中，可以用作书签在阅读时便于参考。

与整编版不同，影印版则是对这一历史文献的忠实反映。在整编版里，刚才所述页面上标识三轮计划的侧栏底部，均以汉字标注了一个数字。它正是与该段文字相对应的原文在影印版中的页码。

4. 附录的价值

在整编版中，安排了 10 个附录。除了常规图书中有的索引（在此分为名词索引、表格索引与图片索引）与参考文献外，还包括"大上海都市计划"编制背景简介、大事记、相关人员名单、都市委员会 10 个主要人物小传、新旧道路名称的对照表，以及会议记录年表。会议记录年表将 12 种不同类型与规模的、68 次会议按照时间顺序排列，并标明会议讨论的主要问题，目的是反映出计划编制过程中各类问题研究讨论的真实进展。

《大上海都市计划》的出版在厘清历史事实的基础上，以独创的表达体系力求真实再现该历史文本的纵横脉络。也许这种由独特的内容带来的表达创新是其获得第十四届上海图书奖一等奖的原因。

参考文献：

[1] 陈从周，章明，上海市民用建筑设计院.上海近代建筑史稿 [M].上海：三联书店，2002：14.

[2] 罗小未，沙永杰，钱宗灏，张晓春，等.上海新天地：旧区改造的建筑历史、人文历史与开发模式的研究 [M].南京：东南大学出版社，2002：5.

表 2　　　　　　　　　　　　三轮"大上海都市计划"内容对照

序号	内容			初稿	二稿	三稿
1	引言			√	√	√
2	总论			√	×	×
3	历史			√	×	×
4	地理			√	×	×
5	基本原则			√	×	×
6	人口			√	√	×
7	土地使用与区划	7-1 目标与原则		√	√	√
		7-2 目前状况		√	√	√
		7-3 工业应向郊区迁移		×	√	×
		7-4 土地使用标准		√	√	√
		7-5 规划范围		√	√	×
		7-6 各种土地使用的关系		√	√	√
		7-7 土地段分和积极的土地政策		√	√	√
		7-8 本市区划问题的两个因子		√	√	√
		7-9 绿地带		√	√	√
		7-10 新的分区		√	√	√
		7-11 中区之土地使用		√	×	×
		7-12 住宅区		√	√	√
		7-13 工业地区		√	√	√
		7-14 新的土地使用及区划原则		×	√	×
		7-15 新区划分法令		×	√	×
8	道路交通	8-1 交通计划概论	1）引言	√	×	×
			2）货运	√	×	×
			3）客运	√	×	×
			4）地方运输	√	×	×
			5）区划计划之引用	√	×	×
		8-2 港口	1）港口概论	√	√	√
			2）大上海区域内筑港方式	√	√	√
			3）浦东筑港问题	√	√	√
			4）渔业码头	√	√	×
			5）黄浦江通连乍浦之运河	√	×	×
			6）自由港问题	√	×	×
		8-3 铁路	1）货运　①铁路货运概述	√	√	×
			②新路线	√	√	√
			③车站	√	√	√
			2）客运	√	√	×
			3）市镇铁路　①路线	√	√	√
			②路基高度	√	√	√
			③线路之电气化	√	√	×
		8-4 公路及道路系统	1）现状	×	√	√
			2）各类道路	×	√	√
			3）停车场及客货终站	×	√	√
		8-5 地方水运		×	√	√
		8-6 飞机场		×	√	√
9	公用事业			√	×	×
10	公共卫生			√	√	×
11	文化			√	×	×
12	讨论及书后			×	×	√
统计	51			42	32	16

"我城·我想：放眼城市综合体的未来"
论坛举行
"My City & My Thought: Looking to the Future of Urban Complex" Forum Held

日前，在沪举行的 2016 年"我城·我想：放眼城市综合体的未来"系列论坛上，各路专家学者就此进行了积极的探讨，共话未来城市发展路径。该论坛由中国建设科技集团股份有限公司、华东建筑集团股份有限公司、上海市建筑学会商业地产专业委员会共同主办，华建集团华东都市建筑设计研究总院、《建筑技艺》承办。会议发言嘉宾包括开发商、投资机构、业界专家以及终端使用者，从多角度解读了现代城市综合体在区域规划与交通、城市空间结构、功能混合、业态融合等方面的经验与实践，共同畅谈城市综合体与商业地产的未来。

1. 开幕致辞

会议开幕式由《华建筑》主编沈立东主持，中国建筑学会理事长修龙、华建集团董事长秦云作为嘉宾为大会致辞，修龙提到："在国家进一步推进新型城镇化建设的大背景下，我们建筑设计领域将继续以"建筑美好世界"为己任，不断提高建筑设计的专业化、全链条、一体化、平台式的服务能力。"秦云表示："在国家"十三五"发展规划的开局之年，举行的一场探讨未来城市发展的专业论坛，其意义和重要性非同一般，城市综合体的迅猛发展，给人们的居住和生活环境带来了质的改善，也对推动未来城市发展产生了非常大的影响。目前城市综合体在城市高密度与快速发展下，面临诸多的问题，这就需要行业专家、专业设计师，不断地与时俱进研究探索一条适合我国国情的智慧型城市综合发展路径。"

2. 论谈环节精彩纷呈

在"公共轨道交通与城市协同发展"议题中，东急集团东急设计总建筑师、北京军都晨宇北田建筑工作室首席建筑师北田静男，首先给大家分享了日本东急集团沿线高中低密度城市开发理念并以多摩广场站一体开发和二子玉川站综合开发项目为例进行剖析，其中多摩广场站是东急田园都市线沿线的一个站点，车站、商业与住宅紧密结合；二子玉川站是在一个原有公园基础上进行的开发，历经 30 年，今天以一改原先交通杂乱无章，实现人车分流，还在部分二层屋顶设置花园，成为了科普教育基地。其后，港铁物业发展（深圳）有限公司房地产总经理（珠三角区域）温志华为大家介绍了港铁轨道＋物业综合发展模式。

在"场景＋互动体验"议题中，华东都市建筑设计研究总院副院长戎武杰在论坛上就《论实体店的生存之道》作了专题演讲，剖析了北上海新静安的大悦城二期 SKY RING 现象，为什么在这样一个商业地产的寒冬里依然能够迎来疯狂的客流量，关键是在目前的市场中买卖角色的高互动、临场体验的全渠道、空间场所的碎片化、运营管理的低成本，促成了大悦城乃至许多新型商业地产的出奇制胜。

在"供给侧改革政策下，商业地产要以盘活存量为主"议题中，Arup 副总规划师陈敏扬倾力分享了城市 TOD 的轨道交通综合开发，上海大悦城设计总监胡肖扬对大悦城项目的策划开发过程深度讲解，协信地产上海总经理助理兼研发总监王欣在演讲中展示了申城首个绿色生态溪谷全生活中心"上海协信星光广场"的奥妙所在。

"小而美的社区商业"议题中，Benoy 董事、上海区总监庞锬，以"对已建成项目（存量盘活）的改造策略"为题进行了独到的讲解，武汉万达广场投资有限公司副总经理兼规划组长殷少华带来了"如何在城市更新进行中顺势而为"主题报告，盈石集团研究中心总经理张平分析回顾了 2015 年中国商业地产市场并对 2016 年的行情进行展望"。

参加论坛的专家学者一致认为，当下城市的设计与开发不再以规模、开发量作为发展标志，而是通过提升功能等多种手段来满足新型城镇化，作为城市建筑的设计者，理应更多地听一听终端使用者的意见，从使用者的需求出发，来实践对商业地产乃至城市规划的设计。

DV-ISA木构工程技术研究中心成立揭牌
DV-ISA Wooden Engineering Technology Research Center was Unveiled

为了在中国领域发展和推广现代木结构建筑，进一步提升国内的可持续森林管理水平，推动木材的合理有效使用，华建集团上海建筑设计研究院有限公司将携手加拿大DV硬木公司，共同成立"DV-ISA木构工程技术研究中心"，组建一支强有力的项目设计开发、技术交流、工程项目组织运营管理团队。

"DV-ISA木构工程技术研究中心"揭牌仪式于3月23日在华建集团上海建筑设计研究院有限公司举行。通过合作，引进国外木结构先进技术和工厂化的预制生产，木结构施工现场的快速装备安装，从设计规范到建筑标准，秉承绿色低碳环保理念，合理木材森林资源。本次合作，促使双方一起开拓现代木结构建筑的广泛市场，把低碳环保、节能建材，集成化生产新技术能够真正在绿色建筑领域得到实施推广。

技术引领，华建起航华建集团新形象亮相北京绿展
Technology leads, Huajian Group Set Sail
New Image of Huajian Group in Beijing Green Exhibition

"2016第十二届国际绿色建筑与建筑节能大会暨新技术与产品博览会"于3月30日在北京国际会议中心隆重召开，大会由中国城市科学研究院、中国绿色建筑与节能专业委员会、中国生态城市研究专业委员会联合主办，以"绿色化发展背景下的绿色建筑再创新"为主题，聚焦绿色建筑创新发展内容，全面呈现最前瞻的绿色技术。绿色产业链上多个著名品牌亮相这一盛事。

本次展览是华建集团自2015年10月更名上市后，全新品牌形象的在北京的首次亮相。展览现场，华建集团首次使用了全新的品牌logo、视觉形象系统、网站及宣传片。华建集团展位设计贴合"华建"品牌形象，以简洁大气之风，呈现在观众眼前，给人耳目一新的感觉。

AS建筑理论研究中心成立

2016年1月17日，"AS建筑理论研究中心成立仪式暨学术论坛"在上海建筑科创中心（原世博会"沪上生态家"）举办。华东建筑集团股份有限公司与东南大学建筑学院、英国AA School三方合作成立AS建筑理论研究中心，旨在研究中国当下现实问题，结合实践，促进中国建筑与城市研究的理论化构建。成立仪式由华东建筑集团股份有限公司副总经理、总建筑师沈迪主持。出席嘉宾有：中国建筑学会理事长、中国建设科技集团股份有限公司董事长修龙先生，上海市文化创意产业推进领导小组办公室副主任、上海市经信委领导陈跃华先生，中国工程院院士、东南大学建筑学院教授王建国先生，AA School校长Brett Steele先生，AA School学术主持Mark Cousins教授，上海市建筑学会副理事长、兼秘书长叶松青先生，华建集团党委书记、董事长秦云先生，华建集团党委副书记、总经理张桦先生，东南大学建筑学院院长韩冬青教授，哥伦比亚大学建筑规划与遗产保护学院建筑学教授及名誉校长Mark Wigley先生，普林斯顿大学教授Beatriz Colomina女士，瑞士门德里西奥建筑学院Christian Sumi教授，AA Studio主持Mark Campbell先生，弗吉尼亚大学教授李士桥先生，墨尔本大学副教授朱剑飞先生，东南大学建筑学院葛明教授，副教授李华女士，华建集团资深总师魏敦山院士、蔡镇钰大师、华东总院首席总建筑师汪孝安大师、上海院资深总师唐玉恩大师等。

成立仪式后围绕主题"建筑理论何为"展开多场学术演讲与研讨。1月18日在东南大学举办了主题为"现代性与家居性"的第四届AS当代建筑理论论坛。

六届深港城市\建筑双城双年展闭幕新闻稿

2016年2月28日，第六届深港城市\建筑双城双年展（以下简称"深双"）闭幕式在本届展览的主展场大成面粉厂落下帷幕。据统计，自展览于2015年12月4日开幕起，共举办了209场活动，展出展品160件，超过25万人次到访参观。闭幕式现场为参展作品颁发了组委会奖、学术委员会奖、公众奖和独立评委奖四项大奖。2015深双策展人艾伦·贝斯奇（Aaron Betsky）、胡博特·克伦普纳（Hubert Klumpner）、刘珩（Doreen Heng Liu）分别发言，总结了对于城市问题的解决之道和未来理想的城市建筑图景。深圳市委常委、党组成员杨洪在发言中表示："本届双年展倡导建筑对城市的现状、再利用、再思考和再想象，高度契合深圳'十三五'期间要打破空间资源的约束，为城市可持续发展提供保障的战略。本届双年展让更多的人认识到要注重利用现有的城市和建筑空间，而非专注于建造更多的建筑，对于深圳具有十分重要的现实意义。"闭幕式的最后，深圳市委常委杨洪、深圳规划和国土资源委员会主任王幼鹏、港深城市\建筑双城双年展组委会主任林云峰、学术委员代表奥雷·伯曼（Ole Bouman）共同为2017深双倒计时牌揭幕。闭幕当天进行的活动还包括主题演讲、都市农业论坛暨丰收大巡游导览。

概念与记号：伯纳德·屈米建筑展

继篠原一男（Kazuo Shinohara）、伦佐·皮亚诺（Renzo Piano）、尤纳·弗莱德曼（Yona Friedman）等诸多建筑大师之后，上海当代艺术博物馆将举办世界著名建筑设计师和理论家伯纳德·屈米（Bernard Tschumi）在中国的首次回顾展。展览2016年3月12日开幕，展期从3月13日持续到6月19日，位于3楼6号展厅。此次展览围绕屈米作为建筑理论家、建筑师及文化领导者的多重身份，共展出近350件图纸、手稿、拼贴画、模型等珍贵资料，其中许多作品为首次公开。此次于上海当代艺术博物馆举办的屈米个展基于其作为建筑师、教育家及作家的成就，探究建筑的形成过程，并将这一过程视为对建筑的当代定义所进行的一系列论证和思考，以及所产生的一系列影响和回应。按照时间顺序，屈米的设计手法将通过五大主题铺陈开来，分别是：空间与事件、功能与重叠、径向与围合、语境与内容和"概念形式"。五大主题中将分别展示屈米最具代表性的设计作品。

2015第二届城市综合体可持续发展国际大会暨中国可持续城市综合体案例"金综奖"颁奖典礼于上海圆满落幕

2015年11月26日，由建筑中国地产俱乐部、上海房地产总工俱乐部联合主办的2015第二届城市综合体可持续发展国际大会暨中国可持续城市综合体案例"金综奖"颁奖典礼在中国·上海圆满落幕。300多位来自政府机构、开发商、金融机构、设计企业及商业地产运营商等嘉宾莅临现场。大会伊始，由上海建筑科学院总工程师徐强、建筑中国产业联盟/建筑中国地产俱乐部秘书长吴鹏进行致辞，为大会拉开了序幕。大会本着"模式创新、价值再造"的主题，以摆脱城市综合体粗放发展之势，走上可持续发展之路为宗旨，进行了五个主题演讲及一个主题对话。分别对城市综合体未来发展趋势、城市综合体规划设计要点解析、开发与国际接轨的城市综合体项目、城市综合体与城市可持续发展的关系、中国商业综合体的产品创新之道、城市综合体可持续之道"模式创新、价值再造"等主题进行了探讨。本次大会的中国可持续城市综合体案例"金综奖"颁奖典礼，是由颁奖嘉宾依次为获奖单位颁奖，并一起合影留念。颁奖过后，金门风狮爷商店街项目以及武汉群星城项目作为2015第二届城市综合体最佳案例"金综奖"获奖项目代表在现场与大家进行分享。

MAD旅行基金，带你走世界看建筑

MAD旅行基金由马岩松创立于2009年，每年MAD旅行基金资助五名中国大学生进行世界建筑旅行。目前，MAD旅行基金已连续举办了七届，成功资助了35名建筑系学生实现了世界旅行的心愿。MAD相信，旅行是建筑师最重要的学习途径之一，唯有亲身体验建筑空间，才能启发不同以往的想法并且进一步了解自我。

本届MAD旅行基金进入2.0模式，MAD将协助获奖者约见建筑、文化和艺术界的大师。今年，MAD旅行基金成功为获奖学生约见了美国建筑大师罗伯特·斯特恩（Robert Stern）及日本建筑师小岛一浩。归国后，获奖者还与马岩松进行了一对一的"Workshop"讨论，并在旅行基金报告会上呈现了自己的旅行成果及感悟。

第七届MAD旅行基金的五位获奖者分别去往日本、美国和意大利。报告分享会当天，五位国内建筑学系学生胡佳林、张之洋、余啸、骆肇阳及郑钰达在现场向观众分享了自己的旅行研究报告。马岩松、艺术建筑评论家包泡及MAD合伙人早野洋介现场进行了点评。

图书在版编目（ＣＩＰ）数据

治愈空间 : 医疗建筑设计 / 华东建筑集团股份有限
公司主编. -- 上海 : 同济大学出版社, 2016.4
　（H+A华建筑.4辑）
　ISBN 978-7-5608-6283-5

　Ⅰ.①治… Ⅱ.①华… Ⅲ.①医院－建筑设计－上海
市 Ⅳ.①TU246.1

中国版本图书馆CIP数据核字(2016)第069652号

策　　划　《时代建筑》图书工作室
　　　　　徐　洁
　　　　　华东建筑集团股份有限公司

编　辑　　高　静　　丁晓莉　　杨聪婷　　罗之颖

校　译　　陈　淳　　李凌燕　　周希冉　　杨聪婷

书　　名　治愈空间：医疗建筑设计
主　　编　华东建筑集团股份有限公司
责任编辑　由爱华　　责任校对　徐春莲　　装帧设计　杨　勇

出版发行　同济大学出版社 www.tongjipress.com.cn
　　　　　（上海四平路1239号　　邮编 200092　　电话021-65985622）
经　　销　全国各地新华书店
印　　刷　上海双宁印刷有限公司
开　　本　889mm x1194mm　1/16
印　　张　11.5
字　　数　581 000
版　　次　2016年4月第1版　　2016年4月第1次印刷
书　　号　ISBN 978-7-5608-6283-5
定　　价　68.00元